H3C认证系列教程

U0387539

WLAN技术

详解与实践 第1卷

新华三技术有限公司 / 编著

清華大学出版社
北京

内 容 简 介

本书详细讨论了 WLAN 技术，包括无线技术基础、802.11 PHY 层协议及概念介绍、802.11 帧格式与介质访问规则、802.11 MAC 层协议及概念介绍、H3C 无线产品及其基础操作、WLAN 基础组网原理、WLAN 常见认证原理及配置、H3C 无线产品高级特性与配置、无线网络勘测与设计操作指导、室内外场景 WLAN 勘测方案设计、WLAN 网络应用解决方案介绍、WLAN 产品工程安装及实施规范指导、无线产品排障与管理、WLAN 优化简介等。本书突出的特点是理论与实践紧密结合，通过在 H3C 网络设备上进行大量且翔实的 WLAN 实验，帮助读者更迅速、更直观地掌握 WLAN 理论与动手技能。

本书是 H3C 认证系列教程之一，为已经具备 IPv4 网络基础知识，并对 WLAN 技术感兴趣的人员而编写。对于专业的科学研究人员与工程技术人员，本书是全面了解和掌握 WLAN 知识的指南；对于大、中专院校计算机专业二年级以上的学生，本书是加深网络知识，掌握网络前沿技术的优秀教材。

本书封面贴有清华大学出版社防伪标签，无标签者不得销售。
版权所有，侵权必究。举报：010-62782989，beiqinquan@tup.tsinghua.edu.cn。

图书在版编目（CIP）数据

WLAN 技术详解与实践. 第 1 卷 / 新华三技术有限公司编著. -- 北京 ：清华大学出版社，2024. 7. --（H3C 认证系列教程）. -- ISBN 978-7-302-66778-0

Ⅰ. TN926

中国国家版本馆 CIP 数据核字第 20246VQ040 号

责任编辑：田在儒
封面设计：刘　键
责任校对：李　梅
责任印制：杨　艳

出版发行：清华大学出版社
网　　址：https://www.tup.com.cn，https://www.wqxuetang.com
地　　址：北京清华大学学研大厦 A 座　　**邮　　编**：100084
社 总 机：010-83470000　　**邮　　购**：010-62786544
投稿与读者服务：010-62776969，c-service@tup.tsinghua.edu.cn
质量反馈：010-62772015，zhiliang@tup.tsinghua.edu.cn
印 装 者：三河市人民印务有限公司
经　　销：全国新华书店
开　　本：185mm×260mm　　**印　　张**：15　　**字　　数**：381 千字
版　　次：2024 年 7 月第 1 版　　**印　　次**：2024 年 7 月第1 次印刷
定　　价：49.00 元

产品编号：097077-01

新华三人才研学中心认证培训开发委员会

顾　问　于英涛　尤学军　毕首文

主　任　李　涛

副主任　徐　洋　刘小兵　陈国华　李劲松

　　　　　邹双根　解麟猛

认证系列教程编委会

陈　喆　曲文娟　张东亮　朱嗣子　吴　昊

金莹莹　陈洋飞　曹　珂　毕伟飞　胡金雷

王力新　尹溶芳　郁楚凡

本书编写人员

主　　编　毕伟飞　王力新

参编人员　朱　恺　单　畅　关　萌

版权声明

© 2003 2024 新华三技术有限公司(简称新华三)版权所有

本书所有内容受版权法的保护,所有版权由新华三拥有,但注明引用其他方的内容除外。未经新华三事先书面许可,任何人不得将本书的任何内容以任何方式进行复制、经销、翻印、存储于信息检索系统或者其他任何商业目的的使用。

版权所有,侵权必究。

H3C 认证系列教程

WLAN 技术详解与实践　第 1 卷

新华三技术有限公司　编著

2024 年 7 月印刷

出版说明

伴随互联网上各项业务的快速发展，作为信息化技术一个分支的网络技术与人们的日常生活密不可分。在越来越多的人依托网络进行沟通的同时，网络本身也演变成了服务与需求的创造和消费平台。

如同人类不同国家语言的多样性一样，最初的计算机网络通信技术也呈现出多样化发展。但是伴随互联网的应用，IP 作为新的力量逐渐消除了多样性趋势。在大量开放式、自由的创新和讨论中，基于 IP 的网络通信技术通过不断积累而逐渐完善；同时由于业务易于实现、易于扩展、灵活方便等特点，IP 标准逐渐成为唯一的选择。

新华三技术有限公司(H3C)作为全球领先的数字化解决方案提供商，一直专注于 IP 网络通信设备的研发和制造。H3C 的研发投入从公司成立开始，一直占公司营业收入的 12%以上，截至 2022 年，H3C 累计申请了 13700 多项专利。

另外，为了使广大网络产品使用者和 IT 技术爱好者能够更好地掌握 H3C 产品的使用方法和 IP 网络技术，H3C 相关部门技术人员编写、整理了大量的技术资料，详细地介绍了相关知识。这些技术资料大部分是公开的，在 H3C 的官方网站上都能看到并下载使用。

2004 年 10 月，H3C 的前身——华为 3Com 公司出版了自己的第一本网络学院教材，开创了 H3C 网络学院教材正式出版的先河。在后续的几年间，H3C 陆续出版了《IPv6 技术》《路由交换技术详解与实践　第 1 卷》《路由交换技术详解与实践　第 2 卷》《路由交换技术详解与实践　第 3 卷》《路由交换技术详解与实践　第 4 卷》等认证培训系列书籍，极大地推动了 IP 技术在网络学院和业界的普及。

作为 H3C 网络学院技术和认证的继承者，H3C 适时推出新的 H3C 认证系列教程，以继续回馈广大 IT 技术爱好者。《WLAN 技术详解与实践　第 1 卷》作为 H3C 认证系列教程之一，为已经具备 IPv4 网络基础知识，并对 WLAN 技术感兴趣的人员而编写。书中所有的实验、案例，都可以在 H3C 开发的功能强大的图形化全真网络设备模拟软件(HCL)上配置和实践。

H3C 希望通过这种形式，探索出一条理论和实践相结合的教育方法，顺应国家提倡的“学以致用、工学结合”的教育方向，培养更多的实用型 IT 技术人员。

新华三人才研学中心认证培训开发委员会

2024 年 4 月

H3C认证简介

H3C 认证培训体系是国内第一家建立国际规范的、完整的网络技术认证体系，也是中国第一个走向国际市场的 IT 厂商认证，在产品和教材上都具有完全的自主知识产权，具有很高的技术含量。H3C 认证培训体系专注于客户技术和技能的提升，已成为当前权威的 IT 认证品牌之一，曾获得“十大影响力认证品牌”“最具价值课程”“高校网络技术教育杰出贡献奖”“校企合作奖”等数项专业奖项。

截至 2022 年年底，已有 28 万人获得各类 H3C 认证证书。H3C 认证体系是基于新华三在 ICT 业界多年实践经验所制定的技术人才标准，强调“专业务实，学以致用”。H3C 认证证书能有效证明证书获得者具备设计和实施数字化解决方案所需的 ICT 技术知识和实践技能，帮助证书获得者在竞争激烈的职业生涯中保持强有力的竞争实力。H3C 认证体系在各大院校以网络学院课程的形式存在，帮助网络学院学生进入 ICT 技术领域获得相应的能力，以实现更好的就业。

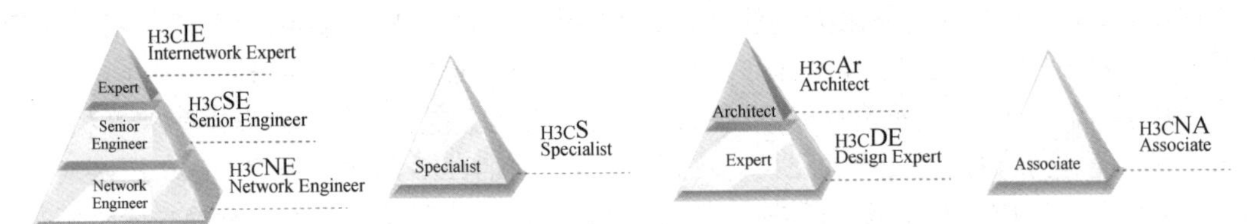

按照技术应用场合的不同，同时充分考虑客户不同层次的需求，新华三人才研学中心认证培训开发委员会为客户提供了从工程师到技术专家的技术认证和专题认证体系，以及从基础架构规划专家到解决方案架构官的架构认证体系。

前言

21世纪初以来，互联网经济保持高速增长，以互联网为代表的新一代信息技术创新日新月异，从而使新型IT人才的需求量不断增加，高校的专业建设及人才培养面临着严峻的挑战，如何培养高素质的新型IT人才成为全国各类院校计算机网络相关专业面临的重要问题。

为助力高校推进人才培养模式改革，促进人才培养与产业需求紧密衔接，深化产教融合、校企合作，H3C依托自身处于业界前沿的技术积累及多年校企合作的成功经验，本着"专业务实，学以致用"的理念，联合高校教师将产业前沿技术、项目实践与高校的教学、科研相结合，共同推出适用于高校人才培养的"H3C认证系列教程"。本系列教程注重实践应用能力的培养，以满足国家对新型IT人才的迫切需求。

本系列教程涵盖云计算、无线网络、网络安全、路由交换等技术方向，既可作为高校相关专业课程的教学用书，也可作为学生考取对应技术方向H3C认证的参考用书。

本书关联的认证为H3C认证无线高级工程师(H3C certified senior engineer for WLAN，H3CSE-WLAN)。学员在学习后可具备H3CSE-WLAN的备考能力。

本书读者群大致分为以下几类。

(1) 本科及高职院校的计算机类、电子信息类相关专业学生。本书可作为本科及高职院校计算机类、电子信息类相关专业学生的专业教材及参考书。

(2) 公司职员。本书可用于公司进行无线网络技术的培训，帮助员工理解和熟悉各类无线网络的应用，提升工作效率。

(3) IT技术爱好者。本书可作为所有对IT技术感兴趣的爱好者学习IT技术的自学参考书籍。

本书的内容涵盖目前主流的WLAN相关协议的工作原理和WLAN网络的构建技术，内容由浅入深，并包括大量和实践相关联的内容，凸显了H3C认证教程的特点——专业务实、学以致用。凭借H3C强大的研发和生产能力，每项技术都有其对应的产品支撑，能够帮助学员更好地理解并掌握相关知识和技能。本书课程经过精心设计，便于知识的连贯和理解，学员可以在较短的学时内完成全部内容的学习。本书所有内容都遵循国际标准，从而保证了良好的开放性和兼容性。

为了方便学员学习，本书的大部分实验可在H3C云实验室(H3C cloud lab，HCL)软件上进行，方便学员自主学习。HCL是新华三技术有限公司自己开发的全真网络设备模拟软件，完全模拟真实网络设备的交互过程。

HCL可以在H3C官网免费下载，下载路径为：首页|支持文档与软件|软件下载|其他产品。

本书共15章，内容介绍如下。

第1章 WLAN技术背景知识

本章主要介绍了与WLAN技术相关的背景知识，如现在主要使用的无线技术、WLAN与Wi-Fi的概念、802.11协议的发展历程、WLAN相关组织与标准、WLAN设备在实际使用中遇到的挑战与问题、WLAN协议的发展等。

第2章 无线技术基础

本章首先介绍了电磁波及其相关属性；其次对常见的功率计算单位进行了重点说明；再次对WLAN设备采用的调制与传输技术进行讲解；最后介绍了无线通信系统中两个最基本的组件——射频收发器与天线。

第3章 802.11 PHY层协议及概念介绍

本章主要介绍了802.11 PHY协议成员。包含802.11 b/a/g协议的主要技术指标、802.11 n的关键技术、802.11 ac的技术改进、802.11 ax的技术特点等。

第4章 802.11帧格式与介质访问规则

本章主要介绍了802.11介质访问原理，对802.11帧在无线空口的传输提供清晰、直观的图像，从而让大家理解无线的干扰、碰撞、重传、节电等基本概念；另外还详细介绍了802.11帧格式，方便有兴趣的同学深入学习。

第5章 802.11 MAC层协议及概念介绍

本章主要介绍了802.11 MAC协议成员、802.11关联过程、终端漫游、802.11 i安全和802.11 e无线QoS等内容。

第6章 H3C无线产品及其基础操作

本章主要介绍了H3C AP系列产品、H3C无线控制器系列产品、H3C fat AP的基本配置、H3C无线控制器+fit AP的基本配置。

第7章 WLAN基础组网原理

本章主要介绍了fat AP工作原理及特点、无线控制器+fit AP的注册流程与数据转发原理、CAPWAP协议简介、cloud AP特点、无线网桥的工作原理，最后给出了WLAN设备的常用部署方式。

第8章 WLAN常见认证原理及配置

本章首先介绍了WLAN常见的认证方式，其次介绍了无线安全机制，最后介绍了PSK、MAC认证、802.1X认证、portal认证等配置。

第9章 H3C无线产品高级特性与配置

本章主要介绍了无线网络的丰富特性，包括限速功能、RRM、802.11 KVR、无线二层隔离、RROP、remote AP及无线控制器的可靠性。

第10章 无线网络勘测与设计操作指导

本章主要介绍了WLAN网络勘测的价值与操作流程、勘测前的各项准备工作、勘测时关注的内容界面、无线网络勘测遵循的原则、无线信号传播模型及路径损耗。

第11章 室内外场景WLAN勘测方案设计

本章主要介绍了室内覆盖设计原则与场景、室内无线勘测方法及注意事项、室外勘测设计原则及注意事项、典型无线覆盖场景(如学校、机场、医院等)。

第12章 WLAN网络应用解决方案介绍

本章主要介绍了WLAN解决方案概述，包括常见企业无线解决方案、轨道交通无线解决方案、教育行业无线解决方案、医疗行业无线解决方案、智能运维无线解决方案。

第 13 章　WLAN 产品工程安装及实施规范指导

本章图文并茂地介绍了 H3C WLAN 产品安装组件，同时介绍了产品在不同场景下的安装规范，帮助读者了解 H3C WLAN 的安装方法和工艺，为今后的工程安装提供指导。

第 14 章　无线产品排障与管理

本章主要介绍了 WLAN 网络常见故障的处理方法、H3C 无线智能运维分析及无线终端的常用属性等。

第 15 章　WLAN 优化简介

本章首先介绍了 WLAN 优化理念，其次介绍了 WLAN 优化项目运作流程，最后介绍了 WLAN 优化交付操作总体指导。

新华三人才研学中心

2024 年 5 月

目录

第1章

WLAN技术背景知识

如今人们所处的信息时代,海量的移动终端、可穿戴的智能终端时时刻刻都在进行信息的交互。很难想象突然有一天,当世界不再拥有无线通信技术会给人们的日常生活带来多大的麻烦。无线局域网(wireless local area network,WLAN)技术则是无线通信技术当中非常重要的一种。通过学习本章内容可以初步了解 WLAN 技术。

1.1 课程目标

(1) 了解 WLAN 技术的基础概念及发展历程。
(2) 了解 WLAN 网络的优点及适用场景。
(3) 了解 WLAN 面临的挑战及未来的发展趋势。

1.2 初识 WLAN

WLAN 是一种利用电磁波传递信息实现在中短距离范围内通信的技术;在点与点之间不借助有线网络介质,而是通过空气中的电磁振动进行传播。实现更加快捷和优秀的移动性网络结构。

1.3 同为电磁振动的无线技术

IrDA(infrared data association)是一种利用红外线进行点到点通信的技术,优点是体积小、成本低、传输速率可达 4 Mbps。超过 95%的手提电脑安装了 IrDA 接口。市场上还推出了可以通过 USB 接口与 PC 相连的 USB-IrDA 设备。IrDA 是一种视距传输技术,通信设备之间不能有阻挡物,不适合用于多点通信。另外,IrDA 设备的核心部件——红外线 LED 是一种非耐用器件。

bluetooth(蓝牙)技术是一种用于数字化设备之间的低成本、近距离传输的无线通信连接技术,其程序写在微型芯片上,可以方便地嵌入设备中。bluetooth 技术工作在 2.4 GHz 频段上,采用跳频技术,理想连接范围为 10 cm~10 m,带宽为 1 Mbps,采用时分双工传输方案实现全双工传输。

3G(the 3rd generation)第三代移动通信技术是指支持高速数据传输的蜂窝移动通信技术。3G 服务能够同时传送声音(通话)及数据信息(电子邮件、即时通信等),代表特征是提供高速数据业务。现主要的 3G 有 WCDMA、CDMA2000、TD-SCDMA,速率可达 10 Mbps。3G 频段的分配主要在 2 GHz 附近,具体为 1880~2145 MHz。

LTE(long term evolution)长期演进技术是 3G 标准的长期演进,工作频段包含全球主流的 3G 频段和部分新增频段，且支持与 3G 系统互操作。工作制式分两种：FDD-LTE 和 TDD-LTE，即频分双工 LTE 和时分双工 LTE，速率可达 100 Mbps。

NFC 是一种近场的无线通信技术，最大工作距离为 20 m，工作在 13.56 MHz 频率。

UWB 主要应用于 10 m 以上的远距离高速通信，工作在 3.1～10.6 GHz 频率。

802.11 b/a/g/n/ac/ax 是现在主流的 802.11 协议标准，以其覆盖距离广、传输速率高的特点，成为市面上主要的 WLAN 技术，也是本书介绍的重点。工作频率为 2.4 GHz 或 5 GHz，支持的最大速率分别为 11 Mbps、54 Mbps、300 Mbps，802.11 ax 最高达 9.6 Gbps。

1.4 WLAN 与 Wi-Fi 概念

WLAN——依托电磁波特性及 802.11 工作组的协议标准，是一种无线通信的技术规范。

Wi-Fi——该单词本身没有实际的含义，最早是无线设备商的商业联盟，目的在于达到各厂生产的无线设备互通有无，不存在技术壁垒。而现在逐渐成为一个无线设备产品是否可以在市面流通的认证机构。

1.5 802.11 协议的发展历程

如图 1-1 所示为 802.11 协议的发展进程。

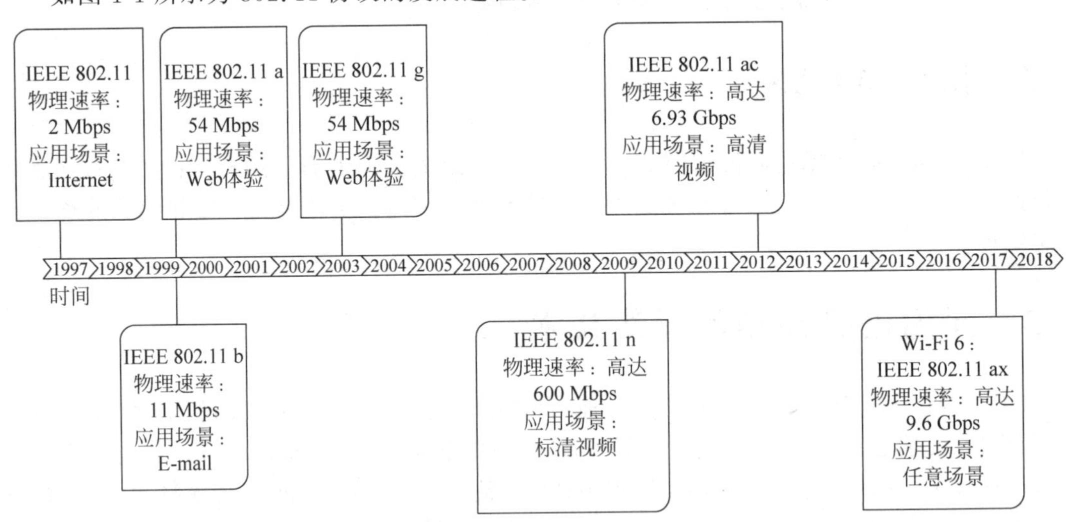

图 1-1 802.11 协议的发展进程

早在 20 世纪 80 年代中期，一些公司已经开始推出 WLAN 的雏形产品，随着 WLAN 技术的不断发展和国际标准的成熟，美国电气与电子工程师学会（Institute of Electrical and Electronics Engineers，IEEE）在 1997 年发布了第一个 WLAN 的 802.11 国际标准 IEEE 802.11，并在后续的几年中在 802.11 标准基础上相继衍生出包括 802.11 b(2.4 GHz)、802.11 a(5 GHz)、802.11 g(2.4 GHz)、802.11 n(2.4 GHz 和 5 GHz)在内的多种 WLAN 物理层技术。

随着时间的推移，基于 802.11、802.11 b、802.11 a、802.11 g 技术的产品已经逐渐退出市场，被速率超过百兆的 802.11 n 替代。目前在市场上，802.11 n/802.11 ac 的产品占据了市场的主流，几乎成为所有智能手机、平板、笔记本的标配。目前 IEEE 定义了速率更高的 802.11 ax 标准，新的标准可以支持高达 9.6 Gbps 的物理层发送速率，完美地支持高带宽需求。可以预见，在较长一段时间内，802.11 n、802.11 ac、802.11 ax会是主流的Wi-Fi协议标准。现在新出厂的旗舰手机、主流笔记本都已经预装了802.11 ax模块。

1.6　无线让网络使用更自由

1. 和传统的有线接入方式相比无线局域网让网络使用更自由

凡是自由空间均可连接网络，不受限于线缆和端口位置，如图1-2所示。

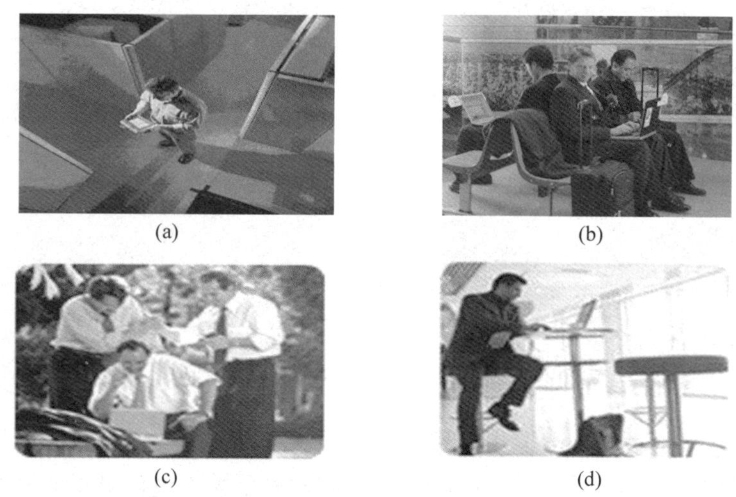

图1-2　无线让网络使用更自由

(1) 无线局域网彻底摆脱了线缆和端口位置的束缚，用户不再为四处寻找有线端口和网线而苦恼，接入网络如喝咖啡般轻松和惬意。

(2) 无线局域网使网络应用产品具有便于携带、易于移动的优点，无论是在办公大楼、机场候机大厅、商务酒店，用户都可以随时随地自由接入网络办公、娱乐。

2. 无线让网络建设更经济

如图1-3所示，终端与交换设备之间省去布线，有效降低布线成本。

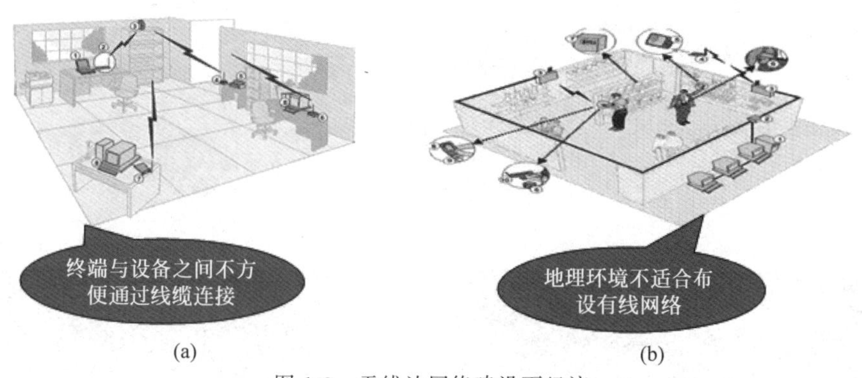

图1-3　无线让网络建设更经济

适用于特殊地理环境下的网络架设，如隧道、港口码头、高速公路。

一般在网络建设中，施工周期最长、对周边环境影响最大的是网络布线的工作。在施工时，往往需要破墙掘地、穿线架管。而WLAN最大的优势就是免去或减少了这部分繁杂的网络布线的工作量，一般只需要安放一个或多个接入点(access point，AP)设备就可建立覆盖整个建筑或地区的局域网络。另外对于地铁、隧道、港口码头、公路交通监控等难于布线的场所，

WLAN 的应用更是越来越广泛。和有线网络相比，WLAN 的启动和实施相对简单，整个网络建设的成本更加低廉。

3. 无线网络让工作更高效

如图 1-4 所示，不受限于时间和地点的无线网络，满足各行各业对网络应用的需求。

(a) (b) (c) (d)

图 1-4 无线网络让工作更高效

越来越多的行业都将 WLAN 视为不可或缺的帮手，进而有效地提高了工作的效率。

例如，在物流行业，员工可以通过手持的无线数据终端进行货物核对；在医疗行业，护士可以在查房时利用无线业务终端来查询病例，记录病人的健康状态及用药情况；在大型的体育场馆，新闻记者可以通过无线网络方便地在各个比赛场地收发信息。

4. 无线还有更多的想象空间

无线的新应用、新价值，如图 1-5 所示。

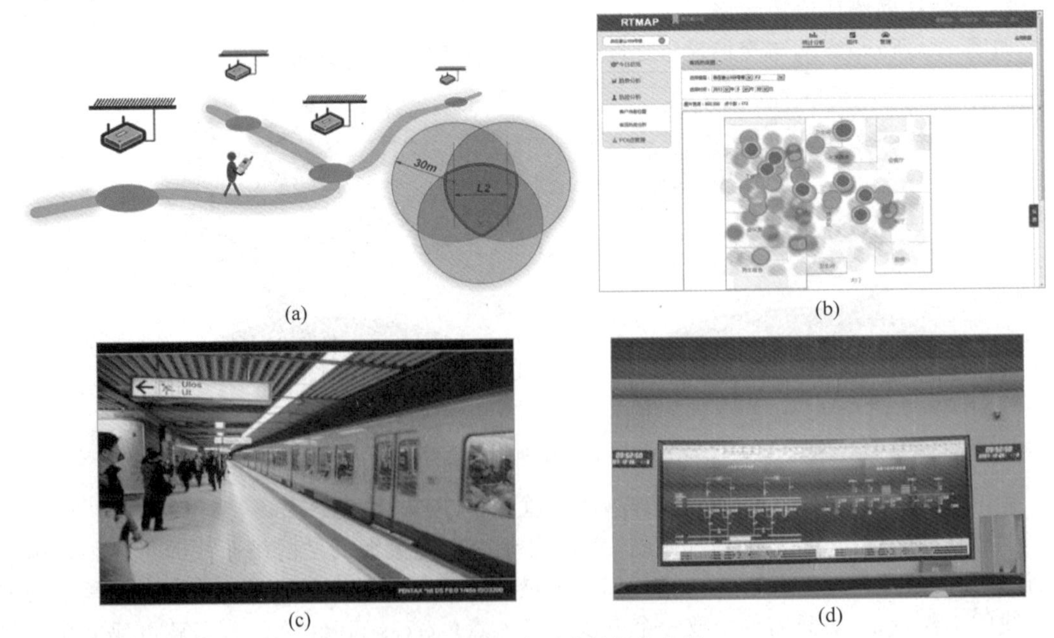

(a) (b) (c) (d)

图 1-5 无线还有更多的想象空间

随着 WLAN 技术的普及，通过 WLAN 衍生出的应用也越来越广泛。

例如，室内定位导航，借助无处不在的 Wi-Fi 热点和 AP 硬件设施，再辅以一定的软件服务器投入，就能快速部署一套可以用于对 Wi-Fi 手机和终端定位的无线定位系统。目前的 Wi-Fi 定位有多种技术实现途径，但原理大同小异，即借助 Wi-Fi 信号强度随位置距离增大而减弱的特征来估算位置。H3C CUPID 技术还能通过 802.11 ACK 确认时延，依靠电磁信号的传输 RTT 估算位置距离的专有技术。

在轨道交通行业，可以借助车地 MESH 网络，实现列车和地面站台的实时、高速通信，满足 PIS、CBTC 业务的通信需求。

1.7 WLAN 相关组织与标准

1. IEEE

IEEE 是美国一个较大的科学技术团体，由美国电气工程师协会（AIEE）和美国无线电工程师协会（IRE）合并而成。IEEE 现已逐渐发展成一个国际性的学术机构，其学术活动已伸展到世界各地。IEEE 每年都有大量的出版物，在国际上颇有影响，在电子学文献中占有相当重要的地位。IEEE 自 1997 年以来先后公布 IEEE 802.11、IEEE 802.11 b、IEEE 802.11 a、IEEE 802.11 g 等多个 802.11 协议相关标准。

2. Wi-Fi 联盟

Wi-Fi 联盟是一个成立于 1999 年的非牟利国际协会，其成员超过 70 个，有 3Com、Symbol、Lucent、Cabletron、Aironet、Dell、Intersil 等。该组织旨在认证基于 IEEE 802.11 规格的无线局域网产品的互操作性和推动无线新标准的制定，以确保不同厂家的 WLAN 产品的互通性，经过 Wi-Fi 认证的产品表明其具备基本的互通性（如无线连接、加密、漫游等）。Wi-Fi 联盟也不断提出相关 802.11 的协议标准，如 802.11 i（安全）子集 WPA、802.11 e（QoS）子集 WMM 等。

3. IETF

因特网工程任务组（the internet engineering task force，IETF），是一个松散的、自律的、志愿的民间学术组织，成立于 1985 年年底，其主要任务是负责因特网相关技术规范的研发和制定。IETF 是一个由为因特网技术工程及发展做出贡献的专家自发参与和管理的国际民间机构。它汇集了与因特网架构演化和因特网稳定运作等业务相关的网络设计者、运营者和研究人员，并向所有对该行业感兴趣的人士开放。IETF 体系结构分为三类，第一个是因特网架构委员会（IAB），第二个是因特网工程指导委员会（IESG），第三个是在 8 个领域里面的工作组（working group）。标准制定工作具体由工作组承担，工作组分成 8 个领域，包括因特网路由、传输、应用领域等。

4. CAPWAP

CAPWAP（control and provisioning of wireless access points）是 IETF 中目前有关无线控制器和 FIT AP 间的控制和管理标准化的工作组，简称标准组。其目的是制定无线控制器和 FIT AP 之间的管理和控制协议，用户购买的无线控制器和 FIT AP 只要遵从 CAPWAP 定义的标准，那么无线控制器和 FIT AP 可以由不同厂商制造。不过由于标准组没有定义无线控制器之间的控制管理协议，因此，目前不同厂商的无线控制器之间还无法互通。

5. WAPI 联盟

WAPI 联盟旨在制定并推广我国无线网络产品国标中的安全机制标准 WAPI，其包括无线局域网鉴别基础结构（WAI）和无线局域网保密基础结构（WPI）两部分。其中，核心技术由西安捷通通讯科技有限公司掌握，由于其加密算法未公开，因此，只能购买指定公司的加密芯片。

1.8 WLAN面临的挑战与问题

IEEE 802.11标准的WLAN技术在广泛使用的同时，也面临着一些问题与挑战，例如，干扰、高密场景、电磁辐射、数据安全性等。

(1) 干扰：工作在相同频段的其他设备会对WLAN设备的正常工作产生影响。

(2) 高密场景：在无线终端密集场景下，如何保证传输效率，对无线体验至关重要。

(3) 电磁辐射：无线设备的发射功率应满足安全标准，以减少对人体的伤害。

(4) 数据安全性：在无线网络中，数据在空中传输，因此，安全性显得尤为重要。

1.8.1 干扰

(1) 同一区域内WLAN设备之间的互相干扰。

(2) 其他工业设备的干扰，如：微波炉、蓝牙、无绳电话、邻频的3G/4G/5G系统。

WLAN的重要挑战之一就是无线信号的干扰。

802.11 b/g工作在非授权的2.4 GHz ISM频段，因为不存在授权的控制和保护，所以发生干扰的可能性比较大。除同一区域内工作在相同频段的WLAN设备直接的干扰外，常见的2.4 GHz工业设备还有微波炉、蓝牙、无绳电话、双向寻呼系统等，甚至室内广泛分布的4G/LTE天线、无线监控摄像头也可能成为2.4 GHz WLAN的致命干扰源。

WLAN设备在实际的使用中，排除干扰是无线网络问题定位的主要思路之一，更改设备工作信道是解决干扰的手段之一。2.4 GHz频段可用信道只有3个：1、6、11，在干扰严重的场景下有可能3个信道都不太好用。在某些干扰无法消除的场景，必须使用支持5G的双频AP来规避2.4 GHz频段的干扰问题。从Wi-Fi技术的发展路径看，802.11 ac仅支持5G频段也与2.4 GHz干扰严重的现实窘况有关。

1.8.2 高密场景

(1) 终端高密并发的办公楼、教学楼等。

(2) 对移动办公要求较高的场景。

(3) 存在大量流量吞吐需求，对业务时延性要求敏感的场景。

高密场景肯定是目前及未来WLAN发展中绕不开的一个话题，如何在无线终端越来越多、越来越普及的当下找到可用的信道资源和无线连接技术显得尤为关键。因为无线本身传输机制的设计(犹如半双工机制)存在一些天然的弊端，那么产品如何取舍、如何做到用户体验的最佳，则需要厂商花精力去细细思考。

1.8.3 电磁辐射

常见的无线设备及其输出功率(电磁辐射)如表1-1所示。

表1-1 电磁辐射

常见的无线设备	输出功率
室内型WLAN设备	<100 MW
无线网卡	10 MW～50 MW
手机	>1 W(通话时)
无线对讲机	>5 W

（1）许多研究已经证明，WLAN 产品可以在家庭及商业中使用，对人体来说是安全的。

（2）政府有相关的法令对发射功率进行严格地限制，因此，通过政府相关部门认证过的无线设备对人体是无害的。

WLAN 设备的发射功率在现今的移动通信设备中属于较低的一类，同时政府的相关法令对无线设备的发射功率也有着严格的限制。

但在实际的使用中，还是应该遵守有关无线设备使用的一些安全准则。

（1）天线至少远离人体 20 cm。

（2）高增益的室外壁挂、塔装天线应由专业人员安装，至少远离人体 30 cm。

（3）在特殊场所中使用无线设备应遵守该区域的相关安全规定，如机场。

1.8.4 数据安全性

在无线网络中，数据在空中传输，需要充分考虑业务数据的安全性，可以选择的加密方式如下。

（1）开放式，不加密。

（2）采用弱加密算法。

（3）采用强加密算法。

802.11 协议提供了多种安全加密方式，用户可以根据自己不同的业务类型和数据安全要求进行选择。例如，一般运营商提供的无线接入服务都采用开发式、不加密；家庭私人使用的无线接入服务可采用弱加密算法（如 WEP 等）；企业的业务数据则需要较高安全级别，应采用强加密算法（如 802.11 i 标准中的 AES 加密）。

1.9 WLAN 协议的发展

（1）Wi-Fi 6E：拓展使用 6 GHz 频谱，增加 60 个 20 MHz 信道，我国暂未开放此频谱。

（2）Wi-Fi 7：草案阶段。

如图 1-6 所示，未来的 WLAN 发展在可看见的情况下存在 Wi-Fi 6E 阶段，如果 Wi-Fi 6E

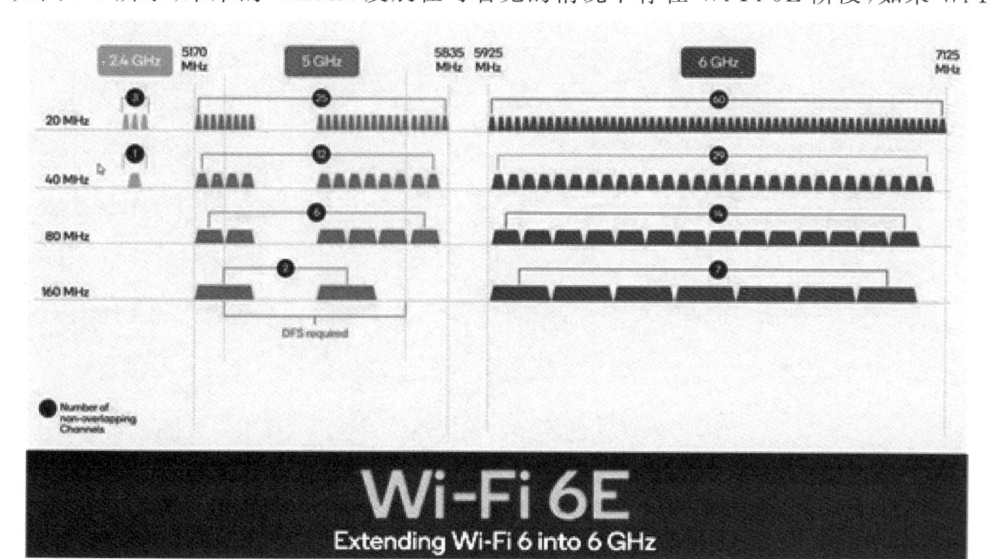

图 1-6 WLAN 协议的发展

的核心改进 6 GHz 频谱的授权使用,则会带来 60 个 20 MHz 的信道,这样会极大地改善现在拥挤的无线信道资源,无论对终端还是无线设备而言都有巨幅提升,但是仍需要看我国国家法规是否允许。

Wi-Fi 7 目前仍处于草案阶段,何时商用还尚未确定。

1.10 小结

本章主要介绍与 WLAN 技术相关的背景知识,如现在主要使用的无线技术、802.11 协议的发展历程、WLAN 相关组织与标准、WLAN 设备在实际使用中遇到的挑战等,以帮助大家能够更好地理解 WLAN 技术及其相关设备的使用。

第2章

无线技术基础

WLAN 技术是计算机网络与无线通信技术相结合的产物，其利用电磁波实现了信息的传输，所以要深刻理解并应用 WLAN 技术与理论，并且必须掌握相关的无线技术基础知识。本章内容主要为大家讲解与 WLAN 理论相关的无线技术基础知识，以加深大家对 WLAN 产品相关特性的理解。

2.1 课程目标

(1) 了解电磁波的相关属性和传播特性。

(2) 掌握各功率计算单位间的换算关系。

(3) 了解 WLAN 的调制传输方式。

(4) 了解射频收发器与天线。

2.2 电磁波

波的基本概念，如图 2-1 所示。

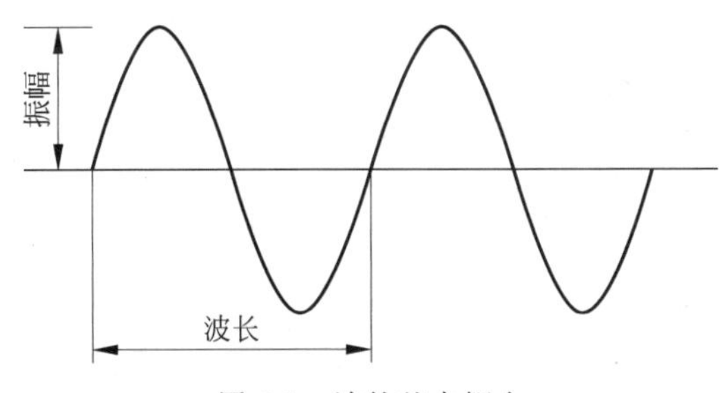

图 2-1 波的基本概念

波是某一物理量的扰动或振动在空间逐点传递时形成的运动。不同形式的波虽然在产生机制、传播方式和与物质的相互作用等方面存在很大差别，但是在传播时却表现出多方面的共性，可以用相同的数学方法描述和处理。

(1) 波长：在波的传播方向上振动状态完全相同的相邻两个点之间的距离。

(2) 振幅：从零到半周期的最大值之间的距离。

(3) 频率：每单位时间内的周期数即时频率，通常表示为每秒周期或 Hz。

(4) 波速：单位时间内波传播的距离。

波长 λ、频率 f、波速 u 三者的关系为 $u=\lambda f$。

波包括机械波和电磁波。机械波是由扰动的传播导致的在物质中动量和能量的传输，如声波、水波等，需要传播介质。而电磁波是电磁场的一种运动形态，它由变化的电磁场在空间

的传播形成，可在真空中传播。

所有电磁波在真空中都以光速进行传播，并且有特定的波长 λ 和频率 f，故电磁波波长与频率的关系为 $c=\lambda f$，其中，c 等于光速（3×10^8 m/s）。

此外，电磁波还有很多其他属性，如能量、方向、极化、相位等，如图 2-2 所示。

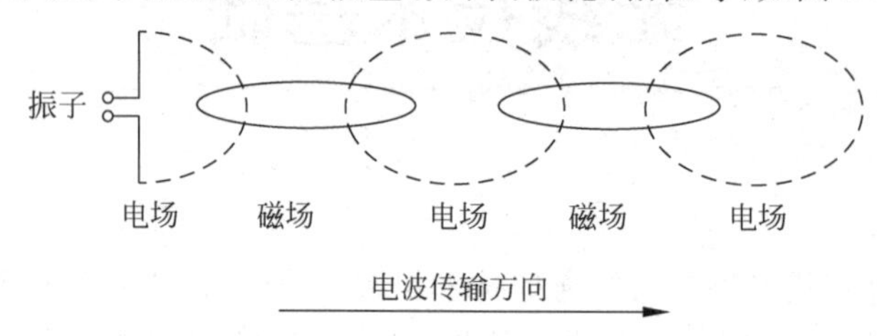

图 2-2 电磁波相关属性

(1) 能量：电磁波的能量大小由坡印亭矢量(Poynting vector)决定，即 $S=E\times H$，其中，S 为坡印亭矢量，E 为电场强度，H 为磁场强度。

(2) 方向：天线辐射的电磁波的主要传播方向。

(3) 极化：电磁波中电场传播的方向。

(4) 相位：假设天线发射的电磁波就像正弦波一样，不同正弦波的相对时间是非常重要的。例如，同一频率的 2 个正弦波同时到达相同位置，或者 2 个波同相，那么可以形成一个更强大的波；如果 2 个波到达的时间稍有不同，则会形成 1 个复杂的波；如果它们异步到达或异相，则会相互抵消。

如图 2-3 所示，按照波长或频率的顺序将这些电磁波排列起来，则是电磁波频谱。如果将每个波段的频率由低至高依次排列，它们依次是无线电波、微波、红外线、可见光、紫外线、X 射线及 γ 射线。以无线电的波长最长，γ 射线的波长最短。

(1) 无线电波——0.3 mm～3000 m。

(2) 红外线——0.3 mm～0.75 μm。

(3) 可见光——0.4～0.7 μm。

(4) 紫外线——0.4～10 μm。

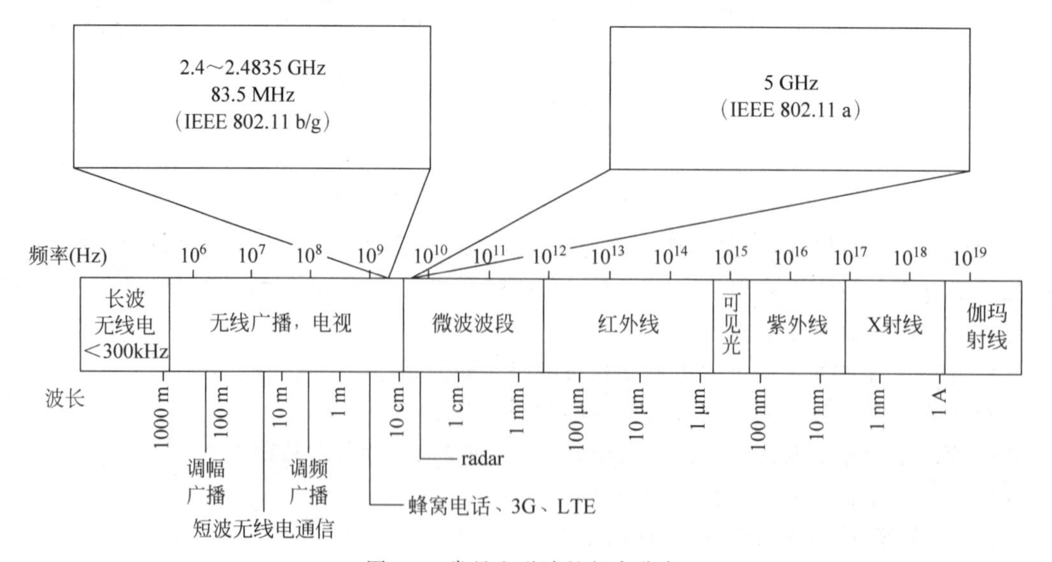

图 2-3 常见电磁波的频率分布

(5) X 射线——0.1～10 μm。

(6) γ 射线——0.001～0.1 μm。

(7) 高能射线——小于 0.001 μm。

802.11 b/a/g 协议使用的 2.4 GHz 与 5 GHz 频段属于无线电波中超高与极高的相关频段。对应的波长分别为 10 cm 和 5 cm 左右。

电磁波具有波长越长，电磁波对障碍物的衍射穿透能力越强、传播距离越远的特点。例如，波长超过 1000 m 的长波无线电信号辐射距离达几千千米，可用于深海潜艇的军事通信。波长 1～100 m 的短波无线电直射距离能达数十千米，配合大气电离层反射作用，最远可以达上百千米，这个频段的电磁波可以服务于 FM 调频广播、广播电视等。而 3G、4G、LTE、Wi-Fi 工作的微波波段传播距离仅几千米到几百米，但由于微波频段的频率高、信道资源丰富，非常适合用作蜂窝宽带移动通信。同理，2.4G Wi-Fi 的频率相比 5G Wi-Fi 要高，波长更长，所以 2.4G Wi-Fi 的覆盖范围更大。而 5G Wi-Fi 的优势在于频率资源丰富，可划分更多的信道。

2.3 电磁波的传播特性

2.3.1 路径损耗

在无线通信系统中，一个关键因素是有多少功率能够从发射端到达接收端。

如果不考虑障碍物的影响，电磁波在自由空间的路径损耗为

$$32.45 + 20\lg f + 20\lg d$$

式中，f 为电磁波的频率，单位为 MHz；d 为传输的距离，单位为 km。

通过此式可以看出，电磁波传播时的路径损耗与其频率相关。频率越高的电磁波损耗越严重，覆盖范围越小。

而在实际的环境中，电磁波在空气中的传播损耗肯定要大于自由空间，而且当电磁波穿过障碍物时，能量将会大幅度减小，如图 2-4 所示，不同物质对电磁的损耗情况也不尽相同。

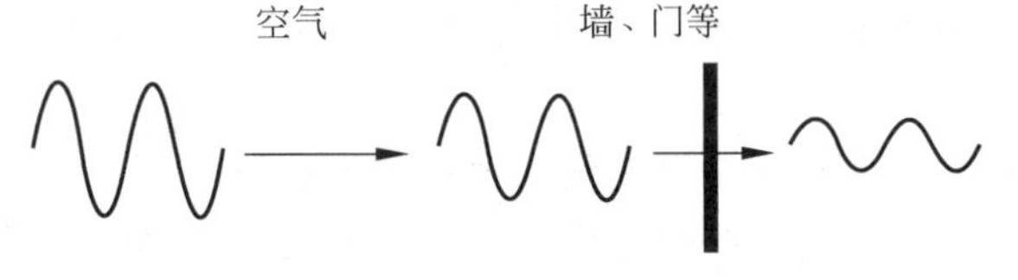

图 2-4 路径损耗

表 2-1 列出了一些常见障碍物对无线信号的损耗情况，其中金属对无线信号的损耗最强，人体对无线信号的损耗中等，而开阔地等空旷区域对无线信号的损耗很小。

表 2-1 信号穿透损耗估测

障碍物	衰减程度	举例
开阔地	极少	自动餐厅、庭院
木制品	少	内墙、办公室隔断、门、地板
石膏	少	内墙（新的石膏比老的石膏对无线信号的影响大）
合成材料	少	办公室隔断
煤渣砖块	少	内墙、外墙
石棉	少	天花板
玻璃	少	没有色彩的窗户

续表

障碍物	衰减程度	举　例
人体	中等	大群的人
水	中等	潮湿的木头、玻璃缸、有机体
砖块	中等	内墙、外墙、地面
大理石	中等	内墙、外墙、地面
陶瓷制品	高	陶瓷瓦片、天花板、地面
纸	高	一卷或一堆纸
混凝土	高	地面、外墙、承重梁
防弹玻璃	高	安全棚
镀银	非常高	镜子
金属	非常高	办公桌、办公隔断、混凝土、电梯、文件柜、通风设备

一般来说，障碍物的密度越大对无线信号的损耗影响就越大；反之，障碍物的密度越小对无线信号的损耗影响就越小。

2.3.2 反射、折射

反射是电磁波遇到其他媒质分界面时，部分仍在原物质中传播的现象。

反射率是反射光强度与入射光强度的比值。不同材料的表面具有不同反射率，其数值多以百分数表示。同一材料对不同波长的电磁波可以有不同的反射率，这个现象称为选择反射。所以凡列举某种材料的反射率均应注明其波长，例如，玻璃对可见光的反射率约为 4%；金的选择性很强，在绿光附近的反射率为 50%，而对红外光的反射率可达 96%以上。

光的反射定律如下。

(1) 在反射现象中，反射光线、入射光线和法线都在同一个平面内。

(2) 反射光线、入射光线分居法线两侧。

(3) 反射角等于入射角。

电磁波进入不同的媒质也会反射，可以用反射定律来描述这些反射现象。因此，WLAN 设备在安装区域的反射属性非常重要。

波穿过不同介质时传播方向会发生变化的现象称为折射。

光的折射与光的反射都是发生在两种介质的交界处，只是反射光返回原介质中，而折射光则进入另一种介质中，如图 2-5 所示，由于光在两种不同的物质里传播速度不同，因此在两种介质的交界处传播方向发生变化，这就是光的折射。

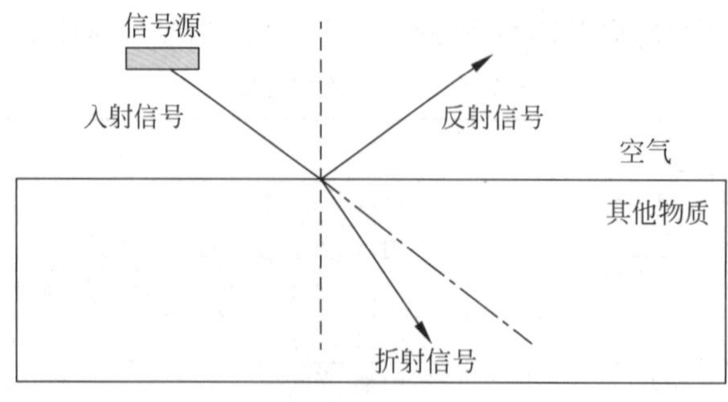

图 2-5　反射、折射

注意：在两种介质的交界处，既发生折射，同时也发生反射。反射光光速与入射光相同，折射光光速与入射光不同。

折射规律分为如下三点。

(1) 在折射现象中，折射光线、入射光线和法线都在同一个平面内，三线一面。

(2) 折射光线与入射光线分居法线两侧。

(3) 折射角与入射角的关系分 3 种情况：①入射光线垂直界面入射时，折射角等于入射角，等于 0°；②光从空气斜射入水等介质中时，折射角小于入射角；③光从水等介质斜射入空气中时，折射角大于入射角。

电磁波在进入其中的物体周围也会产生折射。当物体小于波长时，对电磁波的传播几乎没有影响，电磁波能够不受干扰地通过；当物体大于波长时，物体背后会出现阴影，并且大部分能量将被反射；如果物体大小与波长相当，就会出现复杂的折射现象。

电磁波在传播途径中遇到大的障碍物时，电磁波会绕过障碍物向前传播，这种现象叫作电磁波的绕射。超短波、微波的频率较高，波长短，绕射能力弱，在高大建筑物后面信号强度小，形成所谓的"阴影区"。信号质量受到影响的程度不仅与建筑物的高度有关，还与接收天线与建筑物之间的距离、电磁波的频率有关。例如，有一个建筑物，其高度为 10 m，在距离建筑物后面 200 m 处，接收的信号质量几乎不受影响，但在 100 m 处，接收信号场强比无建筑物时明显减弱。注意，信号减弱程度还与信号频率有关，对于 216～223 MHz 的信号，接收信号场强比无建筑物时低 16 dB，对于 670 MHz 的信号，接收信号场强比无建筑物时低 20 dB。如果建筑物高度增加到 50 m，则在距建筑物 1000 m 以内，接收信号的场强都将受到影响而减弱。也就是说，频率越高、建筑物越高、接收天线与建筑物越近，信号强度与通信质量受影响程度越大；相反，频率越低、建筑物越矮、接收天线与建筑物越远，信号强度与通信质量受影响程度越小。

2.3.3 多径

如图 2-6 所示，在无线通信领域，多径效应指无线电信号从发射端(TX)经过多个路径抵达接收端(RX)的传播现象。

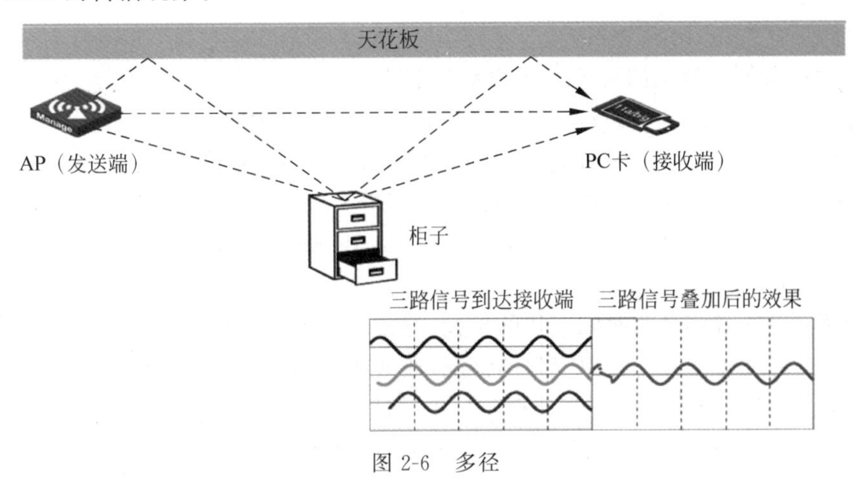

图 2-6 多径

在实际使用的 WLAN 系统中，发送端发射的无线电磁波在不同物体的表面被反射，通过不同的传播路径最终在相差甚微的时间内到达接收端，造成了多径干扰，降低了接收端的信号质量。所以在安装 WLAN 设备时，需要考虑多径的影响，避免设备安装在反射较严重的物质附近(如金属、有涂层的玻璃等)。

天线分集技术可有效降低多径效应产生的影响。所谓分集天线就是一个无线设备使用两个天线,同时接收两路信号,然后选择最优的进行解调。

2.4 功率计算单位

功率计算单位包括：dB、dBm、dBW。

相对功率用 dB 表示,为任意两个功率比值的对数形式。例如,描述“增益”“衰耗”等,用 dB 表示。计算公式为

$$\text{相对功率}=10\lg\left(\frac{\text{测量功率}}{\text{基准功率}}\right)$$

绝对功率用 dBm、dBW 表示,为待测功率对某一已知功率的 dB 表示,可以衡量功率的绝对大小。

基准功率为 1 mW 时的相对功率(dB 值)用 dBm 表示。

基准功率为 1 W 时的相对功率(dB 值)用 dBW 表示。

例如,100 mW 换算成 dBm 表示即为 20 dBm,换算过程为

$$10\lg\left(\frac{100\text{ mW}}{1\text{ mW}}\right)=10\lg(100)\text{dBm}=10\lg(10^2)\text{dBm}=10\times 2\text{ dBm}=20\text{ dBm}$$

同理,1000 mW(即 1 W)等于 30 dBm。

功率与 dB 之间有个近似的换算关系,即每增大或减小 3 dB,相当于功率增大 1 倍或减小一半。

例如：100 mW = 20 dBm,200 mW≈20+3=23 dBm；50m W≈20−3=17 dBm。

根据以上换算关系可知,dBm 与 dBW 都是绝对功率单位,即代表了实际的功率大小,而 dB 为相对功率单位,一般表示 2 个功率的比值,如 $10\lg(P_1/P_2)$ 。

2.5 信号

信号为含有所传送信息的可检测到的发射能量。

(1) 随时间变化的信号。通过示波器可查看信号在时域中的变化。

(2) 随频率变化的信号。通过频谱分析可查看信号的频域的变化。

(3) 噪声。常见噪声为白噪声(高斯噪声)和窄带干扰。

对信号分析的常用方法有 2 种：时域分析(time domain analysis)和频域分析(frequency domain analysis)。

时域分析：可查看信号随时间变化的情况,通常使用示波器查看。

频域分析：可查看信号随频率变化的情况,通常使用频谱分析仪查看。

例如,通过示波器查看一个正弦波在时域中的情况如图 2-7 所示。

通过频谱分析仪查看一个正弦波在频域中的情况如图 2-8 所示。

在通信系统中,噪声是一个非常重要的概念。噪声有 2 种形式,一种是白噪声(也称高斯噪声),另一种为窄带干扰。

白噪声在频谱上是与所有频率都交叉的一条直线。理论上,白噪声会均匀地影响无线电信号的所有频率,因此,它在无线电通信系统中有着特殊的含义。

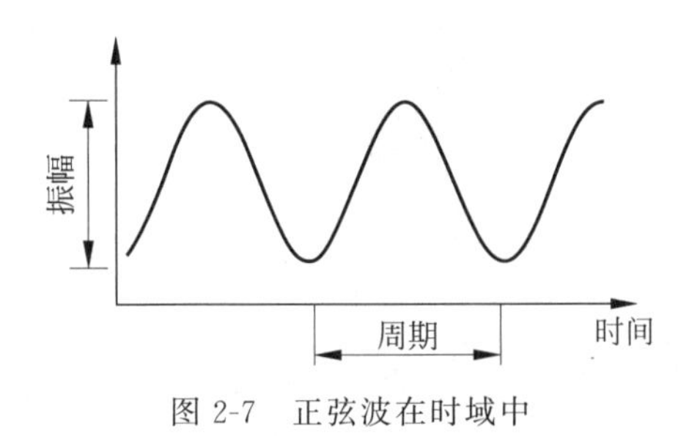

图 2-7 正弦波在时域中

图 2-8 正弦波在频域中

窄带干扰是只在某一较小范围频率内的噪声。例如,常见的 FM 调频收音机,只工作在某些固定的频段,属于窄带干扰。

由此可见,白噪声会影响所有频段,而窄带干扰只影响某些频段,这 2 种噪声对 WLAN 系统的使用都很重要。白噪声会影响所有信道的使用,而窄带干扰只会影响某些信道。所以在实际使用中可以通过改变信道的方法来避开干扰。

2.6 带宽

带宽是通信系统中一个非常重要的概念,分为 2 种基本的带宽类型:模拟带宽与数字带宽。

1. 模拟带宽

模拟带宽是指电磁信号在频域内的宽度,即所含的最高频率与最低频率的差值,也称信道带宽,单位为赫兹(Hz)。例如,802.11 g 的一个信道占 20 MHz 的频谱范围,即一个信道的模拟带宽为 20 MHz。

2. 数字带宽

数字带宽是指通过某一信道在单位时间内发送的信息量,通常单位为比特每秒(b/s)。在数字通信系统中,术语带宽通常指的是数字带宽。而在数据通信系统中还有另一个重要的概念叫吞吐量。一般情况下,吞吐量仅指实际承载的业务数据量,而不包含协议开销,所以实际的吞吐量通常小于系统的数字带宽。

在无线通信系统中,模拟信道的带宽限制了数字传输速率的增加。著名的香农(Shannon)定理描述了有限模拟带宽、有随机热噪声信道的最大传输速率与信道带宽、信号噪声功率比之间的关系。

香农定理

$$C = B\log_2(1 + S/N)$$

式中,C 为信道容量,即信道能支持的最大数字传输速率,b/s;B 为信道带宽,Hz;S 为平均信号功率;N 为平均噪声功率;S/N 为信噪比,用 dB 表示,即 $10\lg(S/N)$。

香农定理表明,信道容量受到信道带宽的限制,信道带宽 B 越大,所能支持的信道容量 C 越大,反之,信道带宽 B 越小,所能支持的信道容量 C 越小。而在信道带宽 B 一定的情况下,实际的信道容量主要取决于通信系统信噪比,以及采用的调制、传输技术等因素。

2.7 调制与传输技术

在无线数据通信系统中,发射端的调制与接收端的解调是两个关键的步骤,如图 2-9 所示。

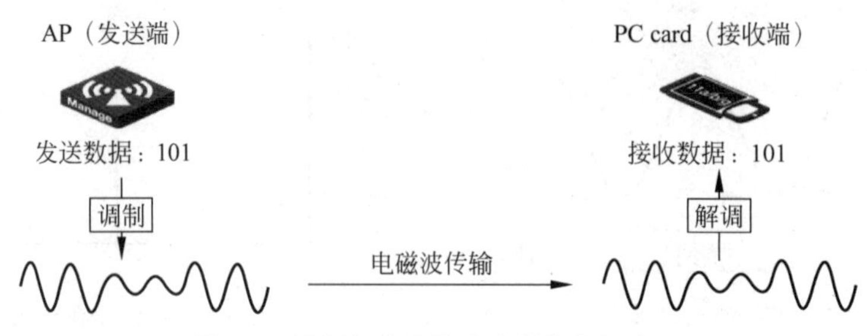

图 2-9 调制与传输技术在网络中的应用

所谓调制就是根据所需发送的信息来改变载波的相关属性，以使信息编码在载波上。调制后的载波，携带着有用信息通过相关的传输技术发射出去，由接收端接收后完成解调。

而解调实质上是调制的反过程，从载波中提取出发送的信息。

一般来说，采用的调制级别越高，通过相同载波承载的比特数就越多，可以获取更高的发送速率。但高级别的调制会依赖更强的接收信号和更高的信噪比，也意味着无线电波越容易受到噪声的干扰，覆盖的范围就会减少。

2.7.1 调制技术

基本载波有3个方面的属性可以被调制：振幅、频率、相位；对应就有3种调制技术，分别是调幅（AM）、调频（FM）、调相（PM），如图 2-10 所示。

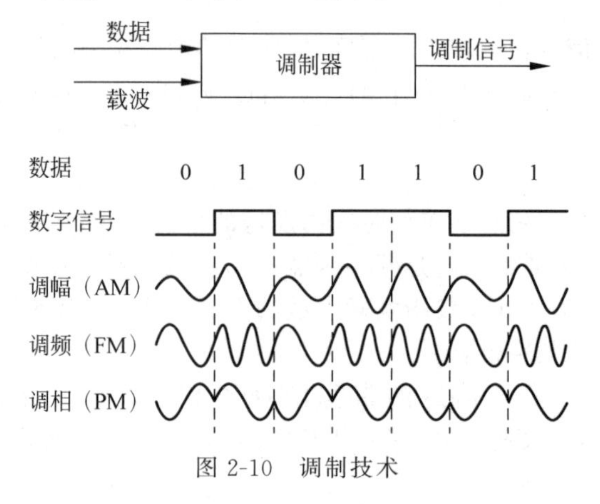

图 2-10 调制技术

在实际的通信系统中都部分或组合使用了以上3种基本调制方式，常见的数字调制方式如下。

（1）幅移键控（ASK）——用数字信号去调制载波的振幅。2ASK（二进制幅移键控），由于调制信号只有0或1两个电平，相乘的结果相当于将载频关断或者接通，它的实际意义是当调制的数字信号为“1”时，传输载波；当调制的数字信号为“0”时，不传输载波。

（2）频移键控（FSK）——用数字信号去调制载波的频率。2FSK（二进制频移键控），将二进制符号0对应于载波f1，二进制符号1对应于载频f2，而且f1与f2之间的改变是瞬时完成的一种频移键控技术。

（3）相移键控（PSK）——用数字信号去调制载波的相位。2PSK（二进制相移键控），将距离为180°的两个相位（如0°和180°）分别对应数字信号的0和1。

2.7.2 WLAN 调制技术

(1) BPSK。利用载波的两个不同相位表示二进制的 0 或 1。二进制相移键控(BPSK)——用一个相位表示二进制中的 1,另一个相位表示二进制中的 0。通常用在 802.11 的 1 Mbps 速率、802.11 a/g 的 6 Mbps 或 9 Mbps 速率下发送数据。

(2) QPSK。利用载波的 4 种相位变化表示 2 个二进制位。四相相移键控(QPSK)——利用载波的 4 种相位变化表示 2 个二进制位的数据。通常用在 802.11 的 2 Mbps 速率、802.11 a/g 的 12 Mbps 或 18 Mbps 速率下发送数据。

(3) CCK。使用一个补码函数来发送更多数据。补码键控(CCK)——采用一个复杂的数学函数,可以使用若干个 8 b 序列在每个码字中编码 4 或 8 位。通常用在 802.11 b 的 5.5 Mbps、11 Mbps 速率下。此外 CCK 使用的数学转换函数可以让接收器轻易识别不同编码,即使遇上干扰或多径衰落的情况。

(4) 16/64/256/1024 QAM。规定了 16/64/256/1024 种载波振幅和相位的组合,每个子信道可承载 4/6/8/10 位。正交调幅(QAM)在单一载波上进行编码,不过该载波由同相(in-phase)和正交(quadrature)2 种信号组成。QAM 会同时对这 2 种信号进行调幅,即根据输入信号的大小调整载波波形。主载波以同相信号为名,简写为 I。正交信号落后 1/4 周期,简写为 Q(也可以用复数来表示其波形,构建出 QAM 的数理模型)。基本上,这个组合信号的振幅及相移均用来编码信息。

在数字系统中,同相与正交信号经过量子化被限定在一组特定电平。当两种信号被限定在一组特定电平时,结果就形成了所谓的星座图。星座图在二维平面上描绘出同相与正交信号的可能值。星座图上每一点代表一种符号,每个符号代表特定的位置。提到 QAM,通常都会在前面标注星座图中的位数,例如,16 QAM、64 QAM、256 QAM、1024 QAM。其中,16 QAM 的星座图,如图 2-11 所示。

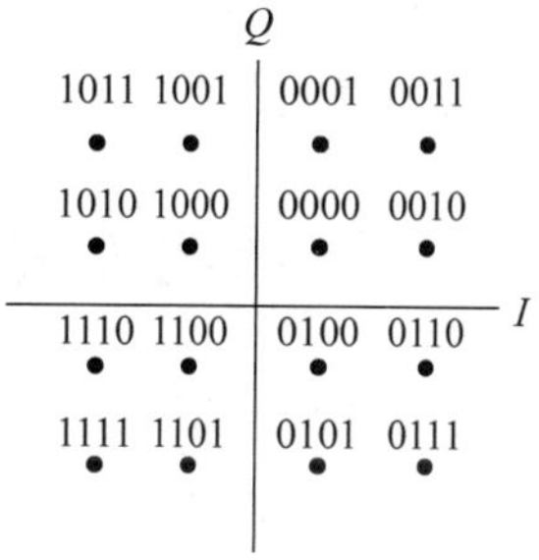

Q

1011	1001	0001	0011
1010	1000	0000	0010
1110	1100	0100	0110
1111	1101	0101	0111

I

图 2-11 16 QAM 星座图

16 QAM(16 位正交调幅)——规定了 16 种载波振幅与相位的组合,每个子信道可以承载 4 位。通常用在 802.11 a/g 的 24 Mbps、36 Mbps 速率下发送数据。

64 QAM(64 位正交调幅)——规定了 64 种载波振幅与相位的组合,每个子信道可以承载 6 位。通常用在 802.11 a/g 的 48 Mbps、54 Mbps 速率下发送数据。

256 QAM(256 位正交调幅)——规定了 256 种载波振幅与相位的组合,每个子信道可以承载 8 位。通常用在 802.11 ac 的 433 Mbps 速率下发送数据。

1024 QAM(1024 位正交调幅)——规定了 1024 种载波振幅与相位的组合,每个子信道可以承载 10 位。通常用在 802.11 ax 的 600 Mbps 速率下发送数据。

2.7.3 WLAN 传输技术

(1) FHSS。利用跳频技术将频谱进行扩展的扩频通信技术。(frequency-hopping spread spectrum,FHSS)是利用跳频技术将频谱进行扩展的扩频通信技术。跳频是用一定码序列进行选择的多频率频移键控。也就是说,用扩频码序列去进行频移键控调制,使载波频率不断地跳变,所以称为跳频。

(2) DSSS。利用复合码序列获取直接序列扩频信号的扩频通信技术。直接序列扩频

(direct sequence spread spectrum,DSSS)一种扩频通信技术,用高速率的伪噪声码序列与信息码序列模二加(波形相乘)后的复合码序列去控制载波的相位获得直接序列扩频信号,即将原来较高功率、较窄的频率变成具有较宽频的低功率频率,以在无线通信领域获得令人满意的抗噪声干扰性能。

(3) OFDM。正交频分复用技术(orthogonal frequency division multiplexing,OFDM),其工作原理是将一个高速的数据载波分成若干个低速的子载波,然后并行地发送这些子载波。每个高速载波的带宽为 20 MHz,被分成 52 个子信道,每个子信道的带宽约 300 kHz。其中,48 个子信道用于传输数据,剩下的 4 个子信道用于收发频率同步。

OFDM 使信道相隔得更近,因此,能够更有效地使用频谱。由于载波之间正交,因此,频谱使用更高效,同时还可以防止相隔较近的载波之间相互干扰。

根据不同的速率,802.11 a/g 采用不同的调制技术。

① BPSK:每信道编码 125 Kbps 的数据,数率可达 6 Mbps。

② QPSK:每信道编码 250 Kbps 的数据,数率可达 12 Mbps。

③ 16QAM:每信道支持 4 位编码,数率可达 24 Mbps。

(4) OFDMA。是 OFDM 技术的发展,在利用 OFDM 对信道镜像副载波化后(多址),在部分子载波上加载传输数据的技术。

简单的频移键控 2FSK,只有两个频率。而跳频系统则有几个、几十个,甚至上千个频率,由所传信息与扩频码的组合去进行选择控制,不断跳变。传送的信息与这些扩频码的组合进行选择控制,在传送中不断跳变。在接收端,有与发送端完全相同的本地发生器产生完全相同的扩频码进行解扩,然后通过解调才能正确地恢复原有的信息。

2.8 射频收发器与天线

2.8.1 射频收发器

任何一台 WLAN 设备,包括支持 WLAN 的无线终端,都有一颗"芯",它就是射频收发器(RF transceiver),如图 2-12 所示。

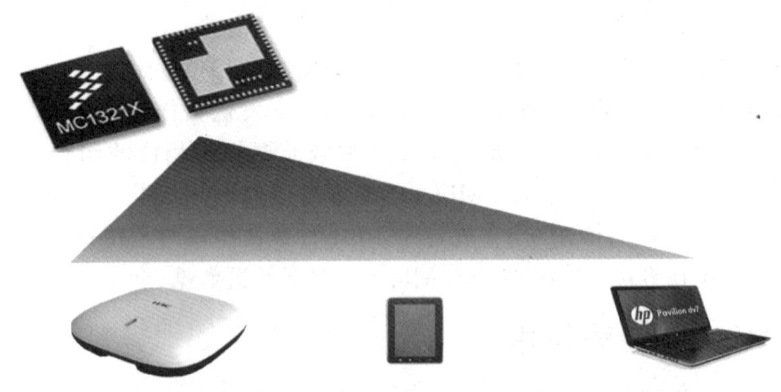

图 2-12 射频收发器

射频收发器又称射频芯片,是无线信号的源头。它能直接产生高频电磁信号,也能对接收到的电磁信号进行调制解码。

射频收发器传输广泛地运用在车辆监控、遥控、遥测、小型无线网络、工业数据采集系统、水文气象监控、机器人控制等领域中。WLAN 射频收发器的特征是工作在 WLAN 2.4 GHz/

5 GHz 频段，支持 WLAN 调制解调方式，也可以用支持 802.11 a/b/g/n/ac 来标称其规格。

2.8.2 天线

无线通信借助自由空间的电磁波来传输信号数据，而天线则是连接无线设备线缆和自由空间的媒介，如图 2-13 所示。

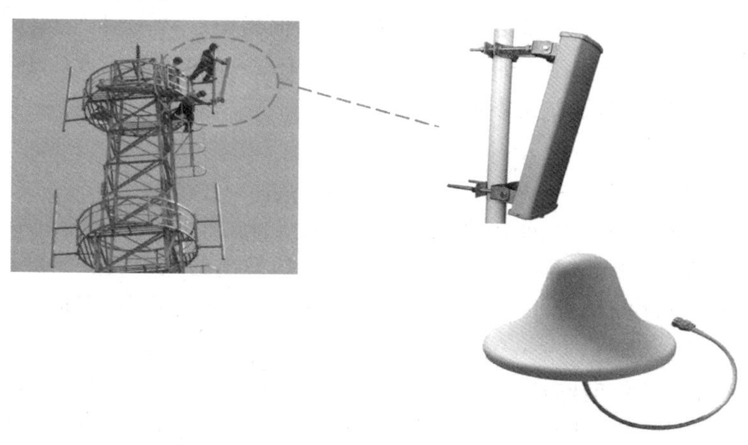

图 2-13 天线

天线的作用是把高频电磁能转换为电磁波向自由空间辐射出去，或反之将自由空间中的电磁波转换为传输线缆中的高频电磁能。可见，天线是发射和接收电磁波的一个重要无线电设备，没有天线也就没有无线电通信。

天线品种繁多，以供不同频率、不同用途、不同场合、不同要求等不同情况下使用。对天线进行适当的分类是十分必要的。

按用途分类：通信天线、电视天线、雷达天线等。

按工作频段分类：短波天线、超短波天线、微波天线等。

按方向性分类：全向天线、定向天线等。

按外形分类：线状天线、面状天线等。

不管采用哪种无线通信技术，天线的尺寸永远与电磁波波长相当。比如，WLAN 2.4G 的波长约为 12.5 cm，WLAN 天线的尺寸也大约为 12.5 cm，与一台 iPhone 的尺寸相当。

2.8.3 天线的主要工作参数

在所有的无线通信系统中，通信的双方都必须有天线，如图 2-14 所示。天线是电磁信号连接自由空间的媒介。

图 2-14 典型无线系统

以下技术指标是天线系统中最主要的技术指标。

(1) 工作频率。

(2) 方向性。

(3) 增益。

(4) 极化方向。

(5) 波瓣宽度。

天线的工作频率范围：无论是发射天线还是接收天线，它们总是在一定的频率范围内工作，通常工作在中心频率时，天线能输送的功率最大；偏离中心频率时，它输送的功率都将减小。一般情况下，WLAN 设备使用的天线能同时工作在 2.4 GHz 和 5.8 GHz 两个频段下，但是它们在两个频段工作时的增益是不同的。

2.8.4 方向性

(1) 全向天线。水平面上各向能量辐射相等的天线称为全向天线。

天线为无源设备，无法增加输入能量的总量，即天线发出的电磁波总能量与天线输入端的总能量相等(不考虑损耗的情况下)。不同的天线可以将这些能量以不同的形状和方向发射出去。

图 2-15(a)中显示了各向同性点状天线与全向天线的能量辐射比较。各向同性点状天线将所有能量以一个规则球体发送出去，而全向天线则以一个面包圈的形状将所有能量发送出去。

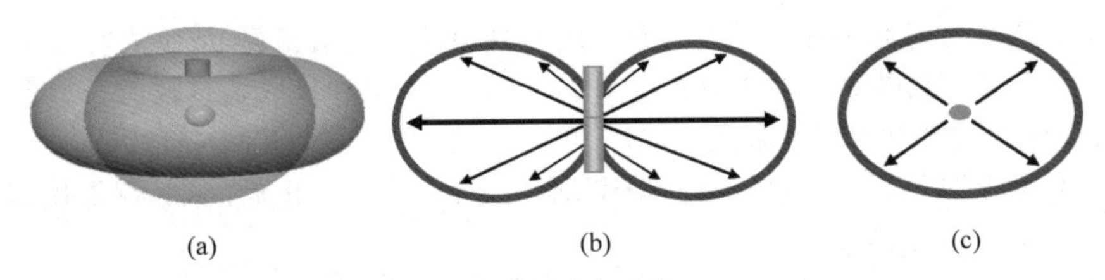

图 2-15 全向天线

(a) 天线能量辐射形状图；(b) 垂直面方向图；(c) 水平面方向图

图 2-15(b)与图 2-15(c)给出了一个全向天线的两个平面的能量强度图。从图 2-15(b)中可以看出，在天线的垂直方向上能量强度为零，最大能量强度在水平面上；而从图 2-15(c)中可以看出，在水平面上各个方向上的辐射一样大。这种在水平面上各个方向上辐射能量一样大的天线即为全向天线。

(2) 定向天线。水平面上各向能量辐射不等的天线称为定向天线。

定向天线的原理是利用反射板把辐射能量控制到单侧方向从而构成扇形区覆盖天线。图 2-16 中的水平面能量图(b)说明了反射面的作用，反射面把功率反射到单侧方向，提高了增益。

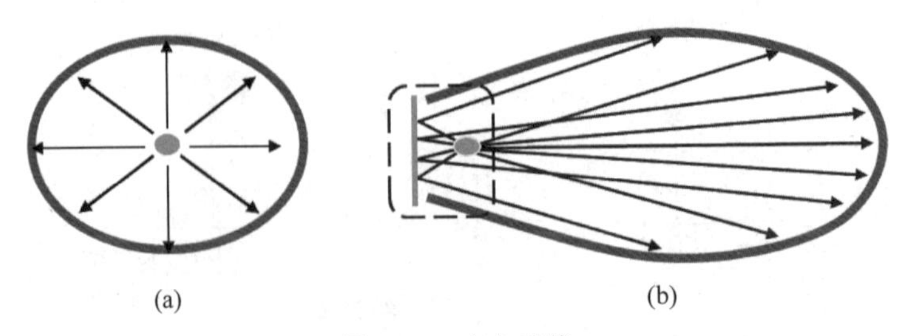

图 2-16 定向天线

(a) 全向阵(垂直阵列、不带平面反射板)；(b) 扇形区覆盖(垂直阵列，带平面反射板)

抛物反射面的使用，更能使天线的辐射像光学中的探照灯那样，把能量集中到一个小立体角内，从而获得很高的增益。

因此，可以将定向天线想作是将全向天线一面的能量全部拿到另外一面来发射。

2.8.5　增益

天线的增益用来描述天线对发射功率的汇聚程度，以比值的形式来表示。增益是指在输入功率相等的条件下，实际天线最强辐射方向上的功率密度与理想的辐射单元在空间同一点处的功率密度之比，即功率之比。通常用 dBi 表示天线增益。

公式：天线增益＝10 lg(天线最强辐射方向上的功率密度/理想情况下点状天线在任意点上功率密度)

图 2-17 中各向同性天线(即理想天线)在某一点的功率为 10 dBm，一个 3 dBi 天线在相同点的功率将为 13 dBm(近似于理想天线相同点功率的 2 倍)，在理想天线可辐射 100%空间的条件下，3 dBi 天线的辐射能量范围为空间的 50%。

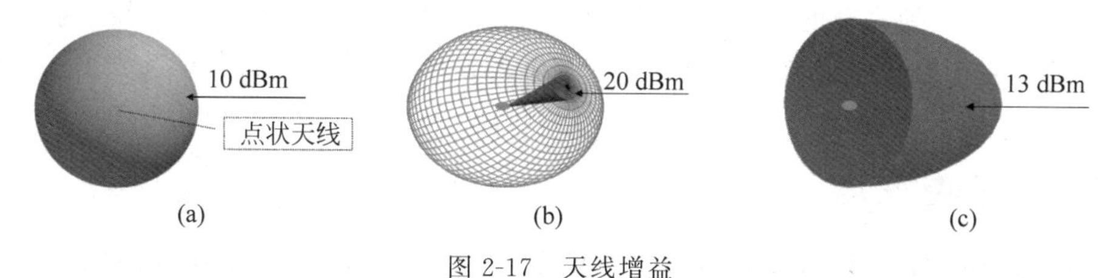

图 2-17　天线增益

(a) 一个各向同性的天线在所有方向具有相同的辐射能量；(b) 一个具有一定增益的天线只在某个特定方向才具有辐射能量；(c) 一个 3 dBi 增益的天线，辐射能量的范围为空间的 50%

常用衡量天线增益的单位是 dBi 和 dBd，如图 2-18 所示。

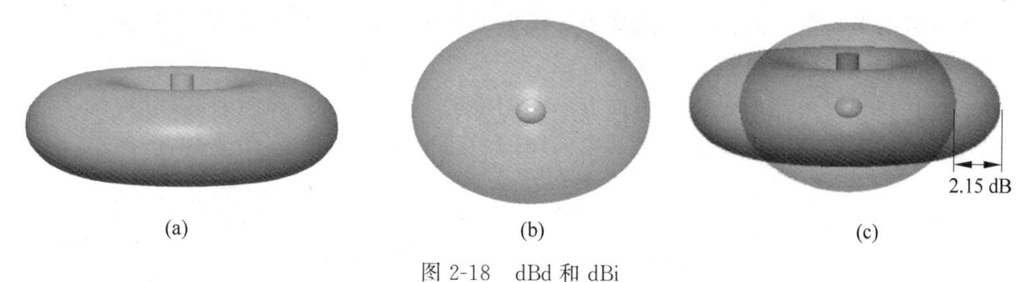

图 2-18　dBd 和 dBi

(a) 一个单一对称振子具有面包圈形的方向图辐射；(b) 一个各向同性的辐射器在所有方向具有相同的辐射；(c) 对称振子的增益为 2.15 dB

对于 dBi，其基准为理想的点源天线(即各向同性辐射器)，即一个真正意义上的“点”来作为天线增益的对比基准。理想点源天线的辐射是全向的，其方向图是个理想的球，同一球面上所有点的电磁波辐射强度均相同；对于 dBd，其基准则为理想的偶极子天线。因为偶极子天线是带有方向性的，所以两者有个固定的差值 2.15 dB，例如，3 dBd＝5.15 dBi。

需要说明的是，通常所说的“全向天线”不是严格的说法，全向天线应指在三维立体空间的全向，但工程界也大多把某个平面内方向图为圆周的天线称为全向天线，如鞭状天线，它在径向的主瓣是圆，但仍有轴向的副瓣。

2.8.6　极化方向

电磁波在空间传播时，其电场方向是按一定的规律而变化的，这种现象称为电磁波的极化。

电磁波中电场的方向称为电磁波的极化方向。

如果电磁波的电场方向垂直于水平面，称为垂直极化，如图 2-19(a)所示。

如果电磁波的电场方向与水平面平行，称为水平极化，如图 2-19(b)所示。

图 2-19 天线的极化

(a) 垂直极化；(b) 水平极化

当发送和接收天线的极化方向不一样时，在理想情况下，接收天线收不到任何可用信号。不过没有天线可以做到完全的垂直或水平极化，所以即使发送天线和接收天线的极化方向不一样，接收端也能收到一点很微弱的信号。在实际的使用中，应保证接收端与发射端使用相同极化方式的天线。

2.8.7 波束宽度

在天线方向图中通常都有两个瓣或多个瓣，其中最大的瓣称为主瓣，其余的瓣称为旁瓣。

在功率方向图中，在包含主瓣最大辐射方向的某一平面内，把相对最大辐射方向功率通量密度下降到 1/2 处(或小于最大值 3 dB)时，两点之间的夹角称为半功率波束宽度。半功率波束宽度也称 3 dB 波束宽度、半功率角。

天线主瓣两半功率点间的夹角定义为天线方向图的波瓣宽度，称为半功率(角)瓣宽。主瓣瓣宽越窄，则方向性越好，抗干扰能力越强。

水平面半功率波束宽度是指水平面方向图的半功率波束宽度，如图 2-20(a)所示。

垂直面半功率波束宽度是指垂直面方向图的半功率波束宽度，如图 2-20(b)所示。

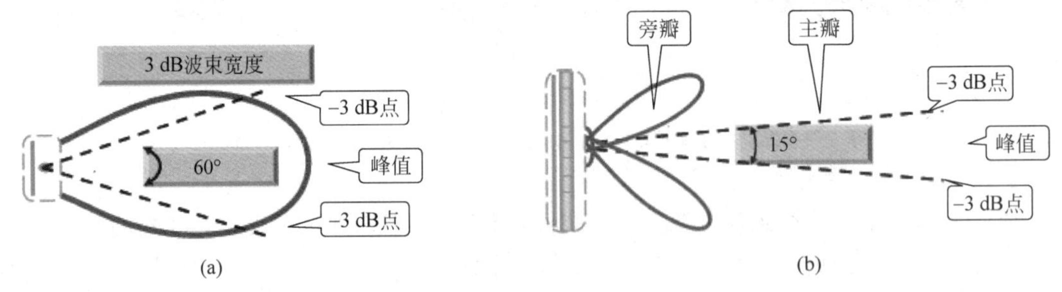

图 2-20 波束宽度

(a) 功率方向图；(b) 天线方向图

天线的增益一般与天线方向图有关，方向图主瓣越窄，后瓣、副瓣越小，则增益越高。如图 2-21 所示，在天线垂直半功率波瓣一定的情况下，其增益越大，则水平半功率波瓣越小；同理，在天线水平半功率波瓣一定的情况下，其增益越大，则垂直半功率波瓣将越小，如图 2-21 所示。

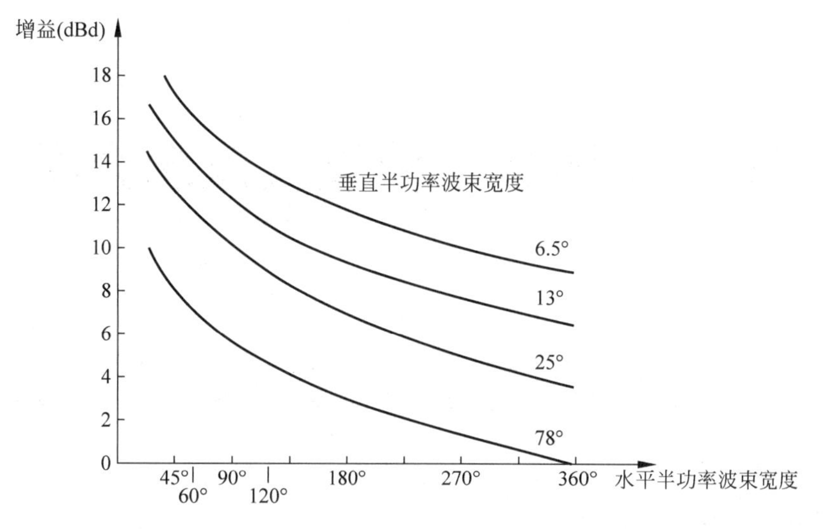

图 2-21 增益与波瓣宽度的关系

2.9 小结

本章首先介绍了电磁波及其相关属性；其次对常见的功率计算单位进行了重点说明；其次对 WLAN 设备所采用的调制和传输技术进行讲解；最后介绍了无线通信系统中两个最基本的组件——射频收发器与天线。

第3章

802.11 PHY层协议及概念介绍

如今，WLAN已经成为最受欢迎的网络接入方式之一，使用WLAN的区域及其承载的业务越来越多。为了更好地构建理想中的无线网络，本章将对WLAN的技术体系进行全面的介绍，从物理层(PHY层)802.11 a/b/g/n/ac/ax开始。

3.1 课程目标

(1) 掌握802.11 a/b/g的主要技术指标。
(2) 掌握802.11 n的关键技术原理。
(3) 掌握802.11 ac的关键技术原理。
(4) 掌握802.11 ax的关键技术原理。

3.2 802.11 PHY 协议成员

1990年，IEEE 802标准化委员会成立了IEEE 802.11无线局域网标准工作组，致力于WLAN相关领域的技术研究和标准定义，IEEE 802.11无线局域网标准由PHY层(图3-1)和MAC层两部分的相关协议组成。PHY层相关的802.11主要标准如下。

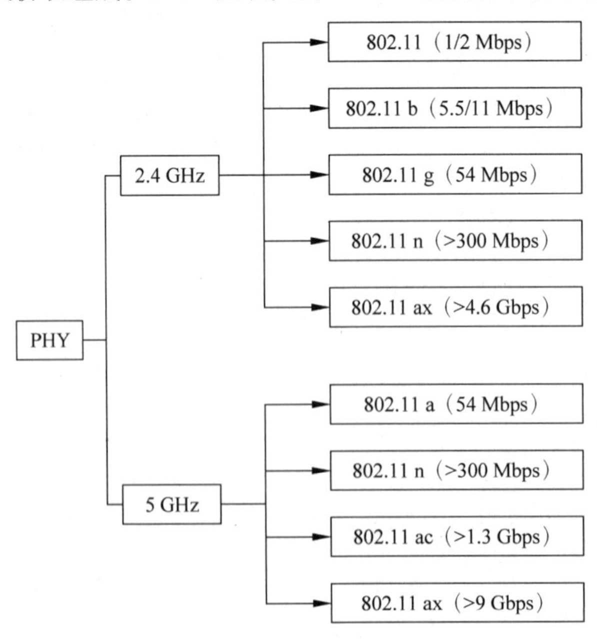

图3-1 IEEE 802.11 PHY协议成员

(1) IEEE 802.11 标准：该标准定义物理层和媒体访问控制规范。这也是无线局域网领域内第一个被国际上认可的协议。在这个标准中，提供了 1 Mbps 和 2 Mbps 的数据传输速率，以及一些基本的信令规范和服务规范。只支持 2.4 GHz 频段。

(2) IEEE 802.11 b 标准：1999 年 9 月被正式批准。该标准规定无线局域网工作频段在 2.4～2.4835 GHz，数据传输速率达到 11 Mbps。该标准是对 IEEE 802.11 的一个补充，引入 CCK 调制方式。在数据传输速率方面可以根据实际情况在 11 Mbps、5.5 Mbps、2 Mbps、1 Mbps 的不同速率间自动切换。只支持 2.4 GHz 频段。

(3) IEEE 802.11 a 标准：1999 年制定完成。该标准规定无线局域网工作频段在 5.15～5.825 GHz，数据传输速率达到 54 Mbps。802.11 a 采用 OFDM 的独特扩频技术。只支持 5 GHz 频段。

(4) IEEE 802.11 g 标准：2003 年 6 月被正式批准。该标准可以视作对 802.11 b 标准的提速(速率从 802.11 b 的 11 Mbps 提高到 54 Mbps)，但仍然工作在 2.4 GHz 频段。802.11 g 采用两种调制方式，分别是 802.11 a 的 OFDM 与 802.11 b 的 CCK。故采用 802.11 g 的终端可访问现有的 802.11 b 接入点和新的 802.11 g 接入点。只支持 2.4 GHz 频段。

(5) IEEE 802.11 n 标准：通过对 802.11 PHY 层和 MAC 层的技术改进，使无线通信在吞吐量和可靠性方面都获得显著提高，速率可达到 300 Mbps，其核心技术为 MIMO＋OFDM。同时，802.11 n 可以工作在双频模式，包含 2.4 GHz 和 5 GHz 两个工作频段，可以与 802.11 a/b/g 标准兼容。

(6) IEEE 802.11 ac 标准：在 802.11 n 的基础上，通过引入 MU-MIMO、更宽的信道、更高阶的调制，实现超过 1 Gbps 的物理速率。因频率资源和干扰的原因，802.11 ac 只支持 5 GHz 频段，可以与 802.11 a/an 标准兼容。

(7) IEEE 802.11 ax 标准：802.11 ax 是在 802.11 ac 以后，无线局域网协议本身的进一步扩展，是第 6 代无线局域网标准，与 802.11 ac 只能工作在 5 GHz 频段相比，它可以同时工作在 2.4 GHz 和 5 GHz 频段。802.11 ax 标准的首要目标之一是将独立网络终端的无线速度提升 4 倍或更高，802.11 ax 标准在 5 GHz 频段上可以带来高达 9.6 Gbps 的 Wi-Fi 连接速度。

3.2.1 802.11 协议标准

IEEE 802.11 无线局域网标准工作组自 1999—2019 年先后推出 802.11 a、802.11 g、802.11 n、802.11 ac、802.11 ax 标准，如表 3-1 所示。

表 3-1 802.11 协议标准

类 别	802.11 a	802.11 g	802.11 n	802.11 ac	802.11 ax
标准发布时间	1999 年 9 月	2003 年 6 月	2009 年 9 月	2013 年 1 月	2019 年 9 月
合法频宽	325 MHz	83.5 MHz	83.5 MHz/325 MHz	325 MHz	83.5 MHz/325 MHz
频率范围	5.150～5.350 GHz 5.725～5.850 GHz	2.4～2.483 GHz	2.4～2.483 GHz 5.150～5.350 GHz 5.725～5.850 GHz	5.150～5.350 GHz 5.725～5.850 GHz	2.4～2.483 GHz 5.150～5.350 GHz 5.725～5.850 GHz
非重叠信道	13 个	3 个	2.4 G 3 个 5 G 13 个	13 个	2.4 G 3 个 5 G 13 个
调制传输技术	64 QAM OFDM	CCK/64 QAM OFDM	64 QAM OFDM	256 QAM OFDM	1024 QAM OFDM、OFDMA

续表

类　别	802.11 a	802.11 g	802.11 n	802.11 ac	802.11 ax
单空间流最大物理发送速率	54 Mbps	54 Mbps	150 Mbps	433 Mbps(80 MHz) 866 Mbps(160 MHz)	600 Mbps(80 MHz) 1200 Mbps(160 MHz)
理论上最大吞吐量	54 Mbps	54 Mbps	600 Mbps	6.93 Gbps	9.61 Gbps
兼容性	与11 b/g不能互通	与11 b产品可互通	兼容11 a、11 b和11 g	兼容11 a和11 n	向下兼容11 a/b/g/n/ac

表中涉及的名词解释如下。

(1) 频率范围：相关国家或国际相关组织为无线设备规定的工作的频率范围。

(2) 非重叠信道：互相之间频段不交叠的信道。

(3) 物理发送速率：物理层所支持的发送数据的速度，单位是Mbps。

频段(industrial scientific medical，ISM)，此频段(2.4～2.4835 GHz)主要是开放给工业、科学和医学3个主要机构使用，该频段是依据美国联邦通信委员会(FCC)定义出来，属于免授权(free license)，没有使用授权的限制。

ISM频段在各国的规定也并不统一。如在美国ISM频段有3个范围，分别是902～928 MHz、2400～2483.5 MHz和5725～5850 MHz；而在欧洲900 MHz的频段则有部分被用于GSM通信。但其中2.4 GHz的频段范围为各国共同的ISM频段，如图3-2所示。

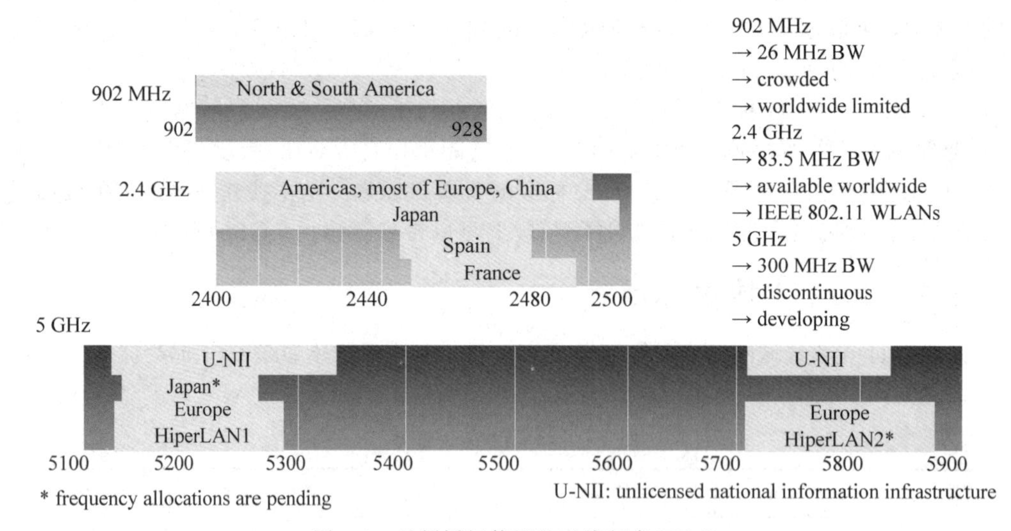

图3-2　无须授权使用的无线频率(ISM)

IEEE 802.11 b/g协议规定的工作频率范围为2.4～2.4835 GHz。

在此频率范围内，802.11协议定义了14个信道，每个频道的频宽为22 MHz，相邻两个信道的中心频率之间相差5 MHz，即信道1的中心频率为2.412 GHz，信道2的中心频率为2.417 GHz。以此类推至位于2.472 GHz的信道13 。而信道14是特别针对日本定义的，其中心频率与信道13的中心频率相差12 MHz。

如表3-2所示，14个信道在各个国家开放的情况也不一样，在美国、加拿大等主要北美地区开放的信道范围为1～11信道，在欧洲的大部分地区开放1～13信道，在中国同样开放1～13信道，而在日本开放全部的1～14信道。

表 3-2　各国授权使用的频段

信道	中心频率	美国/加拿大	欧洲	日本
1	2.412	√	√	√
2	2.417	√	√	√
3	2.422	√	√	√
4	2.427	√	√	√
5	2.432	√	√	√
6	2.437	√	√	√
7	2.442	√	√	√
8	2.447	√	√	√
9	2.452	√	√	√
10	2.457	√	√	√
11	2.462	√	√	√
12	2.467		√	√
13	2.472		√	√
14	2.484			√

3.2.2　802.11 工作频段划分

从图 3-3 可以看到，因为每个频道的频宽为 22 MHz，相邻两个信道的中心频率之间仅相差 5 MHz，所以信道 1 在频谱上和信道 2、3、4、5 都有交叠的地方，这就意味着：如果有两个无线设备同时工作，且它们工作的信道分别为 1 和 3，则它们发送出来的无线信号会互相干扰。但信道 1 与信道 6 相互之间不干扰。

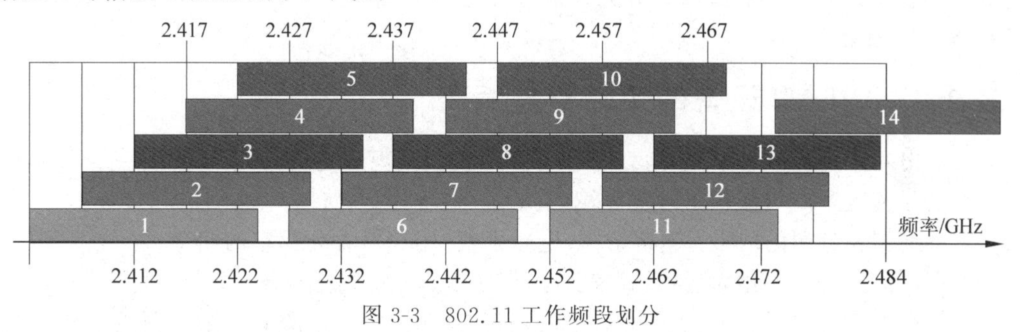

图 3-3　802.11 工作频段划分

因此，为了最大限度地利用频段资源，减少信道间的干扰，通常使用 1、6、11；2、7、12；3、8，13；4、9、14 这 4 组互相不干扰的信道来进行无线覆盖。而由于只有部分国家开放了 12～14 信道，所以在一般情况下，都使用 1、6、11 这 3 个信道来进行无线部署。

对于 802.11 a 的 5 GHz 频段，在我国一共开放了 5 个信道，分别是 149、153、157、161、165 信道，这 5 个信道相互之间不重叠，为互不干扰信道。

3.2.3　WLAN 设备的实际工作性能

802.11 g 标准描述的速率为 54 Mbps，此为 PHY 层传输速率，而实际可获得的吞吐量为 20～24 Mbps。

（1）部分用于协议封装或介质竞争开销。

（2）影响实际吞吐速率的因素。

（3）信号波动是无线通信的本质。

(4) 无线环境中的电磁干扰。

(5) AP 的位置。

(6) 终端网卡的性能。

(7) 共享介质：用户数数据量。

如表 3-3 所示，802.11 a/g 的最大物理发送速率为 54 Mbps，而由于协议封装或冲突开销等因素的影响，因此，实际吞吐量一般为 20～24 Mbps。并且传输数据报文的大小将同样限制无线链路的吞吐量，例如，数据报文为 1500 B 的情况下，802.11 a/g 的吞吐量可达到 20～24 Mbps；如果数据报文较小，为 88 B，吞吐量就会下降到 3.2 Mbps 左右。而在实际业务的应用中，无线数据报文的大小必然各不相同，所以实际中 802.11 a/g 无线链路的吞吐量很难达到 20～24 Mbps。

表 3-3 WLAN 设备的实际吞吐量

类 别	802.11 b	802 11 g	802 11 a
最大物理发送速率	11 Mbps	54 Mbps	54 Mbps
理论最大吞吐量(1500 B 报文)	5 Mbps	24 Mbps	24 Mbps
512 B 报文吞吐量	3.5 Mbps	14 Mbps	14 Mbps
88 B 报文吞吐量	1.6 Mbps	3.2 Mbps	3.2 Mbps
综合实际应用速率	2.77 Mbps	9.73 Mbps	9.73 Mbps
按照 80%干扰计算应用速率	2.21 Mbps	7.78 Mbps	7.78 Mbps

注：综合实际应用速率以 58%88 B、17%512 B、25%1500 B 报文进行计算。

此外，因为 WLAN 设备的吞吐率受到很多因素的影响，如无线环境的变化、AP 安装的位置等，很多是人难以察觉到的，所以当无线信号强度或质量出现一定程度上的波动时，需要仔细地排查各种因素。

3.2.4 WLAN 设备的实际覆盖距离

(1) 输出功率为 100 mW 的 802.11 b/g 产品覆盖距离理论值为 100 m。

(2) 实际覆盖距离更依赖于现实环境。

(3) 影响覆盖范围的因素：建筑结构、电磁干扰、用户对吞吐速率的期望。

(4) 在一般办公室大楼内，覆盖距离为 15～30 m。

在没有任何干扰和障碍物的情况下，100 mW 的 802.11 b/g 设备一般可覆盖 100 m 的距离。但在现实的使用环境中，设备的实际覆盖距离依赖于现场的建筑结构、障碍物属性、电磁干扰等诸多因素，不通过现场的测试难以给出准确的值。而根据一般经验来看，一个 100 mW 的 802.11 b/g 设备在普通的开放式办公环境中可覆盖 15～30 m 的范围。

AP 的覆盖范围也与用户对带宽速率的期望值相关。WLAN 是共享型的网络，AP 连接用户数越多，单用户能分享到的带宽也就越少。所以在规划实际的 AP 部署方案时，也需要考虑到用户的分布密度及对带宽的预期。一般，用户分布得越密集、预期带宽越高，AP 部署的密度则越大，单 AP 的实际覆盖距离则越小。

3.3 802.11 n 技术

802.11 n 是 IEEE 802.11 协议中继 802.11 b/a/g 后又一个无线传输标准协议，802.11 n 将 802.11 a/g 的 54 Mbps 最高发送速率提高到 300 Mbps(两条流)，802.11 n 的关键技术为

MIMO-OFDM、40 MHz 频宽模式、帧聚合、short GI。

IEEE 802.11 n 通过对 802.11 PHY 层和 MAC 层的技术改进，实现了无线传输速率的显著提高，可达到 300 Mbps，可以同时为多个标准的移动设备提供与百兆以太网相媲美的性能。高性能使无线通信的应用更加广泛，对于一些性能要求较高的应用，例如，高分辨率视频传输和家庭剧院系统等，802.11n 技术能够给予更加有效的支持。

1. MIMO-OFDM

如图 3-4 所示，MIMO-OFDM 是 OFDM 与 MIMO 相结合的技术，由于可以支持更多的子载波（在 802.11 a/g 下为 48 个子载波，现为 52 个），可以实现在 20 MHz 频宽下单个数据流达到 65 Mbps 的发送速率。

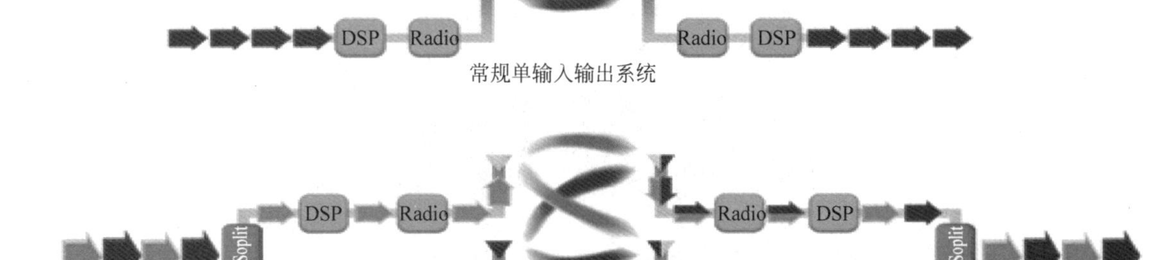

图 3-4 MIMO-OFDM

基于 MIMO 技术，实现了在多条路径上并发流进行通信，将其称为空间多径技术（spatial multiplexing）。可以说支持多少并发流，就可以提高多少倍的吞吐量。显然该技术要求并发流的数量必须小于或等于接收和发送的天线数目。

MIMO 的天线配置通常表示成“Y×X”，其中 Y、X 均为整数，分别代表发射天线与接收天线的数量。例如，MIMO 技术至少需要的 2×2 天线配置，即用两组传输链路、两组接收链路及两条经过多任务处理的以无线链路传送的空间流。

同时，MIMO 技术还可以有效地改善无线通信系统的信号质量，特别是降低信号多径衰落（瑞利衰落）的影响。MIMO 在发射端和接收端分别使用多个发射天线和接收天线，而理想上采用越多天线，传输效能的改善就越大。从一个天线变为两个天线，就可以获得 10 dB 的 SNR 改善，再加一个天线可以获得 5 dB。

2. 40 MHz 频宽模式

如图 3-5 所示，802.11 n 同时定义了 2.4 G 频段和 5 GHz 频段的 WLAN 标准，与 802.11 a/b/g 每信道只用 20 MHz 频宽不同的是，802.11 n 定义了两种频带宽度：20 MHz 频宽和 40 MHz 频宽。

（1）20 MHz 频宽：满足兼容性。

（2）40 MHz 频宽：满足高性能需求。

其中 40 MHz 频宽使用 2 个 20 MHz 信道进行捆绑，其中一个是主信道，一个是辅信道。

（1）主信道：发送 beacon 报文和部分数据报文。

（2）辅信道：发送其他报文。

辅信道总是高于或低于主信道 4 个信道，以主信道 40 为例，辅信道可能是信道 44 或信道 36。

在 40 MHz 信道模式下，可以获得 20 MHz 模式 2 倍的吞吐量，而实际高于 2 倍。因为 802.11 a/b/g 为了防止相邻信道间的干扰，20 MHz 频宽的信道在其两侧预留了小部分的带宽边界，而 802.11 n 中通过 40 MHz 的信道捆绑，这些预留的频谱带宽也可以用来通信，从而进一步提高了吞吐量。

40 MHz 频宽虽然可以获得更多的频谱利用率，但是对于 2.4 GHz 频段有限的频谱资源来说却显得有些尴尬，因为在 2.4 GHz 频谱中无法实现 2 个相互不干扰的 40 MHz 信道的划分。

然而 5 GHz 频段具有丰富的频谱资源，FCC 分配了 23 个互不重叠的 20 MHz 信道，在我国也有 5 个互不重叠的 20 MHz 信道，有足够的信道来实现 40 MHz 信道的捆绑。

所以 40 MHz 频宽模式基本不建议在 2.4 GHz 频段使用，想要获得 40 MHz 频宽的高吞吐量，建议使用 5 GHz 频段的 11 n 进行部署。

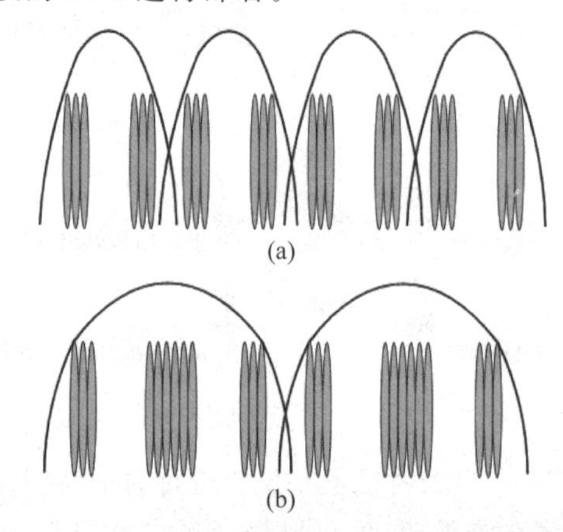

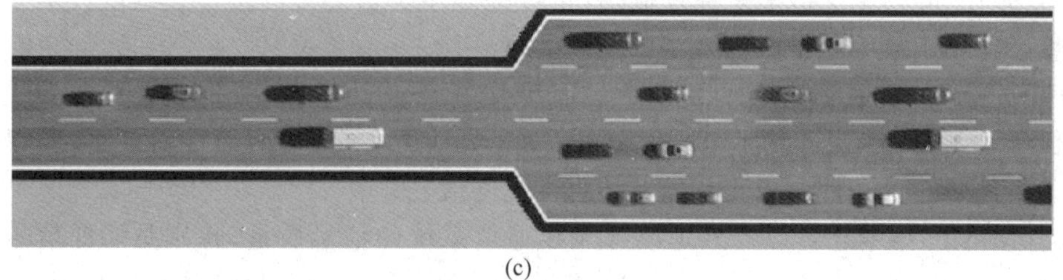

(c)

图 3-5　40 MHz 频宽模式

(a) 20 MHz 信道；(b) 40 MHz 信道；(c) 40 MHz 频宽将 2 个 20 MHz 频宽的信道进行捆绑，以获取高于 2 倍的 20 MHz 频宽的吞吐量

3. 帧聚合

(1) 802.11 MAC 层协议耗费了部分的效率用作链路的维护，从而大大降低了系统的吞吐量。

(2) 802.11 n 引入帧聚合技术，提高 MAC 层效率，报文帧聚合技术包括：MSDU(MAC service data unit)聚合、MPDU(MAC protocol data unit)聚合，如图 3-6 所示。

802.11MAC 层协议耗费了部分的效率用作链路的维护，如在数据之前添加 PLCP preamble、PLCP header、MAC header；同时，在信道的竞争中产生的冲突，以及为解决冲突而引入的退避机制都大大降低了系统的吞吐量。为解决这些问题，802.11 n 引入帧聚合技术以提高 MAC 层效率。

通过帧聚合技术可以将多个帧聚合在一起由一次发送来完成，从而减少额外开销，降低帧碰撞的机会，提高 MAC 层效率。帧聚合支持 MSDU 聚合和 MPDU 聚合。

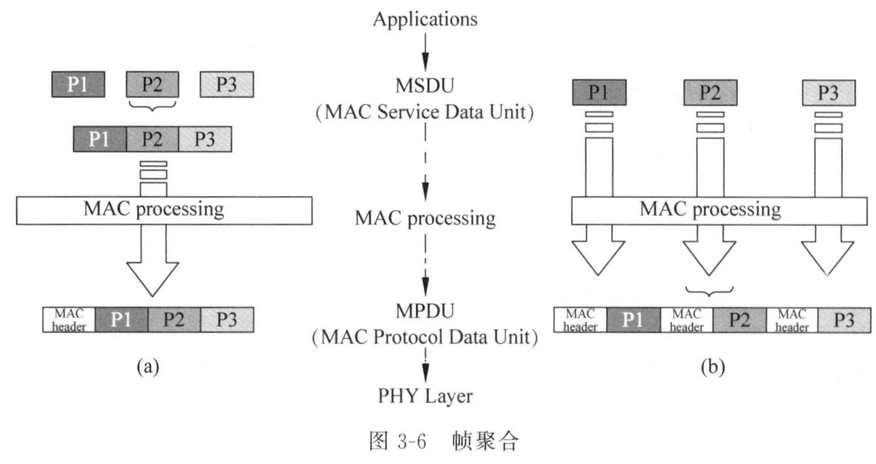

图 3-6 帧聚合
(a) MSDU 聚合；(b) MPDU 聚合

在进入 MAC 层处理过程之前，所有的报文都以 MSDU 形式存在，经过 MAC 处理之后，MSDU 转变成 MPDU。

(1) MSDU 聚合。在进入 MAC 层处理之前完成聚合，因此，对于 802.11 MAC 层而言，这是一个报文，只需要回复一个 ACK 就可以。

(2) MPDU 聚合。在经过 MAC 层处理之后完成聚合，因此，对于 802.11 MAC 层而言，这是多个报文，每个报文都需要 ACK 回复，通过 block ACK 来完成。

4. Short GI

short guard interval (short GI)，如图 3-7 所示。

(1) 802.11 a/b/g 标准要求在发送数据时，必须保证在数据块之间存在 800 ns 的时间间隔，这个间隔称为 guard interval(GI)。

(2) 802.11 n 仍然默认使用 800 ns。当多径效应不严重时，可以将该间隔配置为 400 ns，可以将吞吐提高近 10%，此技术称为 short GI。

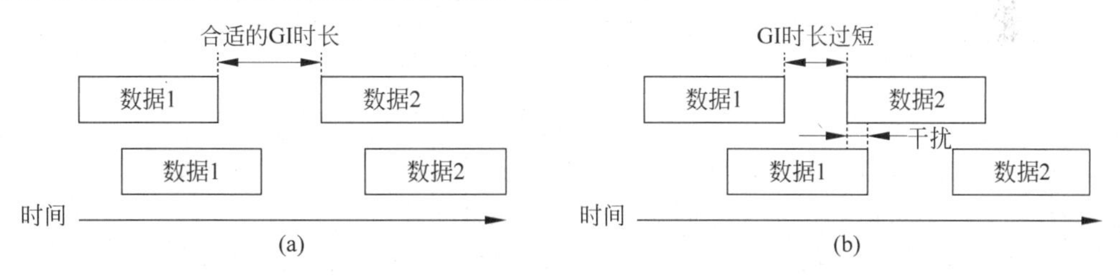

图 3-7 Short GI
(a) GI 时长合适的情况；(b) GI 时长过短的情况

射频芯片在发送数据时，整个帧被划分成不同的数据块(通过不同的符号元来承载)进行发送，而无线信号在空间传输会受多径等因素的影响，导致在接收侧最新接收的数据块可能会和上一个接收过程尚未结束的数据块进行碰撞，从而导致干扰，如图 3-7 所示。

为此，802.11 a/b/g 标准要求，在发送数据时，必须保证在数据之间存在 800 ns 的时间间隔，这个间隔称为 guard interval(GI)。802.11 n 仍然使用默认使用 800 ns。当多径效应不是严重时，可以将该间隔配置为 400 ns，可以将吞吐提高近 10%，此技术称为 short GI。H3C 11 n 系列产品默认使用 short GI 功能。

short GI 一般用于多径情况较少、射频环境较好的应用场景。在多径效应影响较大的时候，应该关闭 short GI 功能，因为在多径效应影响较大的情况下，前一个数据块还没有到达，后一个数据块可能通过不同的路径已经到达，所以GI不合理可能降低接收信号的信噪比。

3.4 802.11 ac 技术

802.11 ac 的技术改进内容如下。

(1) IEEE 802.11 ac 是 IEEE 制定的新一代 WLAN 网络标准。在继承 802.11 n 的基础上，通过 PHY 层、MAC 层一系列技术更新实现对 1 Gbps 以上传输速率的支持。

(2) 802.11 ac 使用 5 GHz 频段，向前兼容 802.11 a、802.11 n。

(3) 802.11 ac 对 802.11 n 的技术改进如下。

① 更宽的信道绑定。

② 更高阶的调制。

③ 更多的空间流及 MU-MIMO。

3.4.1 信道带宽

802.11 ac 协议引入了两种新的频宽模式，分别为 80 MHz 模式和 160 MHz 模式，如图 3-8 所示。

(1) 80 MHz 带宽：由两个相邻的，无间隔的 40 MHz 带宽组成。

(2) 160 MHz 带宽：由两个连续的 80 MHz 带宽组成(160 MHz)，也可以由两个不连续的 80 MHz 带宽组成(80+80)MHz。

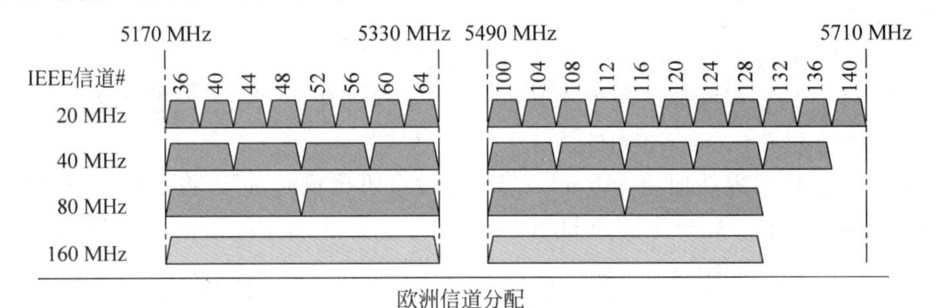

图 3-8 802.11 ac PHY—信道带宽(1)

与 802.11 n 的信道捆绑类似，两个 40 MHz 组成一个 80 MHz 信道，可以将物理速率提升到 2 倍以上，因为可以利用信道之间预留的保护频谱间隙。

信道的组合方式也有规范约束，并不是任意两个相邻的信道就可以组合起来。例如，5 GHz 频段的 36 和 40 信道可以组合成一个 40 MHz 的捆绑信道，44 和 48 信道也可以组合成一个 40 MHz 的捆绑信道，但 40 和 44 信道却不可以组合成一个 40 MHz 的捆绑信道，尽管它们也是相邻信道。这就是规则固化。同样，只有 36、40、44、48 可以组合成一个 80 MHz 的捆绑信道，但 40、48、52、56 却不能进行捆绑。与 802.11 n 类似，捆绑组合信道也有主辅之分。

(1) 主信道：发送 beacon 报文和部分数据报文。

(2) 辅信道：发送其他报文。

2012 年 10 月 31 日，我国无线电管理委员会正式发布了新的 Wi-Fi 5 GHz 授权频段 5150～5350 MHz(channel 36～64)，加上原有的 5750～5835 MHz 频段(channel 149～165)，可以在 5 GHz 频段上提供 3 个 80 MHz 捆绑信道，如图 3-9 所示。需要注意的是 channel 165 不能进行信道捆绑。

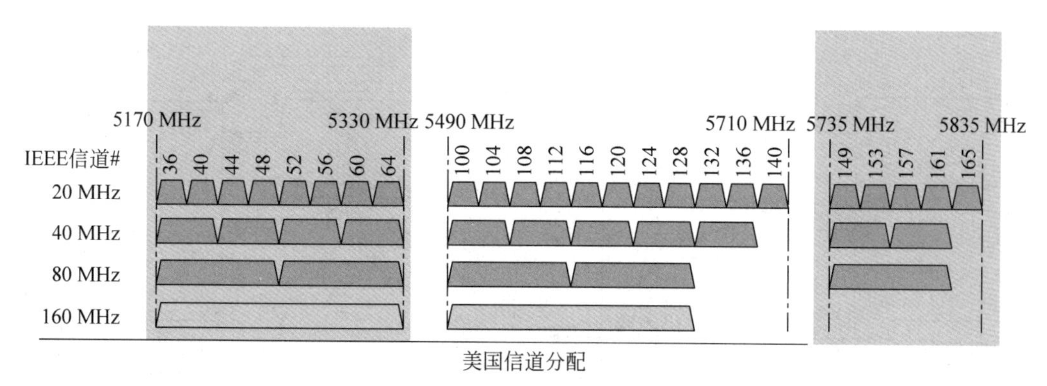

图 3-9 802.11 ac PHY—信道带宽(2)

3.4.2 调制方式

由 11 n 64 QAM 提高至 11 ac 256 QAM,如图 3-10 所示。

每个调制符号携带的数据量由 6 bit 提高至 8 bit,物理速率提升 33%。

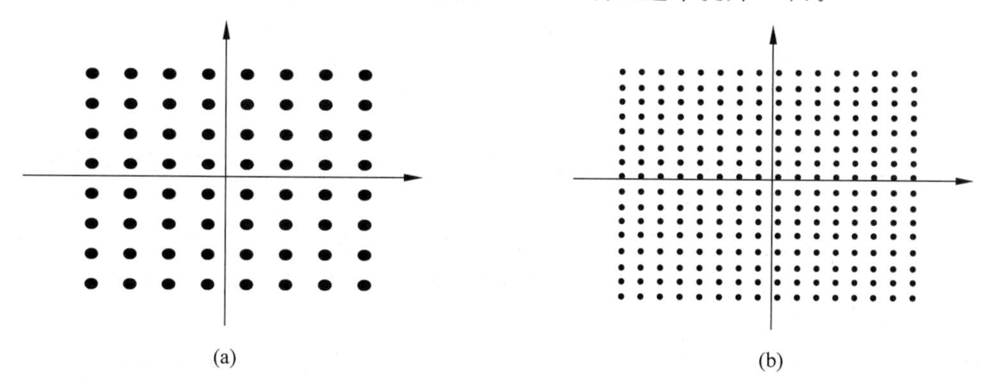

图 3-10 802.11 ac PHY——调制方式

(a) 64 QAM EVM; (b) 256 QAM EVM

802.11 ac 支持最高 256 QAM 的调制等级。每个独立符号元携带的数据量由 64 QAM 的 6 b 提高到 8 b,物理速率提升 33%。在 20 MHz 信道带宽、单条空间流、不开 short-GI 的条件下,物理速率由 802.11 n 的最高 65 Mbps 提升到 86.67 Mbps。开启 short-GI 条件下,物理速率可以提升到 92.3 Mbps。

3.4.3 MU-MIMO

MU-MIMO 是 Multi-User Multiple-Input Multiple-Output 的缩写,也称"多用户,多入,多出技术"。如图 3-11 所示,MU-MIMO 技术能让 AP 同时向多个 STA 并发传输数据,从而极大地提高多空间流的利用效率。特别在 AP 天线数和 STA 天线数目不对称的情况下,例如,目前 AP 硬件大多可以实现三天线甚至四天线设计,但对于 PDA、手机等终端,由于设备尺寸限制,大多数只能是单天线或双天线设计,在这种情况下 MIMO 实际利用空间流数目不会超过 2 条。但如果有了 MU-MIMO,一台 AP 可以通过不同的空间流向多个终端同时并发传输数据,最终可以充分利用 AP 的全部空间流资源,从而提高整个网络的实际可利用带宽。

MU-MIMO 是 802.11 ac 标准第二阶段(wave 2)的里程碑,它直接提升了网络资源的利用效率。也可以说只有具备了 MU-MIMO 技术,才能称为完整版的 802.11 ac。第一阶段(wave 1)的 802.11 ac 设备不支持 MU-MIMO。

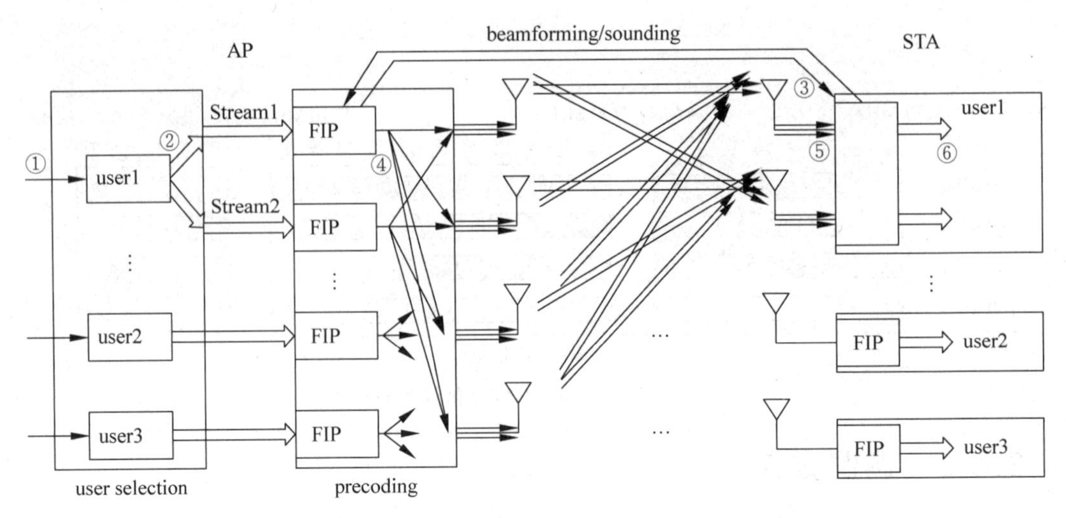

图 3-11 802.11 ac PHY——MU-MIMO

1. 802.11 ac 的 MU-MIMO(多用户,多入多出)

(1) MU-MIMO 是 802.11 ac 的创新技术,11 n 只有 SU-MIMO。

(2) 802.11 ac 最多支持 8 条空间流,同时并发向最多 4 个 STA 发送数据,每个 STA 最多支持 4 条空间流。

(3) MU-MIMO 技术依赖于 AP 的预先信道学习,通过数学算法消除不同数据流在 STA 间的干扰。

(4) 802.11 ac 只支持 DL-MU-MIMO,即 AP 往 STA 方向支持。

思考: AP 下行方向可以同时(同一个时间片内)给不同的 STA 发送数据,STA 收到后如果同时回复 ACK 会不会冲突?

MU-MIMO 在一定程度上打破了 802.11 介质共享、竞争通信的模型。在 MU-MIMO 之前,WLAN 类似一个 HUB; 在 MU-MIMO 之后,WLAN 更像一台交换机(下行)。

思考: 按 802.11 帧交换的原理,每个单播的数据帧都需要接收端回应 ACK 予以确认。如果 AP 通过 MU-MIMO 并发给不同 STA 发送数据,STA 同时回复 ACK 会不会冲突呢?

2. 改进 ACK 确认机制

(1) 只有一个 STA 立即 ACK。

(2) 其余的依靠 AP 主动 BAR(block ACK request)请求 ACK。

改进的 ACK 确认机制,如图 3-12 所示。

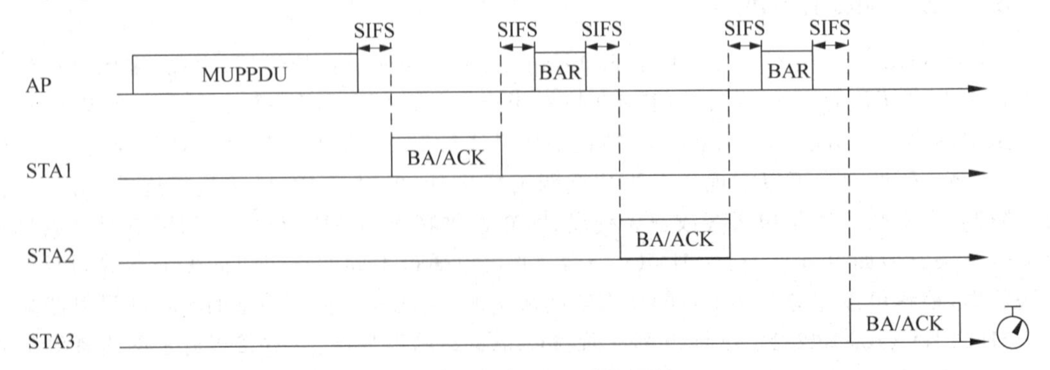

图 3-12 改进 ACK 确认机制

在 MU-MIMO 情况下，一个 MU PPDU 帧需要各个接收端逐一 ACK 确认。STA1 完成 ACK(BA，block ACK)后，由 AP 主动向 STA2 发送 ACK 请求，即 BAR，STA2 收到 BAR 后立即回应 ACK。后续接收端依次完成确认。

如果未收到某个 STA 的 ACK，AP 需要单独重传，直到成功接收 ACK 确认。

3.5　802.11 ax 技术

1. 802.11 ax 的技术特点

(1) IEEE 802.11 ax 可以认为是 802.11 ac 进一步的发展。通过 PHY 层、MAC 层一系列技术更新，实现对 4 Gbps 以上传输速率的支持。

(2) 802.11 ax 同时支持 2.4 GHz/5 GHz 频段，向前兼容 802.11 a/b/g/n/ac 协议。

(3) 802.11 ax 相对于 802.11 ac 的技术改进如下。

① 更高阶的调制技术。

② 多用户操作：MU-MIMO 和 OFDMA。

③ 基于色码的空间复用技术。

④ 更好的节电管理技术(TWT)。

802.11 ax 是在 802.11 ac 以后，WLAN 协议本身的进一步扩展，是第六代 WLAN 标准，与 802.11 ac 只能工作在 5 GHz 频段相比，它可以同时工作在 2.4 GHz 和 5 GHz 频段。

802.11 ax 标准的首要目标之一是将独立网络终端的无线速度提升 4 倍或更高，802.11 ax 标准在 5 GHz 频段上可以带来高达 9.6 Gbps 的 Wi-Fi 连接速度。

2. 802.11 ax PHY——调制方式

(1) 802.11 ax 协议引入了更高阶的调制方式，从 802.11 ac 的 256 QAM 提升到 1024 QAM，如图 3-13 所示。

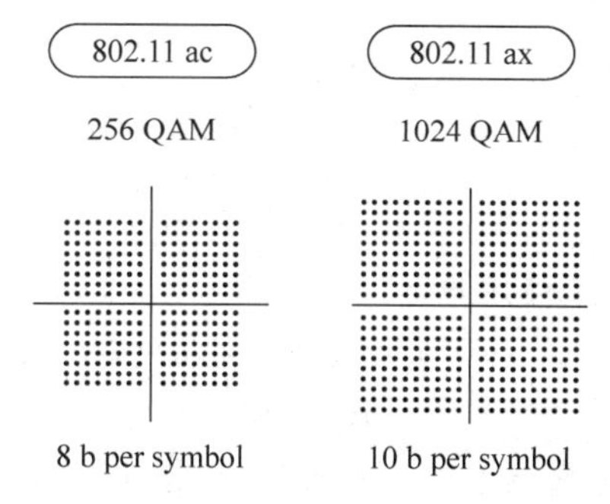

图 3-13　802.11 ax PHY——调制方式

(2) 编码调制效率更高，每条 80 MHz 带宽空间流的关联速率从 433 Mbps 提升到 600.4 Mbps，理论最大关联速率(160 MHz 带宽，8 条空间流)从 6.9 Gbps 提升到 9.6 Gbps 左右，最高关联速率提升接近 40%。

(3) 1024QAM 在近距离可以提供更高的 PHY 层速率，但是随着距离的增加，有效信号强度逐渐降低，有效信号和噪声的比值不断下降，射频器件则无法解调出高阶调制的信号。

(4) 远距离时，选择减少信息量(选择低阶调制方式、降低速度)，才能正常传输数据。

3. 802.11 ax PHY——MU-MIMO

MU-MIMO 技术能够实现多个用户同时进行数据传输，是 802.11 ac wave2 的核心技术之一。

(1) 802.11 ax 除了沿用 802.11 ac 下行 MU-MIMO 技术之外，还新增了上行 MU-MIMO。

(2) 802.11 ax 最多同时传输 8 个用户的数据，即支持 8 个用户的 MU；802.11 ac 只支持 4 个用户的 MU。

802.11 ax 标准有两种工作模式，即单用户和多用户。单用户模式是指在这种顺序模式中，无线终端在安全访问媒介后，一次只发送或接收一个空间流。多用户模式又分为下行和上行多用户模式。下行多用户是指接入点同时为多个相关无线终端提供的数据。现有的 802.11 ac 标准也包含了此功能。上行多用户模式是指数据从多个终端到 AP 的同步传输。这是 802.11 ax 标准的新增功能，以往任何版本的 Wi-Fi 标准皆不具备这项功能。

802.11 ax 一次可支持 8 个多用户 MIMO 传输包的发送，而 802.11 ac 一次可支持 4 个 MIMO 数据包。而且，每次 MU-MIMO 传输都可能有自己的调制和解码集(MCS)和不同数量的空间串流。以此类推，当使用 MU-MIMO 空间复用时，接入点会与以太网交换机进行比较，将冲突域从大型计算机网络缩小至单个端口。

4. 802.11 ax PHY——OFDMA

(1) 正交频分多址(orthogonal frequency division multiple access，OFDMA)是一种成熟的 4G LTE 技术，可以将相同的信道带宽中复用给多个用户，如图 3-14 所示。

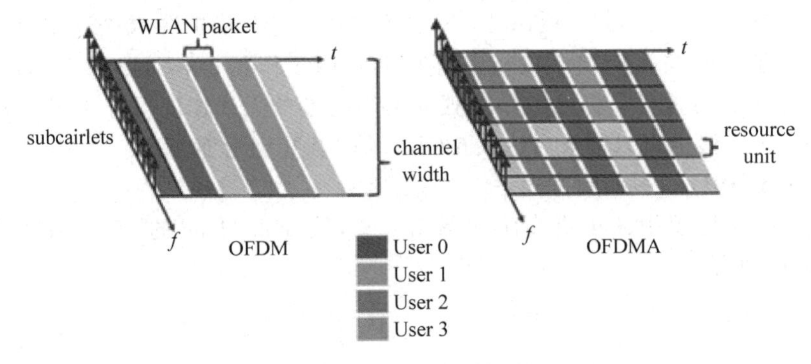

图 3-14 802.11 ax PHY——OFDMA

(2) 基于 802.11 ac 已经使用的正交频分多路复用(OFDM)调制方式，802.11 ax 标准进一步将特定的子载波集分配给个体用户。

(3) 802.11 ax 标准也引入了 LTE 专有名词，将最小的子信道称为“资源单元”(resource unit，RU)，每个 RU 当中至少包含 26 个子载波(相当于 2 MHz 带宽)。

802.11 ax 标准借鉴 4G 蜂窝技术的技术进步，在相同信道带宽中服务更多用户的另一技术是 OFDMA。802.11 ax 设计中参考了 LTE 中 OFDMA 的使用，可以让多个用户通过不同子载波资源同时接入信道，提高信道的利用率。

基于 802.11 ac 已经使用的现有 OFDM 数字调制方案，它将现有的 802.11 信道(20、40、80 和 160 MHz 频宽)分为带有预定义数量的副载波的更小子信道。

AP 依据多个用户的通信需求决定如何分配信道，始终在下行方向分配所有可用的资源单元。它可能一次将整个信道仅分配给一个用户，与 802.11 ac 当前功能相同，或者它可能对其进行分区，以便同时服务多个用户。

5. 802.11 ax MAC——空间复用

为了改善密集部署场景中的系统层级性能及频谱资源的使用效率，802.11 ax 标准实现了空间复用技术。无线终端可以识别来自重叠基本服务集(BSS)的信号，并根据这项信息做出媒体竞争和干扰管理决策。

关于 802.11 ax 空间复用的核心技术如下。

(1) 通过引入 BSS-COLOR 即信号前导码中代表 BSS 色彩位的字段来快速识别 BSS，以提高信号接收和解调效率。

(2) 802.11 ax 无线终端使用基于颜色代码的 CCA 规则时，也可以调整 OBSS 信号检测阈值及发射功率控制，这种调整提高了系统级性能和频谱资源的使用。

基于颜色的快速 BSS 识别：当 STA 主动侦测到 802.11 ax 信号时，它就会检查 BSS 色彩位(color bit)或 MAC 表头文件中的 MAC 地址。如果侦测的协议数据单元(PPDU)中的 BSS 色彩与关联 AP 已公布的色彩相同，STA 就会将该帧视为 intra-BSS 帧；然而，如果所侦测帧的 BSS 色彩不同，STA 则会将该帧视为来自重叠 BSS(overlapping basic service sets，OBSS)的 inter-BSS 帧。此时则需要进行相应的退避策略。引入 BSS-COLOR 快速识别 BSS，提升信号接收和解调效率。

动态 CAA 调整门限：高密度会场需要布置很多 AP，当有 2 个或同性的 AP 会发生什么样的情况？当一个 AP 传输数据时，其他 AP 只能等待，AP 布置得越多，速度会越慢。在传统 802.11 协议中，CCA 检测机制就类似于圆桌会议，一人讲话，其余人都需要聆听并等待。即 CCA-SD 门限值以上收到了任何信号都视为信道非空闲。802.11 ax 给出的解决办法是把圆桌会议变成分组讨论，但是小组间谈话会互相干扰，干扰不可避免。因此，需克服干扰收发数据，这时动态 CCA 门限及其他相关技术应运而生。802.11 ax 协议，对于干扰处理类似于小组讨论，对于邻近小组的讨论，只要音量不影响到本小组的对话，则讨论照常进行。即将 OBSS 与 MYBSS 的 CAA 门限区分对待，分别设置不同的 CAA 门限，从而保证在重叠 BSS 的低干扰下仍然可以正常发射。此时动态 CAA 调整如下。

(1) 调高门限。当环境比较嘈杂，干扰信号较多，而 AP 与 STA 的距离较近，信号较强，足以保证信噪比时，可以调高门限。

(2) 调低门限。当 AP 与 STA 的距离较远，信号不够强，干扰信号对信噪比影响显著时，可以降低门限。

6. 802.11 ax MAC——节电管理

802.11 ax 的目标唤醒时间(target wakeup time，TWT)功能，如图 3-15 所示，允许设备间相互协商唤醒时间与活动持续时间，减少信道竞争，增加睡眠时间，从而降低功耗，提升续航时间。

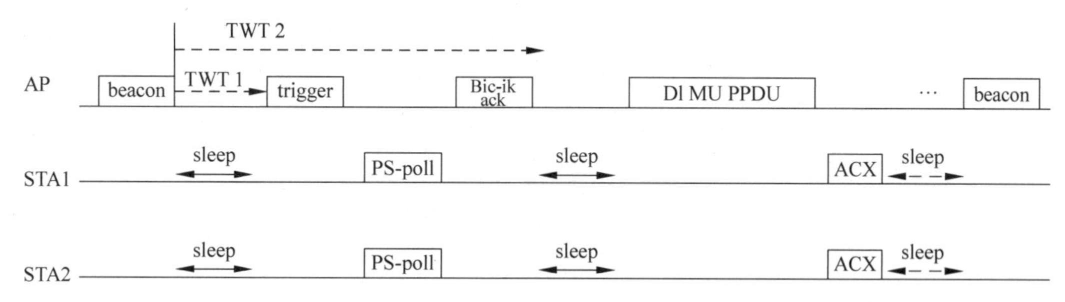

图 3-15　802.11 ax MAC——节电管理

802.11 ax 的 AP 可以和参与其中的 STA 协调 TWT 功能的使用，以定义让个别基站访问媒体的特定时间或一组时间。STA 和 AP 会交换信息，包括预计的活动持续时间。如此，AP 就可以控制需要访问媒体的 STA 之间的竞争和重叠情况。802.11 ax 终端可以使用 TWT 来降低能量损耗，在自身的 TWT 来临之前进入睡眠状态。另外，AP 还可另外设定时间计划并将 TWT 值提供给 STA，这样，双方之间则不需要存在独立的 TWT 协议。一般将此过程称为“广播目标唤醒时间操作”。

3.6 小结

本章主要介绍了 802.11 PHY 协议成员。包含 802.11 b/a/g 协议的主要技术指标、802.11 n 的关键技术、802.11 ac 的技术改进、802.11 ax 的技术特点等。

第4章

802.11帧格式与介质访问规则

WLAN 是共享型的无线网络。了解 WLAN 的介质竞争模型是理解 WLAN 工作原理的关键。本章在介绍 802.11 帧格式的基础上，重点介绍在多终端共享介质的情况下如何有效利用空口介质，以及如何减少冲突等。

4.1 课程目标

(1) 了解 802.11 帧格式。

(2) 掌握 802.11 介质访问原理。

(3) 了解 802.11 节电模式。

4.2 802.11 帧格式与帧类型

无线 802.11 MAC 帧格式和有线 802.3 MAC 帧格式存在显著差异，这主要源于无线传输链路的特殊情况，如信号衰减、干扰、隐藏节点等，以及多 BSS 漫游切换、安全、节电功能等，都需要 802.11 考虑和解决。帧头中有很多的字段直接与 802.11 功能相关。

如图 4-1 所示，802.11 帧格式中，最引人注目的莫过于其 4 个地址位。但并非每个帧都会用到所有的 4 个地址位，这些地址位的填充值也会因 MAC 帧类型的不同而有所差异。关于不同类型的帧使用何种地址位的细节会在后面加以说明。

802.11 帧头第一个 frame control 字段因包含的信息非常丰富，图 4-1 中特别放大以示明细。

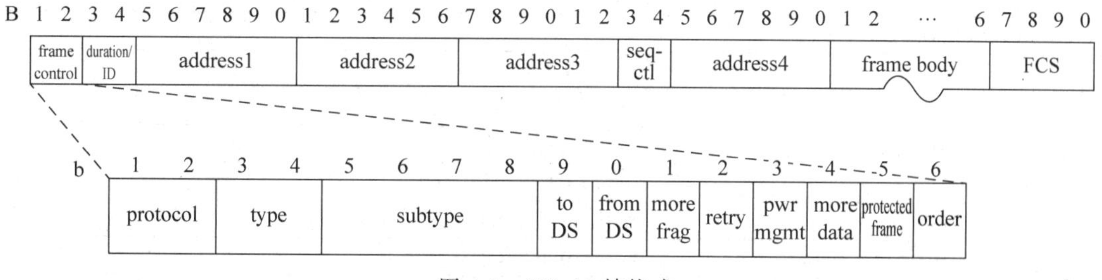

图 4-1　802.11 帧格式

4.2.1 frame control 字段

如图 4-2 所示，frame control 字段包括如下子字段。

(1) protocol 字段。协议版本(protocol)字段由两位组成，用以显示该帧使用的 MAC 版本。目前 802.11 MAC 只有一个版本，它的协议编号为 0。如果 IEEE 将来推出不同于原始规

b	1 2	3 4	5 6 7 8	9	0	1	2	3	4	5	6
frame control	protocol	type	subtype	to DS	from DS	more frag	retry	pwr mgmt	mbre data	protected frame	order

图 4-2 frame control

范的 MAC 版本,才会出现其他的版本编号。目前为止,802.11 a/b/g/n 尚不需要用到新的协议编号。

(2) type 与 subtype 字段。类型(type)与子类型(subtype)字段用来指定使用的帧类型。不同类型和子类型的帧用来完成 802.11 MAC 的不同功能。表 4-1 是 type 与 subtype 字段与帧类型的对应关系。

表 4-1 type 与 subtype 字段与帧类型的对应关系

subtype 的值	subtype 的名称
management frame(管理帧:Type=00)	
0000	association request(关联请求)
0001	association response(关联响应)
0010	reassociation request(重关联请求)
0011	reassociation response(重关联应答)
0100	probe request(探测请求)
0101	probe response(探测响应)
1000	beacon(信标)
1001	ATIM(通知传输指示消息)
1010	disassociation(取消关联)
1011	authentication(身份验证)
1100	deauthentication(解除身份验证)
control frame(控制帧:Type=01)	
1010	PS(power save)-poll(节电轮询)
1011	RTS(ready to send)(请求发送)
1100	CTS(clear to send)(清除发送)
1101	ACK(确认)
1110	CF-end(无竞争周期结束)
1111	CF-end+CF-ACK(无竞争周期结束加确认)
data frame(数据帧:Type=10)	
0000	data(数据)
0001	data+CF-ACK
0010	data+CF-poll
0011	data+CF-ACK+CF-poll
0100	null data(无数据:未传送数据)
0101	CF-ACK(未传送数据)
0110	CF-poll(未传送数据)
0111	data+CF-ACK+CF-poll
1000	QoS data
1001	QoS data+CF-ACK
1010	QoS data+CF-poll
1011	QoS data+CF-ACK+CF-poll
1100	QoS null(未传送数据)

续表

subtype 的值	subtype 的名称
data frame(数据帧：Type=10)	
1101	QoS CF－ACK(未传送数据)
1110	QoS CF－poll(未传送数据)
1111	QoS CF－ACK＋CF－Poll(未传送数据)

(3) To DS 与 from DS 位。这 2 个位用来指示帧的来源和目的地是否为传输系统(distribution system,DS)。在基础型结构网络里,每个 802.11 帧虽然都由 AP 发送和接收,但帧最终的目的地却不一定是 AP,还可能是 AP 后面的传输系统,就像快递包裹的最终目的地不是快递公司一样。这 2 个位的设定也与 802.11 帧头中 4 个地址位的解析密切相关,后面会详细介绍。to DS 与 from DS 的含义,以及所应用的场景如表 4-2 所示。

表 4-2 to DS 与 from DS 的含义及应用场景

类 别	to DS=0	to DS=1
from DS=0	所有管理与控制帧。Ad Hoc 里的数据帧	基础结构型网络里 STA 传送的数据帧
from DS=1	基础结构型网络里 STA 接收到的数据帧	mesh 网络中的数据帧

(4) more fragment 位。此位的主要功能类似 IP 头的 more fragment 位。若上层的封包经过 MAC 分片处理,则除了最后一个片段,其他片段均会将此位设置为 1。

(5) retry 位。有时候可能需要重传帧。任何重传的帧会将此为设定为 1,以帮助接收端剔除重复的帧。

(6) power management 位。移动式 802.11 工作站为了延长电池使用时间,通常可以关闭网络接口以节省电力。此位若设置为 1,用于指出 STA 在完成本次帧发送后就将进入省电休眠状态;若设置为 0,表示 STA 会一直保持清醒状态。

(7) more data 位。为了服务处于休眠状态的 STA,AP 会将来自分布式系统且目的地为休眠 STA 的帧加缓存。AP 如果设定此位为 1,即代表至少还有一个帧等待传送给休眠中的 STA。

(8) protected frame 位。相对于有线网络,无线传送本质上就比较容易被窃听。如果帧收到链路层加密协议的保护,则此位会被设定为 1。在 WPA、WPA2 诞生之前,protected 位称为 WEP 位。

(9) order 位。帧与帧片段可以依次传送,一旦进行严格依次传送,此位会被设定为 1。

4.2.2 frame type 帧类型

按不同的 type 标识,802.11 帧分为 3 种类型:管理帧、数据帧、控制帧。

管理帧负责管理 STA 加入或退出无线网络,以及处理 STA 在各 AP 之间关联状态的转移,即常说的无线"漫游"。管理帧包括:beacon、probe request/response、authentication、deauthentication、association request/response、reassociation request/response、disassociation 等。

数据帧是 802.11 中的快递员,负责在 STA 和 DS 及 STA 之间搬运数据。数据帧包括 date、null。

控制帧通常与数据帧搭配使用,负责区域的清空、信道的取得、节电唤醒切换的通告,并于收到数据时予以肯定确认。控制帧包括:RTS、CTS、ACK、PS－poll。

4.2.3 duration/ID

如图 4-3 所示,duration/ID 在 frame control 之后,此字段主要有两种可能的形式,代表不同的含义。

(1) 如果第16个位设定为0,其代表duration,即持续时间。剩下的b代表目前进行的传输过程预计占用介质的时长。

(2) 如果第15、16个位同时置1,则表示为ID,即关联ID。STA需要在节电唤醒帧(PS—poll)中携带关联ID,以便AP能快速响应该STA的节电唤醒状态,并传送缓存数据。

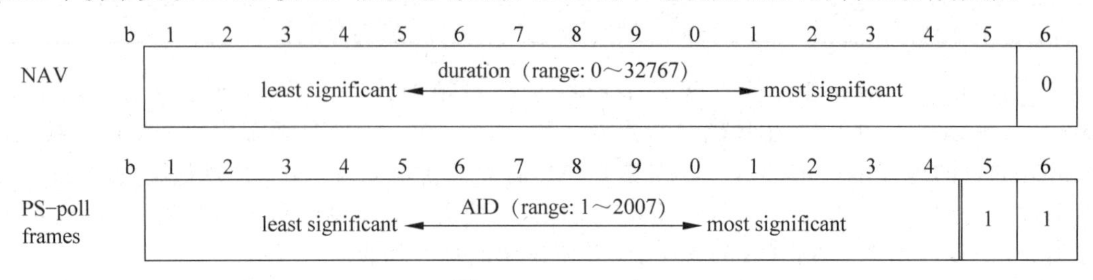

图 4-3 duration/ID

duration/ID字段在不同类型的802.11帧中会有不同的含义。

(1) PS-Poll帧。在PS-Poll帧中,它表示STA的关联标识符(association ID,AID),取值为1～2007。它主要服务于省电模式的缓存帧传送。对于有多个关联STA的AP,AP需要为所有处于休眠状态的STA缓存数据帧。当某一个STA从休眠状态醒来后,STA会通过PS—poll帧向AP索取属于自己的缓存数据,PS—poll帧中就携带AID。AP通过该AID就能找出属于该STA的缓存帧并立即予以传送。

(2) duration:设定NAV。在其他类型帧中,它被用来设定NAV矢量。此数值代表当前进行的帧传送过程预计占用空口介质的时间。STA必须监视802.11帧头中的duration信息并据此更新自己的NAV。NAV是STA上的一个倒数的计时器,用于实现802.11虚拟载波侦听功能。只要NAV不为零,STA就"该"为当前空口介质处于"被占用"的忙状态,从而启动退避机制避免碰撞。

4.2.4 address位

802.11帧的address位最多有4个,最少只有1个。

基础型架构下的address位填充规则如表4-3所示。

表 4-3 address位填充规则

to DS	from DS	address 1	address 2	address 3	address 4	帧适用场景
0	0	RA=DA	TA=SA	BSSID	N/A	管理帧
0	1	RA=DA	TA=BSSID	SA	N/A	数据帧,DS→STA
1	0	RA=BSSID	TA=SA	DA	N/A	数据帧,STA→DS
1	1	RA	TA	DA	SA	数据帧,WDS桥接

(1) 接收端地址(receiver address,RA):代表负责处理该帧的无线接口。可能为AP radio或用户的无线网卡。

(2) 发送端地址(transmitter address,TA):代表将帧传送至无线介质的无线接口。

(3) 目的地址(destination address,DA):代表最后的接收端,即负责将帧交付上层协议处理的接口。可能为无线STA,也可能为DS有线接口。

(4) 源地址(source address,SA):代表帧的初始来源地。

(5) BSSID：无线接口使用的 MAC 地址，用来标识 AP 的 radio。

一个 802.11 帧头中最多可以有 4 个地址位：address 1、address 2、address 3、address 4。随着帧类型的不同，这些字段的含义也有差异。大部分的帧都用到其中 3 个地址位，其中一个是接收端 RA 地址，一个是发送端 TA 地址，另外一个 BSSID 用来过滤来自其他 BSS 的帧。某些类型的帧，例如，ACK 控制帧只有 1 个地址位。这些地址位的格式仍遵循其他 IEEE 802 网络使用的格式，即 48 位的 MAC 标识符。

而有线的 802.3 永远只有 2 个地址位，一个标识发送端、一个标识接收端。如何理解 802.11 的多地址位设计呢？

在 802.11 基础型架构网络中，AP 只是分布式系统（distribution system，DS 如传统的有线承载网）与终端 STA 的桥梁，或者说 AP 只是二层桥的角色。即 802.11 帧的接收者不一定是报文的最终目的地，可能只是由 AP 中转。虽然有线网络也可能通过“桥”中转，但是无线跟有线又存在着本质区别，有线帧的中转“桥”由物理拓扑连接唯一确定，而在无线网络中，AP 和 STA 没有确定的物理连接关系，必须通过一个标识来指定中转“桥”，BSSID 就是为了标识 AP 的射频接口而被添加到地址位中。802.11 需要多个地址来唯一地确定一条从源端到目的端的完整传输路径，这就是 802.11 采用多 MAC 寻址的原因。

4.2.5　802.11 管理帧信息单元

802.11 管理帧的基本结构如图 4-4 所示，所有管理帧的 MAC 头都一样，与帧子类型无关。管理帧使用 information elements“信息单元”在 AP 与 STA 间交换信息，信息单元为带有数字标签的数据块，位于管理帧的 frame body，而不是帧头。802.11 的信息单元非常丰富，重要管理和维护功能都依托于这些信息单元来实现。一些常见的管理帧信息单元如下。

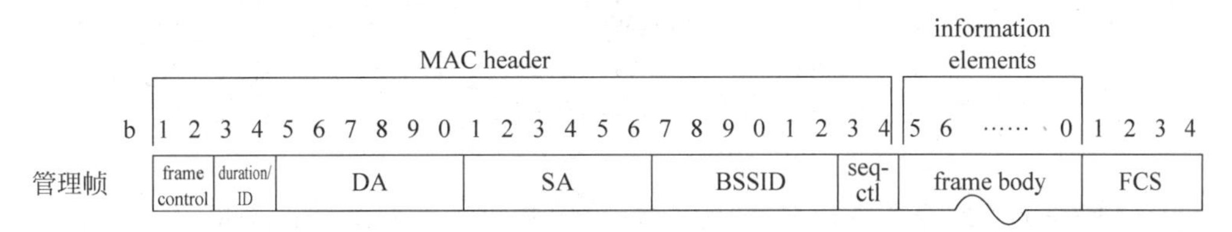

图 4-4　802.11 管理帧信息单元

beacon interval：beacon 信标帧周期发送间隔，默认设置为 100TU。TU 为 802.11 定义的系统时间单元 time unit，1 TU＝1024μs。

listen interval：为了节省电池的电能，移动工作站可以定期休眠。当 STA 休眠时，AP 必须为其缓存帧。休眠中的工作站会定期醒来监听 beacon 消息，以判断是否有帧缓存于 AP 处。listen interval 是以 beacon interval 为单位计算出的定期唤醒的时间间隔。listen interval 越长，STA 每次唤醒等待的时间则越长，虽然能节省更多的电能，但 AP 就必须使用越多的内存来缓存帧，同时带来的帧传送延迟也会越大，语音、视频等实时通信的效果可能也会越差。该参数在 H3C 无线设备中可调，默认的 listen interval 为 1，即休眠 STA 必须定期唤醒监听每个 beacon 帧。

AID：STA 的关联标识符。当 STA 关联 AP 时，会被赋予一个 AID 来协助控制与管理。在 4.2.3 节中已经学习过它的用途之一，在 PS－poll 帧中，它用于让 AP 识别属于某 STA 的缓存数据。

SSID：service set identity。802.11 网络服务的名称标识。由多个 BSS 共同组成的扩展服务区域（ESS）会使用相同的 SSID。注意区分 SSID 和 BSSID 概念。

supported rate：无线局域网支持多种标准速率。802.11 网络可以使用 supported rate 信息元素来指定其支持的速率。当 STA 试图加入网络时，会先查看该网络支持的数据速率。有些速率是强制速率(mandatory rate)，每个 STA 都必须支持；有些速率是选择速率(supported rate)，可供 AP 和 STA 协商。

TIM：traffic indication map，数据待传指示。AP 会为处于休眠状态的 STA 缓存数据帧。同时，每经过一次 listen interval 设定的时间，AP 就会通过 TIM 通告各 STA 是否有缓存数据待传。TIM 是通过比特映射(bit map)来实现的，它由 2008 个位组成，每个位映射到一个 AID。当某个 AID 对应的 STA 有数据缓存时，相应的位就会被设定为 1，否则为 0。

4.3 802.11 网络基本服务架构

4.3.1 基础型架构

基础型架构：由基站 AP 参与构建基本服务集(basic service set，BSS)，所有的无线帧交换都直接发生在 AP 和 STA 之间，如图 4-5 所示。

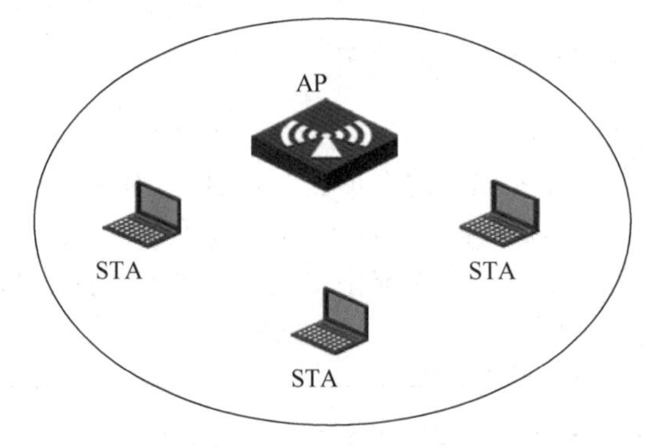

图 4-5 基础型架构

802.11 网络的基本服务单元 BSS，是指最小的、提供无线服务的网络单元。其架构主要分为两种类型：基础型架构和独立型架构。这两种架构之间最显著的区别，即有没有基站 AP 参与其中。

基础型架构网络由基站 AP 参与构建，AP 负责基础型架构网络中所有的通信，包括 STA 和外部网络节点的通信，以及 STA 和 STA 之间的通信。位于基础型架构网络中的 STA 如果要跟其他网络节点通信，必须经过两个步骤：首先，由 STA 将无线帧传递给基站 AP；其次，由 AP 再将此帧转送至目的地。

在基础型架构网络中，工作站必须首先与接入点建立关联(associate)关系，才能取得无线网络服务。关联是 STA 加入某个基础型网络架构的过程，即 STA 与 AP 建立服务关系之后，AP 才能承担其“报文中转桥”的角色。

4.3.2 独立型架构

独立型架构：Ad Hoc BSS，STA 间可直接交互无线帧，传递数据，而不需要通过基站，如图 4-6 所示。

独立型架构网络也称 Ad Hoc 网络，无基站 AP 参与。STA 之间可以直接相互通信，但两者的距离必须在可以直接通信的范围内。通常，Ad Hoc 网络是由少数几个工作站为了临时

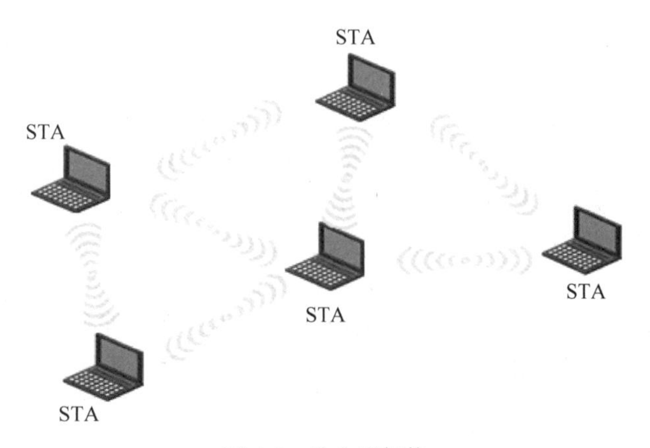

图 4-6　独立型架构

联网共享信息而组成的暂时性网络。例如，会议室中建立一个 Ad Hoc 网络以方便相互传递数据，当会议结束，网络随即瓦解。这种类型网络的使用并不多，但在无线网络优化中，必须注意它的存在，它可能是导致基础型架构 Wi-Fi 网络体验差的因素之一。

4.4　信道共享和介质竞争

4.4.1　802.11 信道共享和蜂窝覆盖

同一个基本服务集(BSS)下的 AP 和所有 STA 通信时共用一个信道。

由于单个 AP 的覆盖范围有限，在部署一大片区域的 WLAN 网络时，通常采用蜂窝覆盖的原则，如图 4-7 所示。同时为了减小 BSS 之间的相互干扰，相邻的小区采用不同的信道。

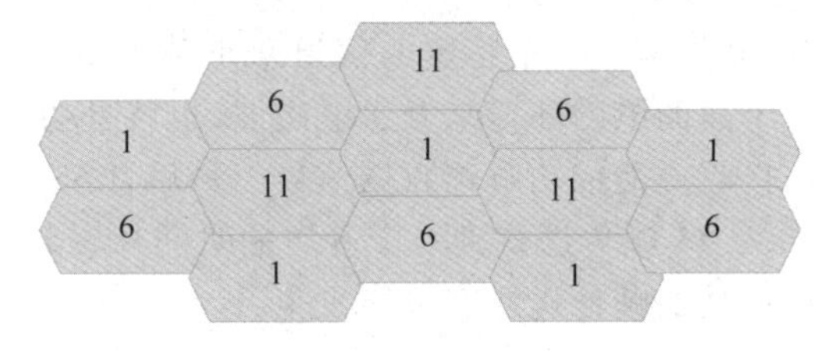

图 4-7　802.11 信道共享和蜂窝覆盖

同一基本服务单元(BSS)下的 AP 和所有 STA 通信时共享一个信道介质，即 BSS 内的 AP 和 STA 都在同一个信道内发送和接收电磁波。这表明无线的下行数据通信(AP→STA)和上行数据通信(STA→AP)使用一个共同的信道工作。为了避免相互干扰，它们采用分时传输的策略。就像两个人对话，甲说完乙再说，这就是 802.11 的半双工方式。半双工也是 WLAN 区别于 3G/4G 特点之一，例如，GSM 手机通信的双工方式其上、下行分别采用的是不同的频段，可以在不同的频段内同时进行上行、下行数据的传输。

在无线通信中，一个信道所能承载的带宽有限。比如，11g 协议速率最高为 54 Mbps，即一个信道能承载的极限物理带宽为 54 Mbps(除去空口竞争开销和协议开销，实际吞吐可能只有 50%左右)。如果 54 Mbps 仍无法满足区域内所有终端的通信需求，则必须采用多信道部署的方案。让不同的 STA 群组使用不同的信道通信，这样就能增加带宽和吞吐量，这就是多 BSS 部署的思路。但这依旧面临着一个问题，即无线的信道数量是有限的，如 11g 互不重叠的工作信道只有3个，此时如果STA数量进一步扩大，导致带宽和容量需求进一步提升，将会面临无信道可用的问题。

蜂窝覆盖技术解决了这个问题。蜂窝覆盖是把整个无线服务区分为多个正六边形的小区，每个小区即为一个BSS，形成形状酷似“蜂窝”的结构。然后给各个小区分配工作频率，并且允许频率复用，但尽量不让相邻的蜂窝使用同一个信道。否则，两个相邻蜂窝内的通信节点同时发送相同频段的电磁波，彼此可能形成干扰，最终导致系统容量下降。

技术上可以对干扰进行控制。因为电磁波的传播范围是有限的，电磁信号的强度会随着传输距离的增大而衰减。所以只要让使用相同频率的小区距离足够远，并控制信号源的发射功率，就可以控制传播范围。另外，天线也是一个控制无线信号覆盖范围的重要工具。

4.4.2 802.11的介质竞争

空间、信道和时间片是WLAN通信的三大资源要素。

在同一物理空间中使用同一个信道通信的AP和所有STA，彼此会竞争空口的介质资源，抢占不同的时间片传送数据。

为保证空口介质竞争的高效和有序，802.11采用DCF分布式协调功能来调度时间片，不同的STA在不同时间片内完成和AP的数据通信。

WLAN是一种借助电磁波传播数据的无线通信技术。电磁波具有能在自由空间传播和扩散的特征，且速度为光速。即在一个BSS所属区域内，只要有任何一个通信节点发送某特定频段电磁波，则整个空间都会立刻充斥该频段的电磁能量。而如果有两个通信节点在同一时刻发送相同频段的电磁波，则两个电磁信号会相互叠加，彼此干扰对方的信号接收，形成碰撞冲突。

要理解802.11的介质竞争原理，先厘清WLAN通信需要的资源要素，即空间、信道和时间片，如图4-8所示。再根据一次成功的802.11帧传送了解其所需要的资源。首先，在发送一个802.11数据帧的时候，必须使用一个特定的信道来承载无线数据，该信道收发双方必须协商一致。其次，需要一个干净的电磁环境来发送电磁波，也就是物理空间中不能存在同频道的干扰信号，这样才能保证接收方能成功解调数据信号。最后，BSS中可能存在多个需要发送数据的STA，必须为本次802.11帧传送找到一个专属的时间片资源。只有空间、信道和时间片资源同时准备齐全，一次成功的帧传送才有可能发生。

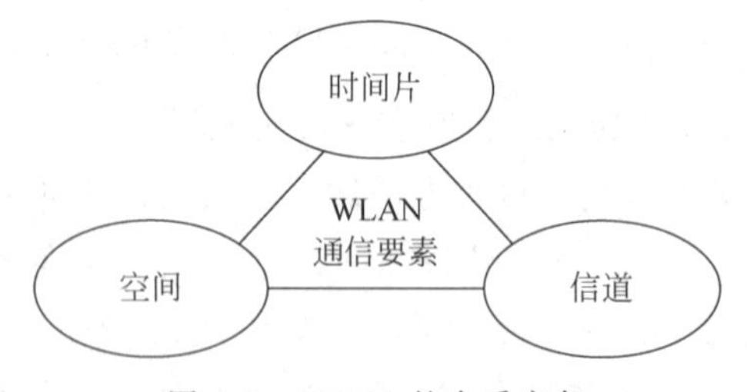

图4-8 802.11的介质竞争

“空间”和“信道”资源可以通过合理的AP部署和信道规划来实现。但时间资源如何分配，如何在一个BSS环境中，保障多STA的数据都能有序传送，而不发生争抢碰撞？这是802.11的介质竞争协议要解决的问题，即如何保障在一定的覆盖范围内（一个BSS），同一时刻只有一个STA进行数据传输。802.11采用的是DCF分布式协调功能来完成该工作，即CSMA/CA。

4.4.3 CSMA/CA

在总线型局域网中协调分配物理传输通道的标准协议即载波侦听多路访问/冲突检测(carrier sense multiple access with collision detection,CSMA/CD)。但由于无线产品的适配器不易检测信道是否存在冲突,因此,802.11全新定义了一种新的协议,即载波侦听多路访问/冲撞避免(carrier sense multiple access with collision avoidance,CSMA/CA)。CSMA/CA构成了802.11的介质竞争和共享机制,它以分布式协调功能(distributed coordination function,DCF)为基础。

在DCF模式下,STA/AP试图传送任何数据之前,必须检查空口介质是否处于空闲状态。若介质仍处于忙碌状态,则退避不发送报文。如图4-9所示,在STA1传送数据时,其他STA2、STA3、STA4都保持静默直到STA1完成数据帧传输。待STA1完成数据传输,空口恢复空闲后,所有的STA需要通过一个随机过程决定下一个数据帧的传送顺序。

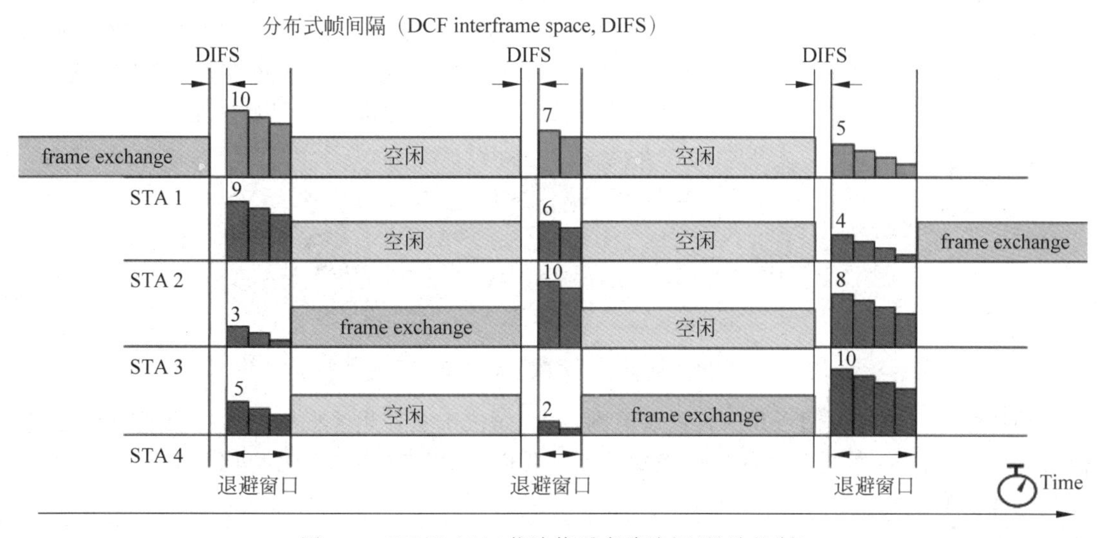

图4-9 CSMA/CA(载波侦听多路访问/避让机制)

随机过程的实现如下。STA在发送报文之前需要启动一个backoff随机长度的定时器,该定时器尺寸为竞争窗口(contention window,CW)。运气好的STA会挑到一个最小的随机数,例如,图中的STA3在等待CW的时间窗后,发现空口仍然处于空闲状态,于是立即传送数据。而一旦STA3开始数据传送,空口介质就会立刻变为忙状态,从而抑制其他STA的数据传送,保证STA3的帧传递过程不被干扰。这之后开始下一轮介质竞争循环。

从统计的角度讲,每个STA,包括AP,都有机会传送自己的报文,且机会是均等的。DCF保证了多STA共享信道下的空口介质的有序占用。

与DCF相对的是802.11协议定义的另一种可选的MAC协调功能,即点协调功能(point coordination function,PCF)。PCF中,由AP集中控制空口介质的占用秩序,AP作为"交通警察",完全把控空口介质的访问权。AP轮询各与其关联的STA是否有数据待传,STA得到轮询授权后才能发送帧。点协调功能因其实现较复杂、同时空口调度效率不高,实际没有芯片支持。

4.5 802.11冲突避让机制

4.5.1 隐藏节点问题

802.11载波侦听方式工作有效的前提是AP能“知晓”其他通信节点对空口介质的占用情况。

但在实际的无线环境中，由于电磁波传输衰耗大，无线信号的传播范围有限，可能出现隐藏节点的问题。

在DCF的介质竞争机制下，802.11通信节点在发送报文前需要先查看空口介质占用状态，只有介质空闲才能发送报文。这种机制维持了802.11多节点共存下的通信秩序，并使无线信道的工作效率达到最大。DCF虽然在大部分情形下都工作有效，但在某些特定的情形下，这种机制还是无法保证通信秩序完全不发生冲突。

如图4-10所示，AP上同时关联STA1、STA2两个终端。当STA1向AP发送数据时，由于其覆盖范围有限，电磁信号无法到达STA2，STA2并不知晓“STA1正在传送数据”这一行为，因此按DCF工作方式，STA2也有可能开始发送数据，从而在AP接收时形成冲突。

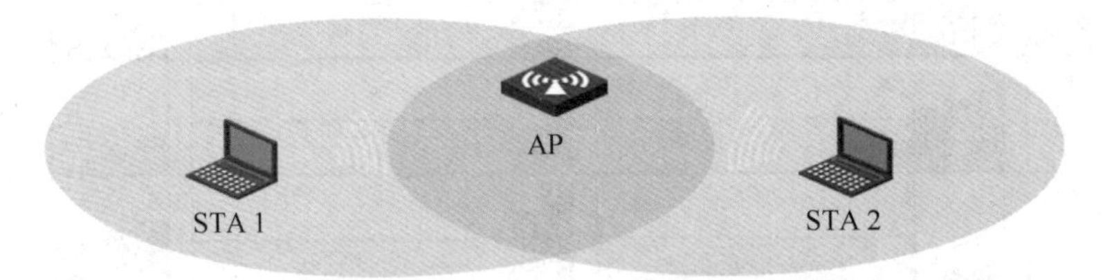

图4-10 隐藏节点问题

导致这个问题的关键点是AP覆盖范围过大，而位于覆盖边缘区域的STA无法接收到其他STA的信号，STA之间彼此形成隐藏节点。我们在设计和规划WLAN组网的时候要尽量避免这种情形的出现。

4.5.2 RTS/CTS

对于隐藏节点，802.11可以通过RTS/CTS交换方式来实现介质资源的预约，尽量减少由于隐藏节点存在带来的报文冲突。

RTS/CTS可以视为一种虚拟载波侦听。由报文收发双方使用，周边收到RTS、CTS报文的其他节点就能“知晓”有一个报文传送过程即将发生，从而在接下来的一段时间内保持静默，这段时间由NAV矢量标定。

对于隐藏节点问题，802.11可以通过RTS/CTS交换方式尽量减少冲突概率。其工作原理如图4-11所示，当STA1试图给AP发送数据前，先发送一个较小的RTS控制帧，RTS帧

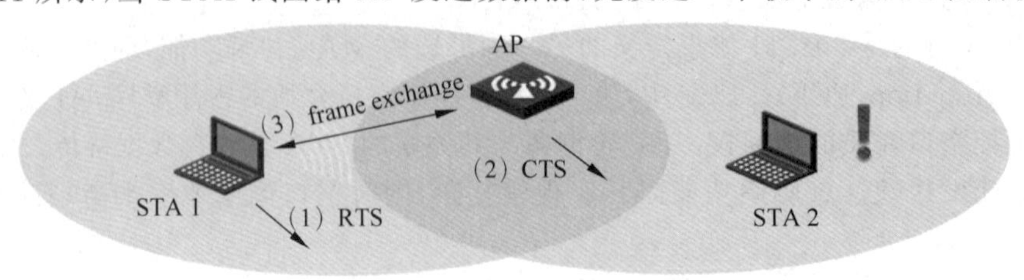

图4-11 RTS/CTS

中的 receiver address 指向 AP，表示即将有数据传送给 AP。AP 收到 RTS 后立即回传一个 CTS 控制帧，表示准备好接收。之后 STA1 立即启动数据传输，在数据传输过程中 STA2 会保持静默，不会与 STA1 的数据传输过程冲突。

该实现机制的原理本质在于无线信号的传输是天然的广播方式。RTS/CTS 尽管在逻辑上是点对点的传输，但这两个报文也会被周边的其他 802.11 节点接收，例如，图 4-11 中的 STA2。STA2 接收到 CTS，于是获知了接下来一段时间"有某个数据传输即将进行"的信息，从而进行退避。这就是"冲突避免"(collision avoidance，CA)。

RTS/CTS 理论上可以很好地解决隐藏节点的问题，但它并不适合在所有场景下使用。因为 RTS/CTS 交换也需要占用传输时间，同样会消耗一部分空口介质资源。所以只在特定的情况下开启 RTS/CTS 保护机制。研究表明，在隐藏节点存在的场景下，长报文的传送有更大的概率发生碰撞丢失。所以一般 RTS/CTS 是基于报文长度有选择性开启的，只有报文长度超过一定限值的时候才启用。H3C 的无线设备默认不开启 RTS/CTS 功能。

4.5.3 NAV

网络分配矢量(network allocation vector，NAV)。是一个计时器，通过 802.11 帧头的 duration 字段承载。

STA 将 NAV 设定为报文传输预计占用介质的时间，其他 STA 根据 NAV 更新自己的计时器，然后倒数计时，只要计时器值不为零，则代表介质当前被占用，从而启动退避。

RTS/CTS 可以通过帧头中的 duration 字段来描述本次数据传输预计占用介质的时长，这个时长包含完成"整个帧交换过程"的完整时长。802.11 节点会依据 duration 更新自己的 NAV 信息。NAV 是一个计时器，只要 NAV 的值不为零，就代表介质仍处于忙碌状态。这就是虚拟载波侦听。

图 4-12 说明了 NAV 的操作过程。NAV(RTS)、NAV(CTS)代表 sender、receiver 上的定时器。NAV 计时的起始时间点位于 RTS、CTS 报文结束位置。发送端通过 RTS 设定 NAV，以防止其他 802.11 节点抢占介质，所有收到 RTS 的节点均会延迟访问介质，直到本次帧传送过程完全结束。收到此 CTS 的其他 802.11 节点也会延迟访问介质。当帧传送过程结束后，NAV 计时器也已倒数为零，再经过 DIFS 的时间后，所有 802.11 节点会再次竞争空口的访问权。

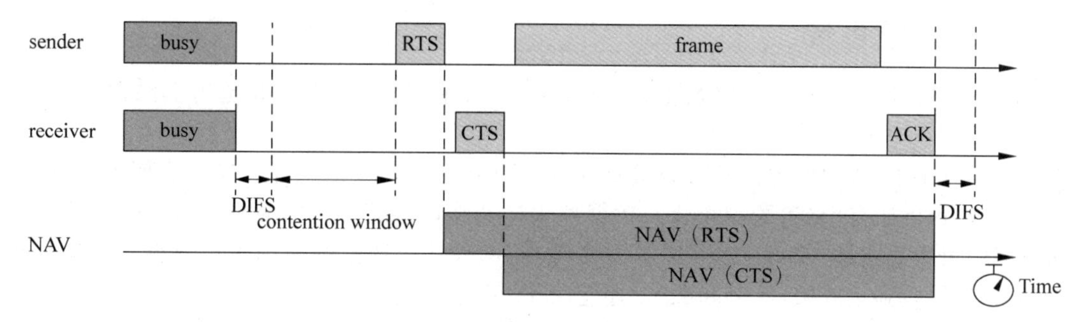

图 4-12 NAV

不仅 RTS、CTS 会使用到 NAV，所有的单播和需要 ACK 予以确认的帧都会使用 NAV 来控制介质，以保证帧传送过程不被干扰。

4.6 802.11 帧交换与重传

4.6.1 ACK 确认机制

802.11 尽管内建避免冲突的机制，但受噪声和干扰的影响，无线的链路质量仍无法保证，帧传递的丢失应作为常规现象予以考虑。

802.11 采用 ACK 确认的机制来确保一个帧被成功传递。所有传送出去的单播帧必须得到接收端的 ACK 应答，否则视为已经丢弃。帧传输和 ACK 应答的整个过程又称一次帧交换，如图 4-13 所示。

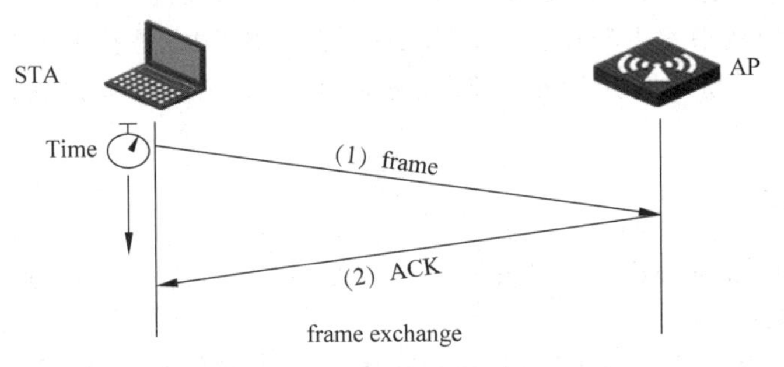

图 4-13　802.11 帧交换

受噪声和干扰的影响，无线传输过程无法保障每个发送出去的数据帧都能被成功接收。而在有线传输中，信号借助有线线缆传播，受电磁干扰小，因此可以假设对方必然会成功接收帧。无线链路则不然，特别是使用无须授权的 ISM 频带时，必须假设干扰存在并提供克服干扰的办法。除了要考虑微波炉及其他电磁设备的干扰外，无线链路的信号质量也具有不稳定的特征，例如，多径衰落导致的信号波动也可能导致帧接收错误。

总之，帧传输丢失在无线链路中应该作为常规现象予以考虑，所以 802.11 在链路层引入了 ACK 确认的机制。即所有已传送出去的单播帧都必须得到接收端的 ACK 响应确认，否则该帧视为传输失败而需要重传。frame 传送与 ACK 应答作为一个整体称为帧交换（frame exchange）。

特别说明的是，只有单播帧才有 ACK 确认，广播和组播帧没有确认机制。

4.6.2 帧重传

未收到 ACK 应答的帧可以被重传，如图 4-14 所示，如果重传次数超出上限，帧仍然被丢弃。

在 802.11 中，数据帧的传送者必须收到 ACK 确认，否则该帧视为已经丢失而需要重传。从发送端的角度而言，究竟是一开始的数据帧未送达接收端还是接收端返回的 ACK 丢失已不再重要，因为规则是：不论如何，只要未收到 ACK 确认的数据帧必须予以重传。但这种规则可能导致接收到重复帧，所以 802.11 还定义了一种剔除重复帧的机制。

将重传帧帧头的 retry 位设置为 1，以协助接收端剔除可能重复的帧。当然，重传的次数是有上限的，H3C 无线产品默认的最大链路重传次数为 7。

事实上，无线链路的丢帧率非常高，通常在 10%左右。因为有帧重传机制，所以真正的协议层丢包概率并不高。即便链路丢帧概率为 10%，重传 3 次仍丢失的概率也才为 10%×10%×10%=0.1%。

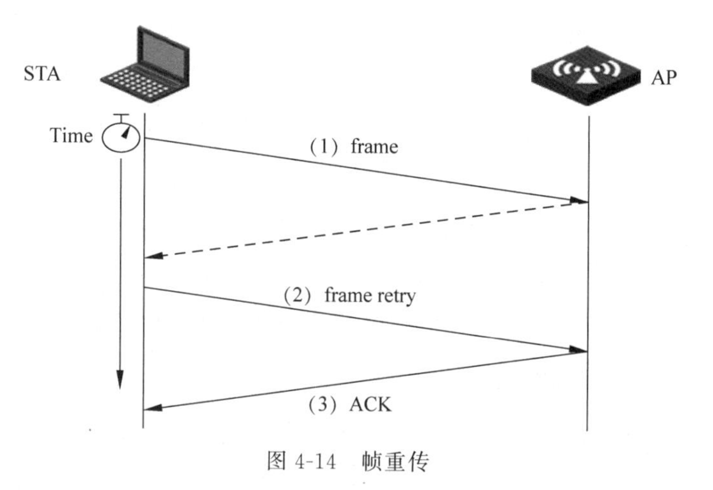

图 4-14　帧重传

但重传也是有代价的，最直接的代价是会增大时延。特别是在一个比较繁忙的网络中，一旦传输质量因干扰而恶化到需要频繁重传的程度，则会导致一系列连锁反应：频繁的重传会导致介质占空比进一步提高，同时导致物理层降速传递，进一步加重空口负荷，这又反过来导致传输质量的进一步恶化。这对于处理 WLAN 高密覆盖场景是一个重要挑战。需要记住的是重传也不能杜绝无线丢包的发生。

4.7　802.11 节电模式

4.7.1　802.11 节电模式原理

802.11 数据传输是分时间片进行的，尽管 AP 可能需要实时待命收发数据，但 STA 可以选择仅在有需要的时候开启无线射频收发器(radio)，而其他时间进入 sleep 状态以节省电能，如图 4-15 所示。

STA 休眠后，为了不影响正常通信，需要考虑以下 3 个问题。

(1) STA 如何告知 AP 自己进入 sleep 状态，以便 AP 开始缓存由网络侧发向 STA 的数据。

(2) STA 如何知道是否该醒过来接收数据。AP 是否有自己的缓存数据。

(3) STA 如何告知 AP 自己已经从 sleep 状态恢复至清醒状态。

图 4-15　802.11 节电模式

802.11 主要应用于移动终端，因此，续航能力是重要的考量因素。802.11 在协议层面提供了节能省电的功能。在无线网络中，关闭 radio 能够节省可观的电力。当 radio 关闭时，该接口立即进入休眠状态；当有数据需要接收或传送时，该接口会重新开启，这个过程称为"唤醒"。802.11 节省电能的方式便是尽量延长休眠状态的时间，和减少唤醒收发数据的时间。当然，这种做法会以最低程度牺牲网络连接质量为前提。

STA 休眠后便无法进行数据收发，如果此时网络侧恰好有数据要传送给 STA，那么 802.11 就必须引入数据缓存的功能。在基础型架构网络中，所有 STA 的业务数据必须流经 AP，因此，AP承担了数据缓存的角色。事实上，AP在802.11电源管理上扮演着重要角色。AP主要有两项与电源管理相关的任务：第一个任务，AP必须知道并维持所有与其关联STA的休眠状态，以便在STA休眠时为其缓存数据帧，并在其唤醒后将数据传送出去。第二个任务，定期申明是否有帧缓存给STA，以便STA按需唤醒并开启radio接收数据。

理解802.11节电工作机制，其实就是找到下面3个问题的答案。

(1) STA如何告知AP自己进入sleep状态，以便通知AP缓存自己的数据。

(2) STA如何知道AP是否有缓存数据，以判断是否醒过来接收数据。

(3) STA如何告知AP自己已经从sleep状态恢复清醒状态，从而启动数据收发。

4.7.2 节电唤醒机制

图4-16中描述了STA和AP节电状态下的工作方式。STA通过null数据帧通告AP即将进入sleep状态，进入sleep状态的STA除了定期接收beacon，其他时间会关闭radio以节省电能。如果有网络侧发向STA的数据，AP应该为其缓存。当有帧被缓存时，该STA将在TIM中被置位，TIM通过beacon信标帧承载。

如图4-16所示，STA开始休眠到下一个beacon帧接收前，AP并没有缓存数据待传，所以TIM并未置位。STA接收该beacon帧之后维持休眠状态。

接下来在第二个beacon帧到来之前，网络侧有数据传送给该STA，AP替其缓存，并将对应的TIM置位，TIM信息通过下一个beacon传送给STA。STA接收到置位的TIM指示，了解到缓存数据的信息。之后，STA便可以通过PS-Poll帧唤醒，从AP处获取这些缓存数据。数据传送完毕后，STA可以通过null帧再次返回sleep状态。

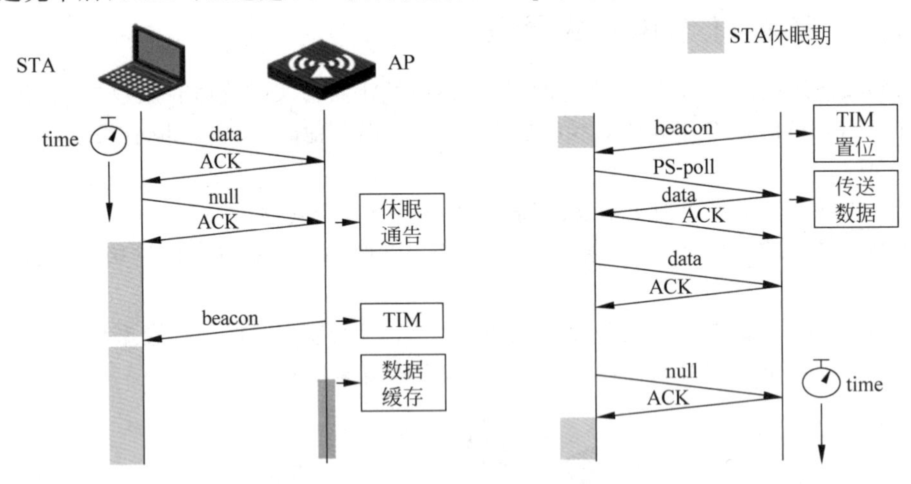

图4-16 节电唤醒机制

4.8 小结

本章主要介绍了802.11介质访问原理，试图对802.11帧在无线空口的传输提供清晰、直观的图像，从而让大家理解无线的干扰、碰撞、重传、节电等基本概念；另外还详细介绍了802.11帧格式，方便有兴趣的同学深入学习。

第5章

802.11 MAC层协议及概念介绍

WLAN 的应用功能，如关联、漫游、安全等都与 802.11 MAC 层密切相关，本章从大家经常接触的 WLAN 专业术语开始，详细介绍 WLAN 关联过程、安全加密、漫游过程，以及 QoS 的实现。

5.1 课程目标

（1）了解 802.11 MAC 协议成员。

（2）掌握无线关联和漫游过程。

（3）了解无线 802.11 i 安全机制。

（4）了解无线网络的 QoS。

5.2 802.11 MAC 协议成员

1990 年，IEEE 802 标准化委员会成立 IEEE 802.11 WLAN 标准工作组致力于 WLAN 相关领域的技术研究和标准定义，IEEE 802.11 WLAN 标准由 PHY 层和 MAC 层两部分的相关协议组成。除了融合到 802.11 a/b/g/n/ac 中的 MAC 层重传控制功能外，随着技术的发展又陆续补充了安全、QoS 等方面的 MAC 层相关协议，如图 5-1 所示。

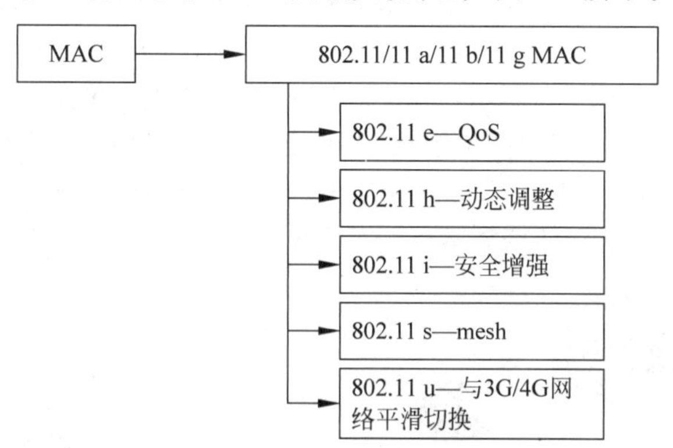

图 5-1　IEEE 802.11 MAC 协议成员

（1）IEEE 802.11 e 标准：对 WLAN MAC 层协议提出改进，制定了 WLAN 的 QoS 机制，以更好地支持多媒体数据的传输。

（2）IEEE802.11 h 标准：为 WLAN 提供了动态频率调整功能（dynamic frequency selection，DFS）和动态功率调整功能（transmit power control，TPC）。此标准是为了部分欧洲地区，让 WLAN 工作在 5 GHz 频段时不与雷达产生冲突而制定的。

(3) IEEE 802.11 i 标准：结合了 IEEE 802.1 x 中的用户端口身份验证和设备验证，对 WLAN MAC 层进行修改与整合，定义了严格的加密格式和鉴权机制，以改善 WLAN 的安全性。

(4) IEEE 802.11 s 草案：为 802.11 工作组目前正在定义的针对无线网状网(mesh)组网模式的协议。

(5) IEEE 802.11 u 草案：为支持移动智能终端在 Wi-Fi 和 3G/4G 移动网络的平滑切换和互操作而定义，目前实际应用得不多。

5.3 802.11 网络常用术语

SSID 标示了一个无线服务，内容包括接入速率、工作信道、认证加密方法、网络访问权限等。802.11 WLAN 中通过不同的 SSID 来标识不同的无线接入服务，如图 5-2 所示。

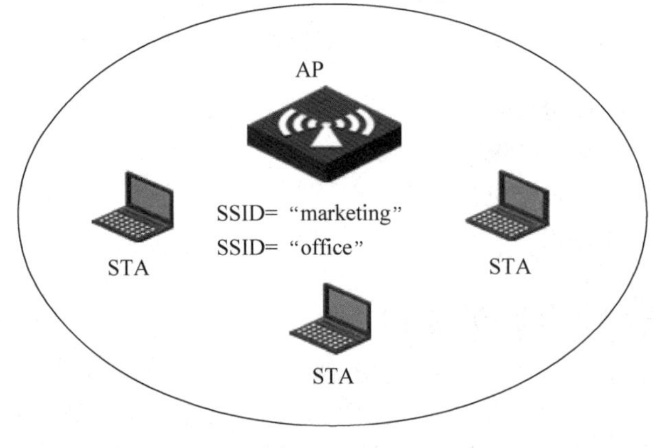

图 5-2 SSID

工作站(STA)：任何配备无线网络接口的终端设备。

AP：像一个普通的 STA 一样完成数据的收发，同时还负责为 BSS 内的 STA 转发数据报文。

基本服务集(BSS)，如图 5-3 所示：是 802.11 网络中的基本单元，由一组相互通信的 STA 构成。如果一个 BSS 中完全由 STA 组成，那么该 BSS 称为独立基本服务集(independent BSS,IBSS)。如果一个 BSS 中有 AP 参与其中，那么此 BSS 称为基础结构型基本服务集(infrastructure BSS)。在基础结构型基本服务集中，AP 负责网络中所有 STA 之间的通信。

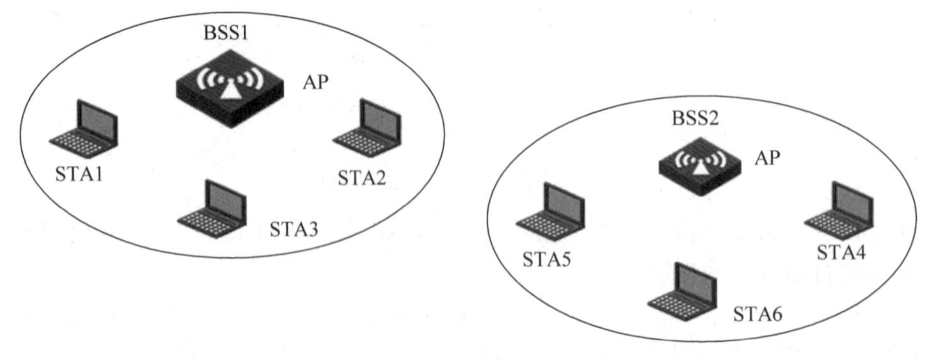

图 5-3 BSS

注意：为避免混淆，infrastructure BSS 不可简称为 IBSS。

分布式系统(distribution system，DS)：如图 5-4 所示，连接多个 BSS 的网络及有线网络。可以采用无线或有线技术进行连接，通常采用以太网技术。

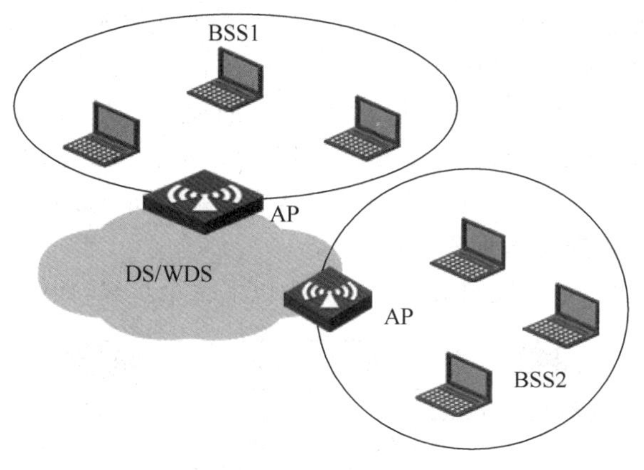

图 5-4 DS

扩展服务集(extended service set，ESS)：如图 5-5 所示，采用相同 SSID 的多个 BSS 形成更大规模的虚拟 BSS。

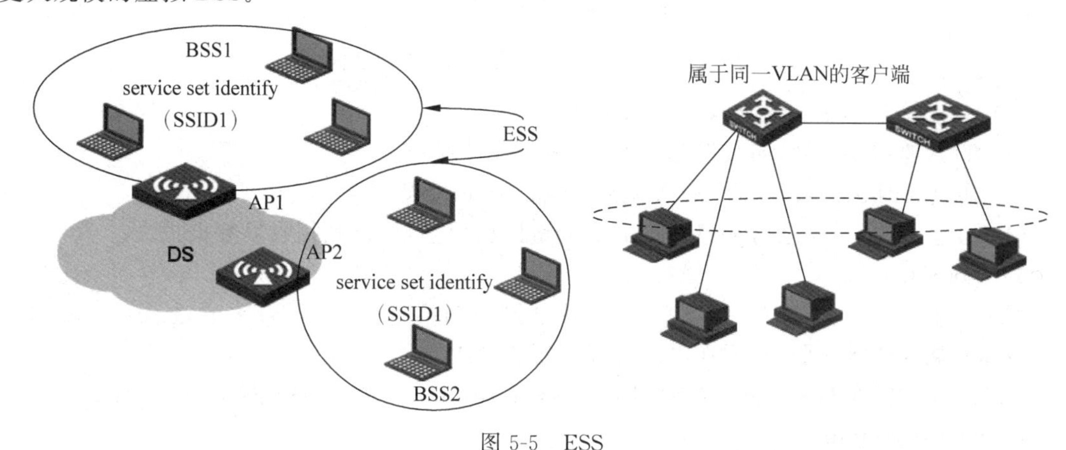

图 5-5 ESS

BSS 服务范围可以涵盖小型会议室或家庭，不过无法服务较广的区域。在 802.11 中利用骨干网络将几个 BSS 串联起来成为 ESS，借此扩展无线网络的覆盖范围。所有位于同一个 ESS 的 AP 将提供同样的 SSID。

为了便于大家理解，将无线网络中的基本元素与有线网络中的常用概念进行对照：在有线局域网中，一个二层交换机下连接几台 PC 进行通信，犹如 WLAN 中的一个 BSS；如果网络扩展到多个二层交换机，多个二层交换机下属于相同 VLAN 的 PC 实现互访，犹如 WLAN 中两个 STA 在同一 ESS 下实现通信。

5.4 802.11 关联过程

1. 802.11 MAC 层工作原理概述

基于 802.11 协议的 WLAN 设备的大部分无线功能都建立在 MAC 层上。802.11 MAC 层工作主要负责终端与 AP 之间的通信，主要功能有：扫描、认证、接入、加密、漫游等。

802.11MAC 层报文分为 3 类：数据帧、控制帧、管理帧。

(1) 数据帧：用户的数据报文。

(2) 控制帧：协助数据帧收发的控制报文，如 RTS、CTS、ACK 等。RTS/CTS 帧是避免在无线覆盖范围内出现隐藏节点的控制帧，ACK 是比较常见的确认帧，WLAN 设备每发送一个数据报文，都要求通信的对方回复一个 ACK 报文，这样才认为数据发送成功。

(3) 管理帧：负责 STA 和 AP 之间的能力级的交互、认证、关联等管理工作，例如，beacon、probe、authentication 及 association 等。beacon 和 probe 是用于 WLAN 设备之间互相发现的，authentication、association 是用于 WLAN 设备之间互相认证和关联使用的。

2. 802.11 MAC 层用户接入管理过程

无线终端接入到 802.11 无线网络的过程分为以下 4 个步骤，如图 5-6 所示。

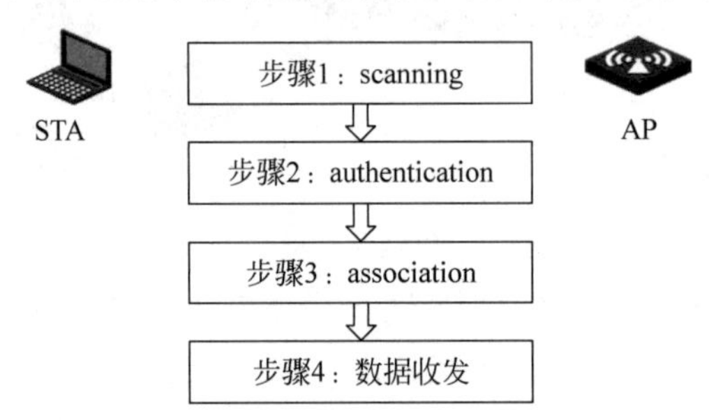

图 5-6 802.11 MAC 层用户接入管理过程

(1) STA 通过 scanning 搜索附近存在的 AP。

(2) STA 选择 AP 后，向其发起 authentication 过程。

(3) 通过 authentication 后，STA 发起 association 过程。

(4) 通过 association 后，STA 和 AP 之间链路已建立，可以互相收发数据报文。

3. scanning

scanning 是 802.11 MAC 层 STA 接入无线网络的第一个步骤，STA 通过 scanning 功能来寻找周围的无线接入服务，或在漫游时寻找新的 AP。

scanning 功能有两种方式：被动扫描(passive scanning)和主动扫描(active scanning)。

4. passive scanning

STA 通过侦听 AP 定期发送的 beacon 帧来发现周围的无线网络。

如图 5-7 所示，在 passive scanning 模式中，STA 会在各个信道间不断切换，静候 beacon 帧的到来，并记录所有来自收到的 beacon 帧的信息，以此来发现周围的无线网络服务。

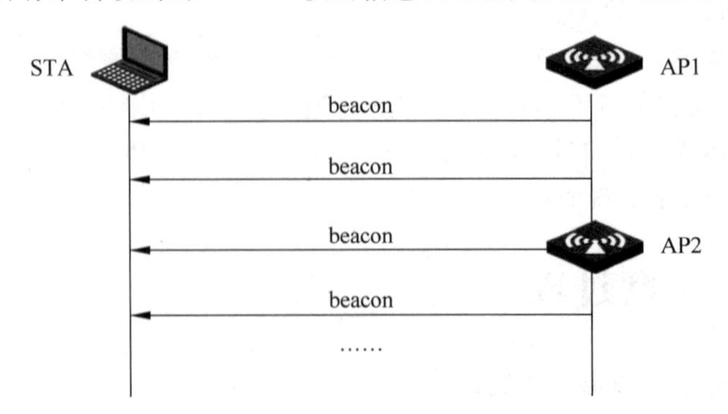

图 5-7 passive scanning

在 AP 上设置 SSID 信息后,AP 会定期发送 beacon 帧(一般间隔为 100 ms)。beacon 帧中包含该 AP 所属的 BSS 的基本信息及 AP 的基本能力级,包括 BSSID(AP 的 MAC 地址)、SSID、速率集、认证方式、加密算法、beacon 帧的发送间隔、工作的信道等。

5. active scanning

STA 在每个信道上发送 probe request 帧,从 AP 回应的 probe response 中获取 SSID 的基本信息。

如图 5-8 所示,在 active scanning 模式中,STA 扮演着比较积极的角色。在每个信道上,STA 都会发送 probe request 帧以请求需要连接的无线接入服务,AP 在收到 probe request 后回应 probe response,STA 从 AP 回应的 probe response 中获取 SSID 的基本信息。probe response 包含的信息和 beacon 帧类似。

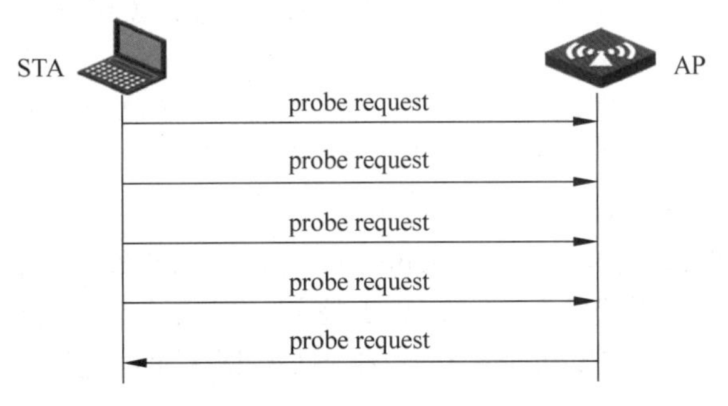

图 5-8 active scanning

active scanning 方式在 beacon 中隐藏 SSID 信息时会经常使用。

6. active scanning 的应用

隐藏 SSID 是最简单、方便的保证无线网络安全的手段之一。

如图 5-9 所示,例如,在一个办公大楼的无线网络提供两个无线接入服务,分别是 office 和 visitor。其中,SSID "office"为公司员工提供无线接入服务,连接此 SSID 可访问公司内网资源,SSID "visitor"专为外部访客提供无线接入服务,连接此 SSID 可访问 internet 资源。

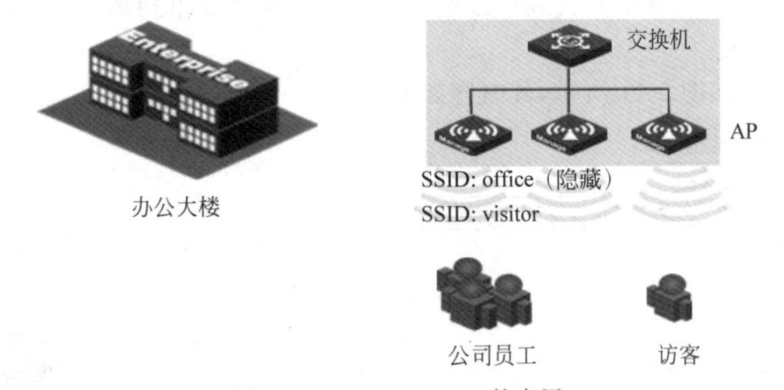

图 5-9 active scanning 的应用

为了提高公司无线网络的安全性,可以在"office"无线服务中采用隐藏 SSID 的方式,这样 AP 发送的 beacon 帧中将不包含有此 SSID 的信息。外部访客将不知道名为"office"的无线服务,而内部员工则可通过 active scanning 的方式连接此 SSID。

7. authentication

如图 5-10 所示,802.11 MAC 层支持两种认证方式。

(1) 开放式认证(open-system authentication)。

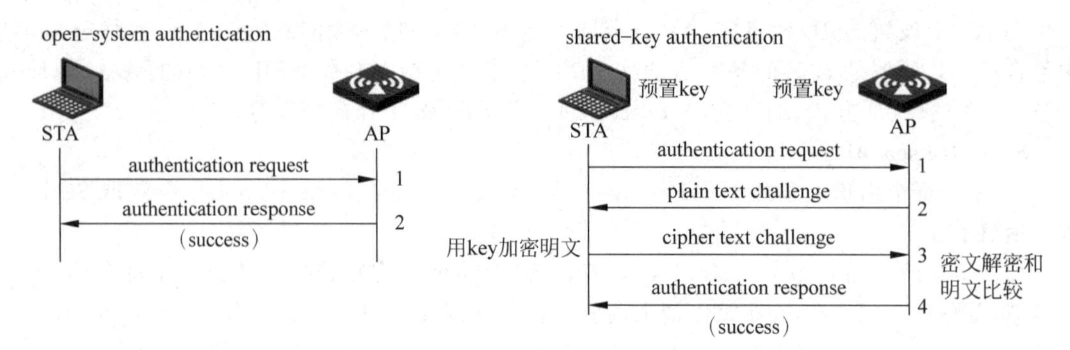

图 5-10 authentication

① STA 以 MAC 地址为身份证明，要求网络 MAC 地址必须唯一，几乎等同于不需要认证，没有任何安全防护能力。

② 可通过其他方式来保证用户接入网络的安全性，例如，MAC 地址过滤，有些产品会提供所谓的“经授权的 MAC 地址列表”。

(2) 共享式认证(shared-key authentication)。

① 在采用有线等效保密协议(wired equivalent privacy，WEP)加密时使用。

② 此方式在认证时需要校验 STA 的 WEP 密钥。但此认证方式也不安全，attacker 可以通过监听 AP 发送的明文 challenge text 和 STA 回复的密文 challenge text，计算出 WEP key。

STA 可以通过 deauthentication 帧来终结认证关系。

注意：认证与加密需要配套使用，当采用 shared-key 认证时，加密方式只能使用 WEP；而当采用 open-system 认证时，加密方式可以配套 CCMP、TKIP 等 802.11 i 定义的安全加密套件。

8. 802.11 WEP 加密原理

WEP 加密算法的核心为异或运算，在理解 WEP 加密工作原理前，先了解异或运算的特点：$a \wedge b=c$，$c \wedge b=a$ (其中 $\wedge$ 代表异或运算)，即 a 与 b 异或得到结果 c，c 再与 b 异或的结果就是最初的数据 a。

WEP 加密原理如图 5-11 所示，其内容如下。

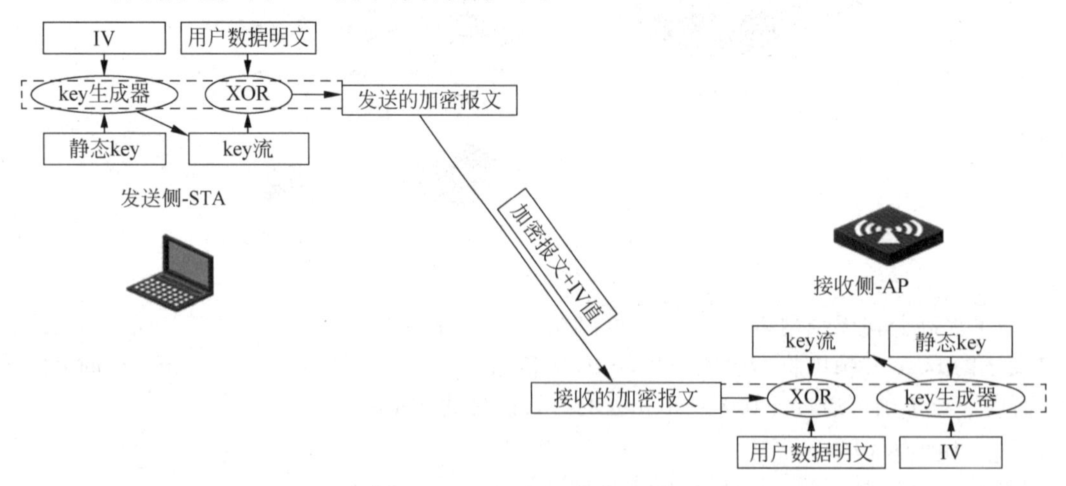

图 5-11 802.11 WEP 加密原理

（1）发送侧发送加密报文。

① 初始向量(IV)值+静态 key 通过 key 生成器生成加密使用的 key 流。

② 需要发送的数据明文与 key 流经过异或运算后形成发送的密文。

③ 发送侧发送的数据报文中包含加密后的密文与 IV 值。

（2）接收侧接收加密报文。

① 接收到数据包后从中获取 IV 值，使用 IV 值+静态 key 通过 key 生成器生成解密使用的 key 流。

② 接收到的用户密文与 key 流经过异或运算后即可得到用户数据明文。

其中 IV 值为 24 b 的初始向量，IV 值动态生成，每数据包变化。

9. association

一旦完成身份验证，STA 就进入关联(association)阶段，如图 5-12 所示。和身份验证一样，关联操作由 STA 发起。

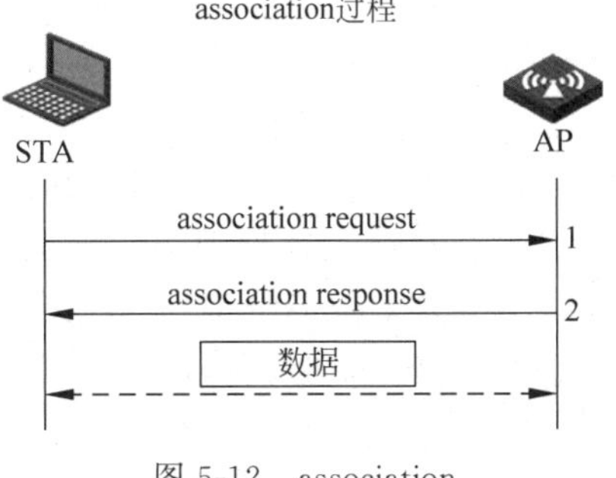

图 5-12　association

STA 发送关联请求(association request)帧，AP 随后对关联请求进行处理。通常，在这个过程中未使用任何安全防护。关联成功后，AP 在回应的 association response 帧中含有 AID。

STA 通过 association 和一个 AP 建立关联后，就意味着一种签约服务。后续所有由 STA 发送的数据帧均需要由该 AP 接收处理，其他没有关联关系的 AP 接收到该 STA 数据时会直接过滤丢掉。而同样对来自有线网络侧且目的地为该 STA 的数据，AP 也需要负责处理。具体表现为当该 STA 休眠时，AP 负责数据缓存；当 STA 唤醒后，AP 传送数据到 STA。

STA 可以通过 deassociation 和 AP 解除关联关系。

5.5　802.11 漫游

1. 无线漫游

STA 可以在属于同一个 ESS 的 AP 接入点间漫游。

STA 漫游从过程角度可以定义为终端解除和老 AP 的关联，并重新关联到新 AP 恢复网络连接的过程。

从应用上讲，漫游是 WLAN 网络提供给终端在 ESS 区域内不受限制的移动，并保证业务不中断、终端 IP 地址不变更的一种服务。

基本上，无线漫游是指 STA 转换连接 AP 的过程，如图 5-13 所示。在漫游过程中，首先，要求 STA 转换连接前后的 AP 属于同一 ESS(即参与终端漫游的 AP 上配置的 SSID 必须相同)，这是漫游的前提条件。其次，要求无线终端已有业务不中断，且 IP 地址不改变，这是漫游的表现形式和特点。

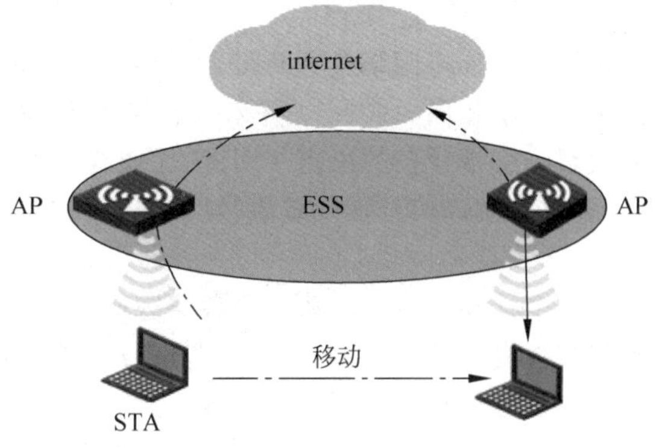

图 5-13　无线漫游

漫游从过程角度可以定义为终端解除和老 AP 的关联，并重新关联新 AP 恢复网络连接的过程。从应用角度可以定位为：漫游是WLAN网络提供给终端在ESS区域内不受限制移动，并保证业务不中断、终端IP地址不变更的一种服务。

2. 无线漫游的过程抽象

从终端的视角看一下WLAN漫游。

(1) 终端选择信号较好的AP进行首次关联。

(2) 终端在移动过程中随着距离环境的变化，链路质量开始下降，具体表现为信号强度降低、信号质量下降、误码率增高、遗漏的信标帧数大幅增长等。

(3) 终端在当前链路质量下降时开始扫描周边的所有可用信道，以获取和更新周边的无线AP信息。

(4) 有些终端定期扫描所有可用信道，以获取和更新周边的无线AP信息。

(5) 终端开始权衡比较并做漫游判断(这个判断标准构成了终端漫游的"触发阈值"。一般不同的终端漫游条件阈值各不相同。所以可能出现在无线覆盖的同一个位置，有些终端可能尝试漫游，而另外的则不会)。

(6) 一旦终端发起漫游，终端便会主动发起和新AP的关联，建立新链接(从终端的视角看，漫游终端可能先断开旧链接，再建立新链接；也有可能先建立新链接，后断开旧链接；还有可能只建立新链接，等旧链接自动老化废弃。大部分终端都会是第三种情况，但在AC+FIT的AP场景下，AC会跟踪新链接的建立过程，并通知老AP立即清除旧链接)。

(7) 新关联后，终端开始renew IP地址，并更新ARP表项，并开始业务数据传送。

3. 无线漫游的信号选择

当无线终端同时搜索到多个相同SSID的AP信号时，终端对所要连接信号的判断选择方式，如图5-14所示。

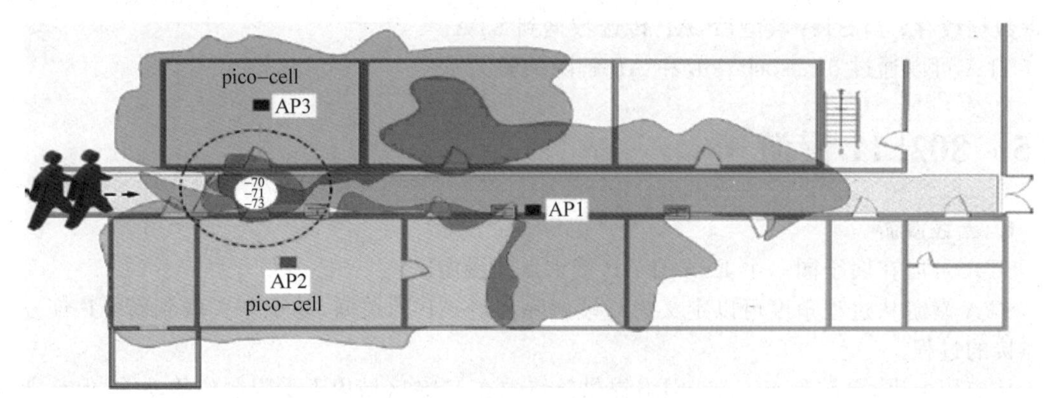

图5-14 无线漫游的信号选择

在搜索可连接网络及判断是否切换AP方面时，每个网卡的表现不尽相同，即漫游的触发阈值可能各不相同。802.11并未限制终端设备如何决定是否切换AP，并且不允许AP以任何方式影响终端设备的决定。因此，无线终端的漫游更多的是取决于终端自身的驱动程序算法，大多数终端以信号强度或质量(如RSSI、SNR)作为主要依据，并试图与信号最好的AP进行通信。

当一个移动无线用户从一个覆盖区域漫游至另一个覆盖区域时，它可能接收到若干具有相近信号强度的信号源，如何在这些信号中进行选择主要是由终端的漫游属性判断。对于大多数无线语音用户来说，是否切换的标准是RSSI或SNR值能否产生10 dB以上的差别。常见的Intel无线网卡就定义了"漫游主动性"的概念，以定义无线终端为改善与接入点连接的漫游主动程度。

4. 漫游的分类

二层漫游：STA在同一子网内的AP间漫游，如图5-15(a)所示。

三层漫游：STA在不同子网间的AP间漫游，如图5-15(b)所示。

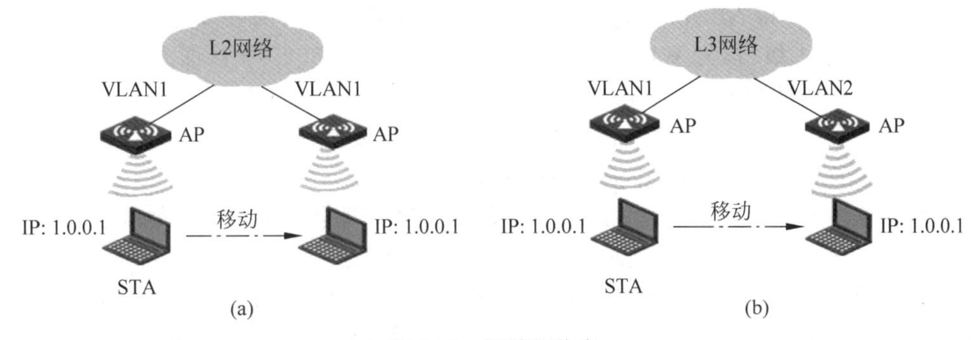

图5-15 漫游的分类

(a) 二层漫游；(b) 三层漫游

(1) 二层漫游。由于不涉及子网的变化，因此，只需保证用户在AP间切换时访问网络的权限不变即可。为了保证快速地切换，通常都会利用STA在原有AP上使用的资源(如key等)。

(2) 三层漫游。由于用户漫游的两个AP处于不同的子网，因此，除了要实现二层漫游中提到的内容以外，通常会采用一些特殊手段来保证用户业务的不中断。目前H3C产品的实现为由控制器AC缓存STA的VLAN属性，并在漫游发生后授权STA继承原有VLAN属性，以达到VLAN和IP地址不变更、实现业务连续的目的。

5.6 802.11 i无线网络安全

1. 802.11的安全性

(1) 802.11定义了shared-key认证方式及WEP加密算法。

(2) WEP方式下，整个网络共用一个共享密钥，一旦丢失，整个网络都很危险。

(3) WEP使用的IV太短，且RC4算法过于简单，容易被破解。

(4) 解决办法：增加密钥的管理机制、采用更强壮的加密算法。

802.11定义了shared-key认证方式及WEP加密算法，但WEP加密在安全性上具有很大的局限性。

WEP加密基本采用手动管理密钥，整个网络使用相同密钥，不同的STA之间完全没有隐私可言，数据泄密可能就来自网络本身的用户。更严重的是，一旦密钥丢失，整个网络将完全暴露在外。另外，从管理角度也会非常烦琐，任何使用WEP加密的员工离开公司，那么基于安全上的考虑，实际的做法都是倾向于重新分配密钥，否则整个网络都很危险。

WEP加密强度较弱。IV太短(24 b)，可供使用的IV值空间并不大(小于1700万)，因此，在忙碌的网络中必然产生重复。一旦使用重复的密钥流，攻击者大量监听数据报文后，便很容易破解。

WEP加密采用的RC4加密算法过于简单。所以在安全性要求比较高的企业或部门，WEP加密方法已经不能满足应用，因此，人们提出了更高的要求。需要有一种完整的密钥管理机制，采用更强壮的加密算法。

2. 802.11 i 协议——WPA/WPA2 安全模式

802.11 i 协议解决了 WEP 等加密方法无法弥补的安全问题。主要的改进点放在密钥管理机制和加密算法上。

802.11 i 提出 WPA 的安全模式，其主要在以下几个方面增强了安全性。

(1) 增强了 STA 和 AP 间的认证机制。WPA 安全模式支持两种方式：WPA 企业级(称为 WPA)、WPA 个人级(称为 WPA-PSK)。其中 WPA 支持 802.1x 认证方式，WPA-PSK 支持 pre-shared key 认证方式。

(2) 增强了 key 的生成、管理及传递机制。每个用户使用独立的动态 key 加密数据，并通过安全的传递方法传递用户数据加密使用的 key。

(3) 增加了两类对称加密算法，加密强度大幅增强。两个加密算法分别是：临时密钥完整性协议(temporal key integrity protocol，TKIP)，核心算法仍然为 RC4，但会为每个帧派生特有的 RC4 密钥；计数器模式及密码块链消息认证码协议(counter mode with CBC-MAC protocol，CCMP)，被设计用来提高更高等级的安全性，其核心为 AES 算法。

最初 WPA 支持 TKIP 加密算法，随后的 WPA2(也称强健安全网络，robust security network，RSN)增加了对 CCMP 加密算法的支持。

注意：WPA/WPA2 的安全交互发生在 802.11 关联成功之后，且关联步骤 authentication 必须选择为 open-system 开放式。

3. 802.11 i-key

802.11 i 的密钥管理和增强加密机制中引入了 4 种密钥 key。

(1) PMK 密钥。

① 定义：成对主密钥(pairwise master key)。

② 可以从 802.1x EAP 过程生成，也可以从 PSK 预共享密钥获取。

③ 由 AP 和某个 STA 共有，不直接用于加密。

(2) GMK 密钥。

① 定义：组主密钥(group master key)。

② AP 拥有，用于生成组播临时加密密钥，不用于直接加密。

(3) PTK 密钥。

① 定义：成对临时密钥(pairwise temporal key)。

② 从 PMK 及其他变量生成，用于 STA 和 AP 间单播数据帧，定期更新。

(4) GTK 密钥。

① 定义：组临时密钥(group temporal key)。

② 从 GMK 生成并下发到 BSS 所有 STA，用于加密组播和广播数据帧，定期更新。

4. 802.11 i-key 协商机制

802.11 i 的 4 种 key 中，只有 PTK 和 GTK 是直接用于加密数据的。而 PMK 用于生成 PTK，GMK 用于生成 GTK。通过一个形象的例子来展示 PTK 和 GTK 的生成过程。

为了方便表述，把 AAA key 当作一位养鸡场主人，PMK 当作一只白羽毛鸡，GMK 当作一只金色羽毛鸡，PTK 当作一枚白色鸡蛋，GTK 当作一枚金色鸡蛋。图 5-16 中已略去 EAP 的详细过程，只需要了解 EAP 认证交互完成后会在终端和服务器侧同时生成 AAA key，即养鸡场主人诞生。服务器侧养鸡场主放出一只白色的公鸡，这只公鸡会通过 RADIUS 认证报文成功传递到 AP。EAP 成功后，终端的养鸡场主人放出两只鸡，一只白色的母鸡和一只金色的母鸡。至此，鸡已经全部登场。

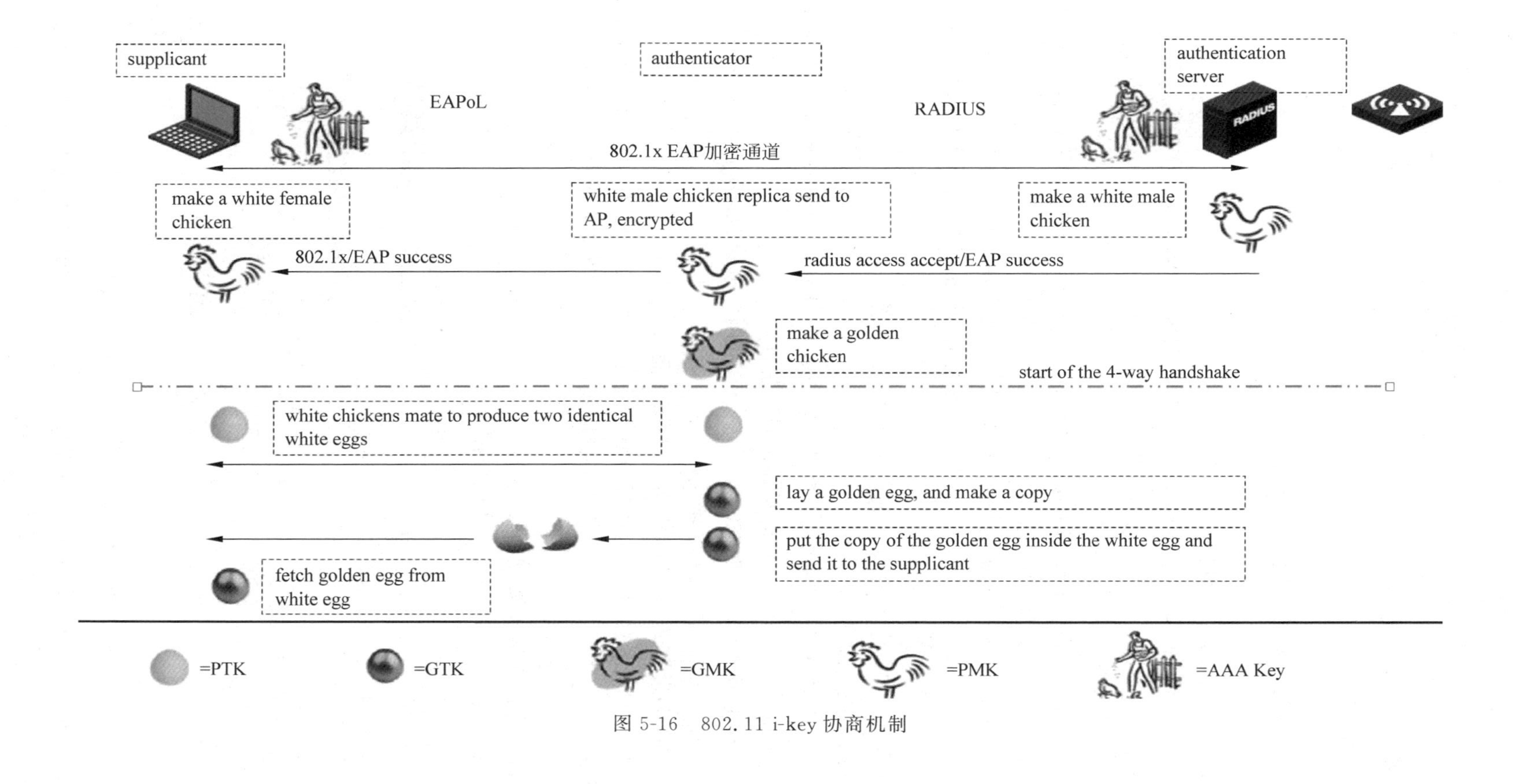

图 5-16　802.11 i-key 协商机制

接下来是鸡蛋的产出过程，也就是加密 key 的生成过程。

首先，两只白色的鸡会生产两枚一模一样的白色鸡蛋，就是单播加密密钥 PTK。另外，金色的鸡会自己生产一枚金色的鸡蛋 GTK，并把复制的金蛋通过白色的壳封装（通过单播密钥加密保护）送到每个 STA，用于完成组播和广播数据的加密。在 802.11 i 里，该过程称为四次握手（4-way handshake）。

5.7 802.11 e 无线网络 QoS

1. 802.11 技术在 QoS 方面存在的缺陷

早期的 802.11 无线网络只是为了满足用户的数据传输而设计，并没有考虑要在无线网络上承载过多的业务。但当人们认识到无线网络的便捷性时，对无线网络提出了更多的要求，其中满足 QoS 功能就是很大的一个挑战。

（1）由于 802.11 采用的分布式协调功能（distributed coordination function，DCF）调度空口传输资源，最终的效果是所有用户发送的报文平等地竞争无线资源。

（2）由于没有区分业务优先级的机制，造成 AP 和终端在对外发送报文时所有报文按同等优先级对待。当发生流量拥塞时，需要优先处理的报文（如语音报文）和普通的报文（如浏览网页的报文）会按相同的概率被丢弃。

（3）和有线网络相对完善的 QoS 机制无法很好地衔接。

2. 802.11 e 协议-QoS 保证

802.11 e 针对 DCF 模式进行了改进，支持增强型分布式协调访问机制（enhanced distribution channel access，EDCA）的媒体访问机制。

（1）支持 8 个业务优先级的报文标记（类似于有线网络中的 802.1 p）。

（2）业务优先级可被映射到 4 个输出队列。

（3）高优先级的报文优先获取无线空口的访问能力。

802.11 e 协议的制定对 802.11 无线网络的发展起到了至关重要的作用。有了这份协议后，人们就可以在同一套无线网络上使用多种应用，且可以根据优先级给不同的应用分配合适的资源。

3. 802.11 e 协议-EDCA 调度模式

AP 和无线终端等待发送的数据的调度模式，如图 5-17 所示。

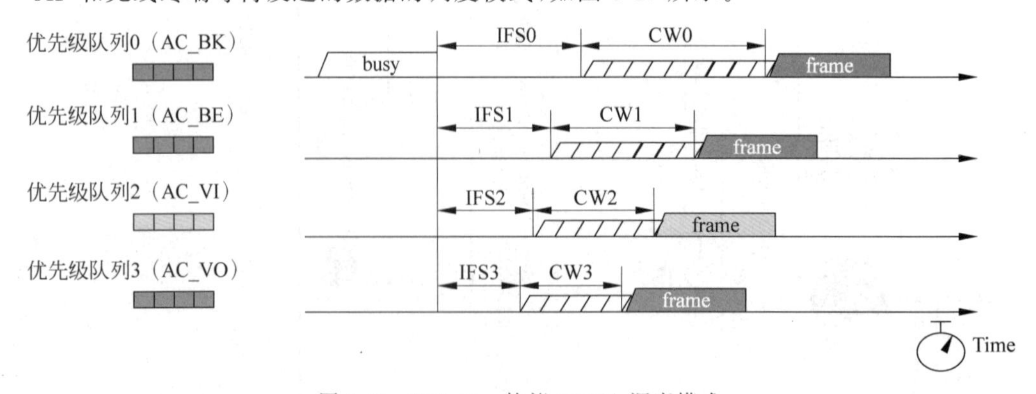

图 5-17 802.11 e 协议-EDCA 调度模式

EDCA 调度模式是 IEEE 802.11 e 的核心，它能区分不同优先级的报文接入信道的能力，从而保障了空口资源依据数据流优先级进行分配。

EDCA 将等待发送的数据报文按不同的优先级进行排队，不同队列的报文优先级依次为：优先级队列 0＞优先级队列 1＞优先级队列 2＞优先级队列 3。

EDCA 的高优先级报文通过设置较短的 IFS 和 contention window(CW)来优先获取无线空口的访问权力：IFS0 时间＜IFS1 时间＜IFS2 时间＜IFS3 时间，CW0 窗口＜CW1 窗口＜CW2 窗口＜CW3 窗口。

可见，由于高优先级的队列 IFS 时间短，可以更早地进行退避过程。而由 CW 决定的退避时间同样小于低优先级的队列。因此，在信道竞争中，高优先级的队列可以优先接入信道，获取更多的空口资源。

短帧间隔(short interframe space，SIFS)，用于最高优先级的传输场合。例如，ACK、CTS 控制帧，只需要等待 SIFS 的时间间隔后立即传输，而不需要等 CW。

4. STA to PC 的 QoS 映射过程

图 5-18 显示了 STA 到有线侧 PC 的 QoS 的映射过程。STA 发送的 802.11 报文，在 802.11 e 相关字段中标记了该报文的优化级，在 AP 上会将此优化级自动地映射到 IP DSCP 与 802.1 p 中，将无线网络和有线网络优先级很好地结合起来，以实现完整的端到端的 QoS 服务。

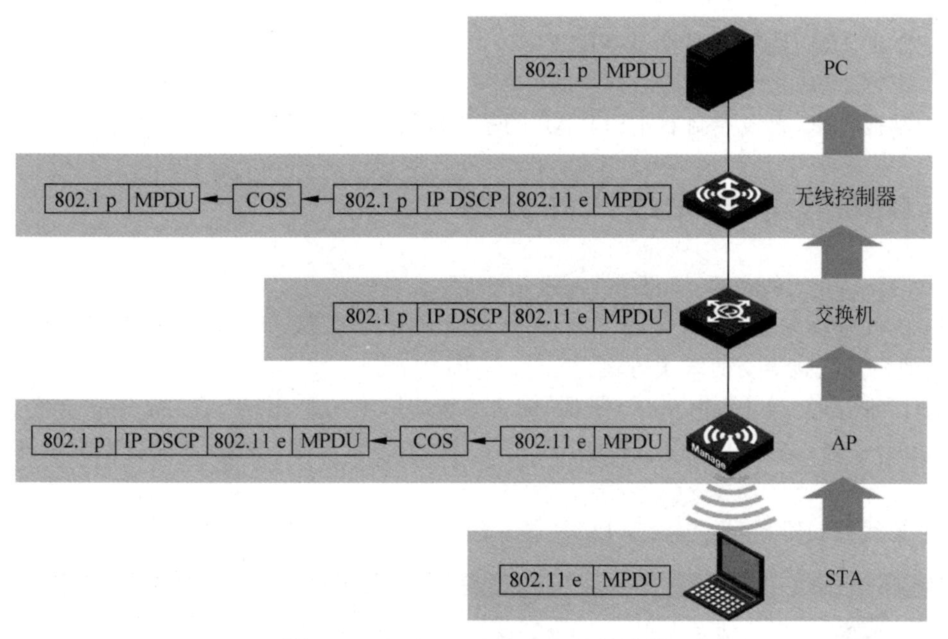

图 5-18　STA to PC 的 QoS 映射过程

5.8　小结

本章主要介绍了 802.11 MAC 协议成员，包括 802.11 关联过程、终端漫游、802.11 i 安全和 802.11 e 无线 QoS。

第6章

H3C无线产品及其基础操作

随着科技的发展，无线网络在生活中已变得不可缺少，而且对无线网络的速率、应用和安全的要求也越来越高。目前，不仅需要实现无线网络接入，还需要提高无线网络对业务更高的需求。本章就主要讲解 H3C V7 WLAN 产品及其基本配置操作。

6.1 培训目标

(1) 掌握 H3C AP 系列产品。
(2) 掌握 H3C FAT AP 的基本配置。
(3) 掌握 H3C 无线控制器系列产品。
(4) 掌握 H3C 无线控制器+FIT AP 的基本配置。

6.2 H3C 全系列无线产品介绍

H3C V7/V9 无线产品，如图 6-1～图 6-3 所示。

(1) 无线解决方案：教育无线方案、医疗无线方案、智慧城市方案、景区无线解决方案、新零售(商业)方案、轨道交通解决方案。

(2) 运维管理：主打 cloudnet(云简)网络的智能运维功能，以及 AD campus 方案。

(3) AP 系列：各个场景适用的 Wi-Fi 6 AP 款型，包含高端、中端、低端款型满足各类使用场景。

(4) 无线控制器系列：包含 WBC 及新一代架构的 WX55X、WX35X 及 WX25X 系列。

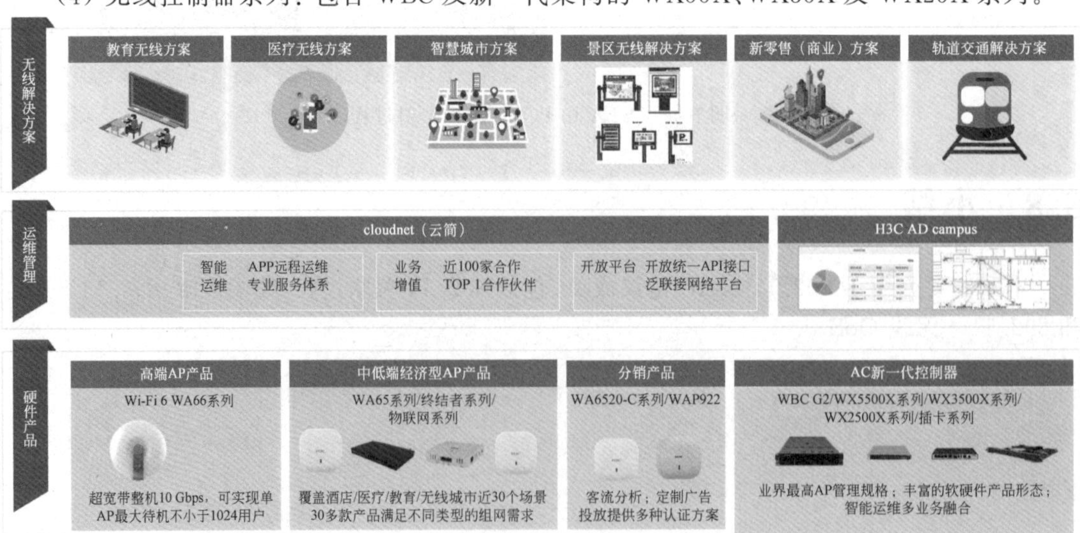

图 6-1 H3C 无线产品全景图

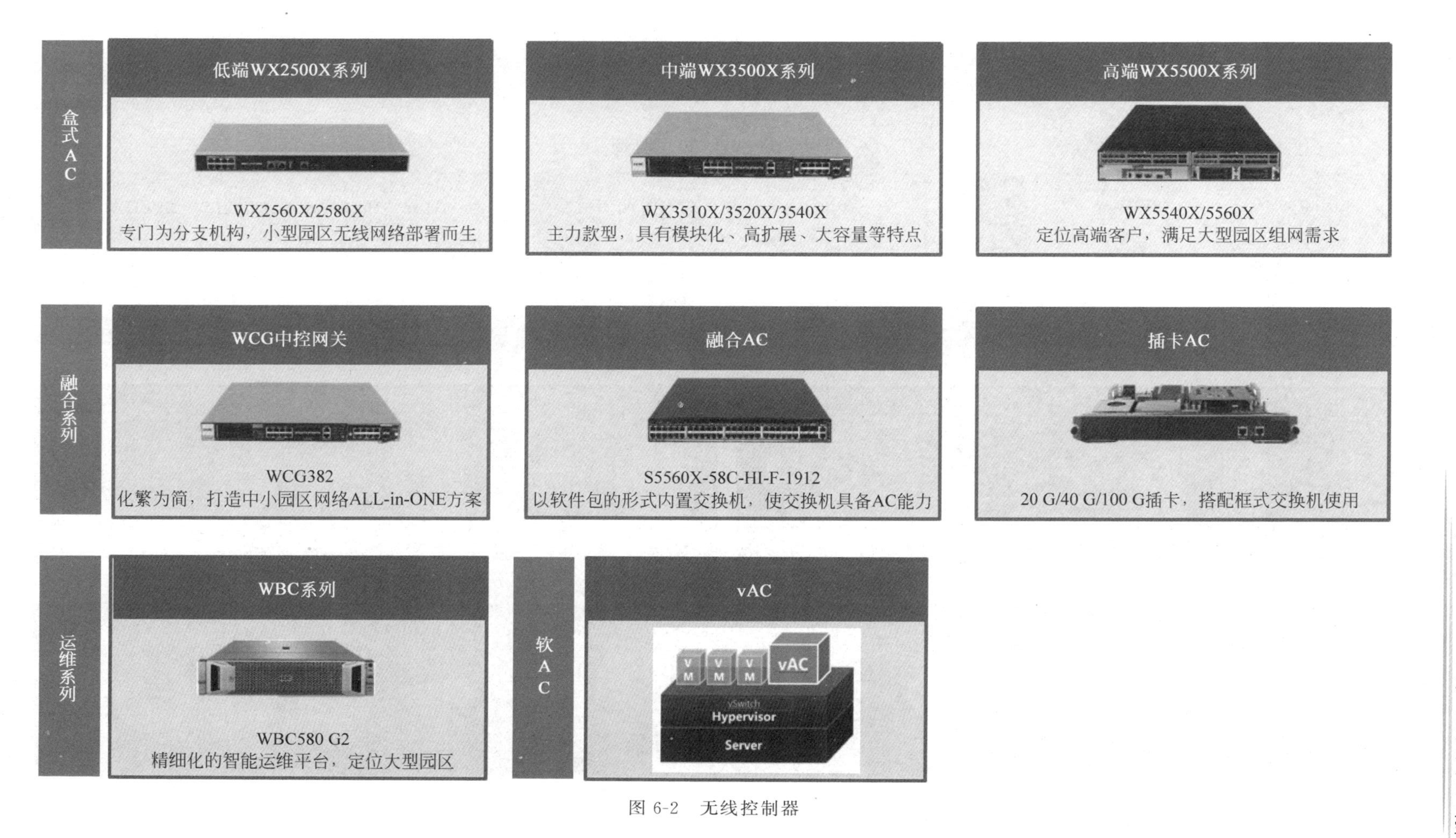

盒式AC
低端WX2500X系列
WX2560X/2580X
专门为分支机构，小型园区无线网络部署而生
中端WX3500X系列
WX3510X/3520X/3540X
主力款型，具有模块化、高扩展、大容量等特点
高端WX5500X系列
WX5540X/5560X
定位高端客户，满足大型园区组网需求
融合系列
WCG中控网关
WCG382
化繁为简，打造中小园区网络ALL-in-ONE方案
融合AC
S5560X-58C-HI-F-1912
以软件包的形式内置交换机，使交换机具备AC能力
插卡AC
20 G/40 G/100 G插卡，搭配框式交换机使用
运维系列
WBC系列
WBC580 G2
精细化的智能运维平台，定位大型园区
软AC
vAC
VM
VM
VM
vAC
vSwitch
Hypervisor
Server

图 6-2 无线控制器

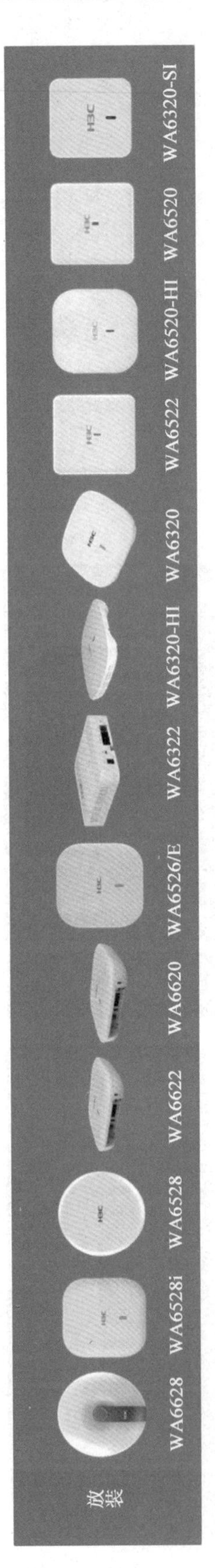

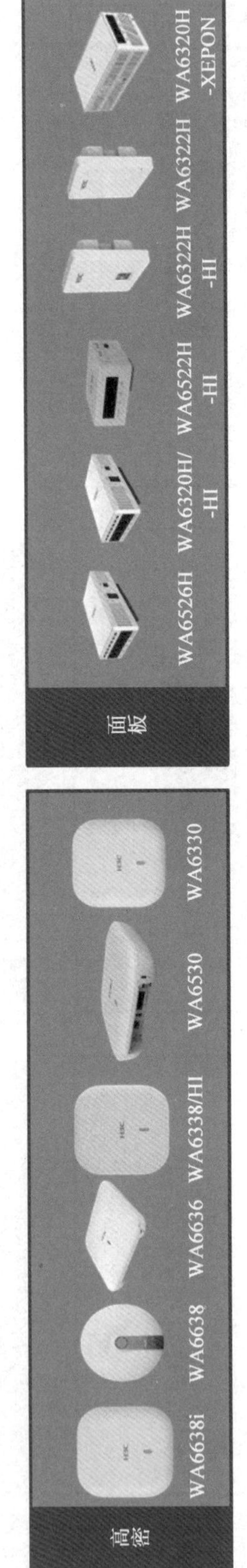

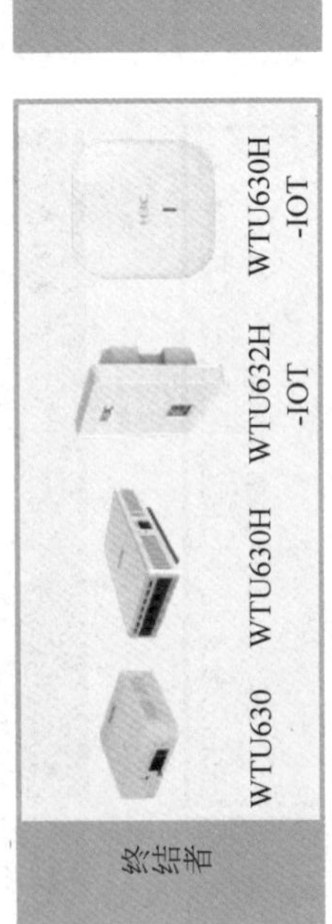

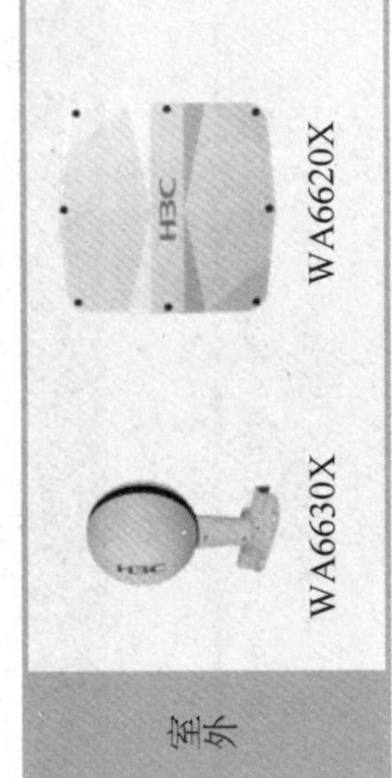

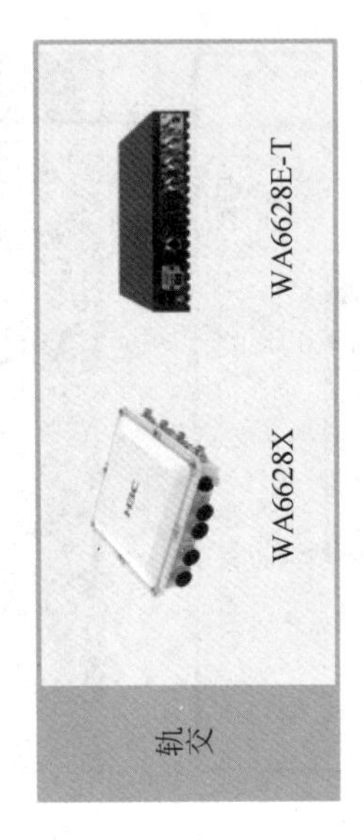

图 6-3 Wi-Fi 6 AP 款型

6.3 H3C Wi-Fi 6 AP 介绍

6.3.1 WA6638i 室内放装高密

旗舰高密 WA6638i 如图 6-4 所示。

图 6-4 旗舰高密 WA6638i

(1) 三频 16 流,整机接入速率为 10.75 Gbps。

(2) 支持 GE/5 GE/10 GE 多速率接口及 SFP+接口。

(3) 内置 BLE/RFID/ZigBee、支持全制式物联网业务扩展。

(4) 最高整机接入用户数为 1536,整机支持三射频,最高协商速率为 10.75 Gbps,并发用户访问数增加 16 倍。

6.3.2 WA6638 三频高密

多频高密 WA6638 如图 6-5 所示。

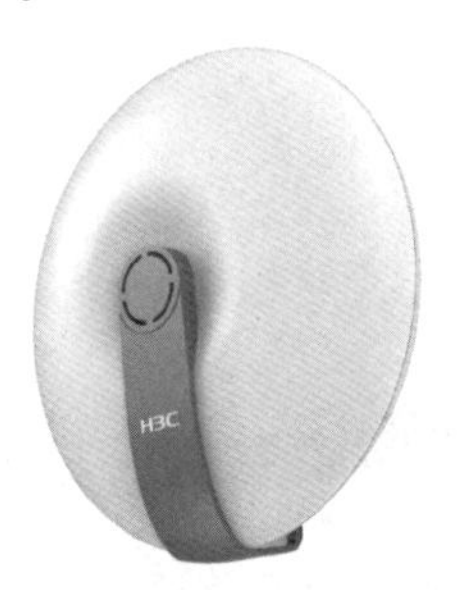

图 6-5 多频高密 WA6638

(1) 三频 12 流,整机接入速率为 5.95 Gbps。

(2) 支持 GE/5 GE/10 GE 多速率接口。

(3) 内置 BLE/RFID、支持全制式物联网业务扩展。

(4) 最高整机接入用户数为 1536,整机支持三射频,最高协商速率为 5.95 Gbps,并发用户访问数增加 12 倍。

6.3.3 WA6628

高端放装 WA6628 如图 6-6 所示。

(1) 双频 12 流,整机接入速率为 5.95 Gbps。

(2) 支持 GE/5 GE/10 GE 多速率接口。

(3) 内置 BLE/RFID。

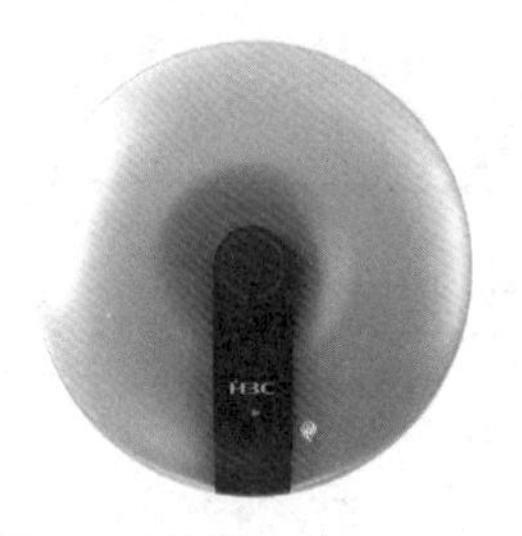

图 6-6　高端放装 WA6628

(4) 最高整机接入用户数为 1024,支持双链路备份为 2,最高协商速率为 5.95 Gbps,并发用户访问数增加 12 倍。

6.3.4　WA6526E

WA6526E 天线如图 6-7 所示。

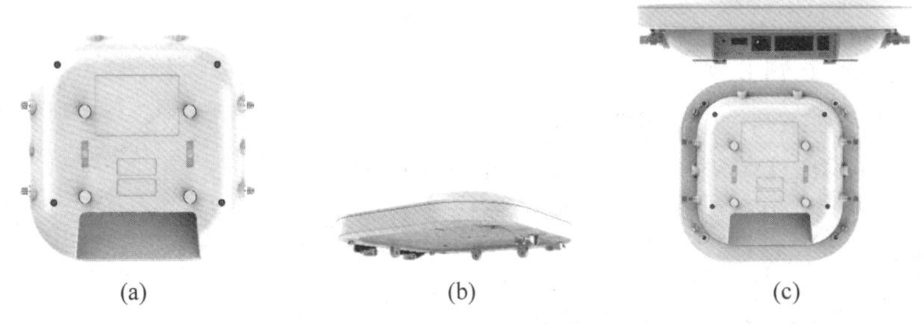

(a)　(b)　(c)

图 6-7　WA6526E 天线

(a) WA6526E AP 背面;(b) 镶嵌式定向天线;(c) AP 正面嵌入天线背面结合成一体化机身

6.3.5　WA6622

中端放装 WA6622 如图 6-8 所示。

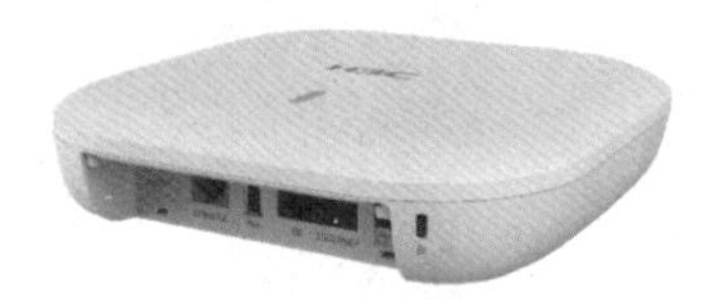

图 6-8　中端放装 WA6622

(1) 双频 6 流,整机接入速率为 2.975 Gbps。

(2) 支持 GE/2.5 GE/5 GE 多速率接口。

(3) 内置 BLE/RFID、支持全制式物联网业务扩展。

(4) 最高整机接入用户数为 1024,5 GHz 支持 4 空间流,最高协商速率为 2.975 Gbps,并发用户访问数增加 6 倍。

6.3.6　WA6620

普通放装 WA6620 如图 6-9 所示。

(1) 双频 4 流,整机接入速率为 2.4 Gbps。

(2) 支持 GE/2.5 GE 接口。

(3) 内置 BLE/RFID/ZigBee、支持全制式物联网业务扩展。

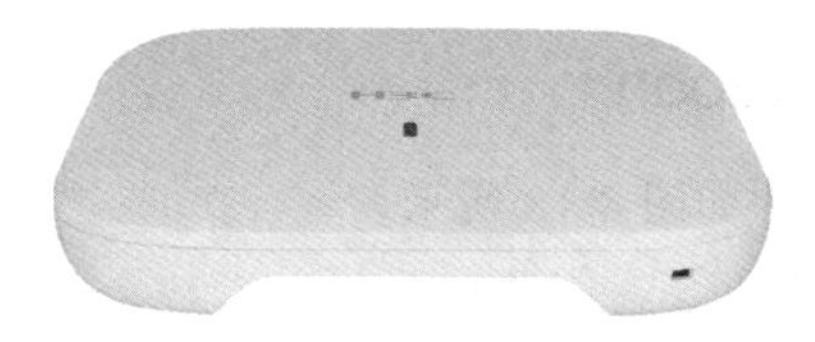

图 6-9 普通放装 WA6620

(4) 最高整机接入用户数为 1024,射频可切,最多 2 个 5 GHz,最高协商速率为 2.4 Gbps,并发用户访问数增加 4 倍。

6.3.7 WA6322

放装面板 WA6322 如图 6-10 所示。

图 6-10 放装面板 WA6322

(1) 双频 4 流,整机接入速率为 1.775 Gbps。

(2) 支持 GE 接口。

(3) 内置 BLE/RFID、支持全制式物联网业务扩展。

(4) 最高整机接入用户数为 1024,整机 3 个 GE 接口,最高协商速率为 1.775 Gbps,支持吸顶、86 盒等安装。

6.3.8 WA6526H

高端面板 WA6526H 如图 6-11 所示。

图 6-11 高端面板 WA6526H

(1) 双频 6 流,整机接入速率为 5.375 Gbps。

(2) 支持 GE/2.5 GE 接口。

(3) 内置 BLE、支持全制式物联网业务扩展。

(4) 全制式物联网业务拓展 PSE,4 个 GE 下行接口,最高协商速率为 5.375 Gbps,支持壁挂、86 盒等安装方式。

6.3.9 WA6320H-xepon

室内面板 WA6320H-xepon 如图 6-12 所示。

图 6-12 室内面板 WA6320H-xepon

(1) 双频 4 流,整机接入速率为 1.775 Gbps。

(2) 4 个 GE 口(其中包含一个 POE out 和一个 POE in 接口)。

(3) 10G EPON 口。

(4) 最高整机接入用户数为 1024,4 个 GE 下行接口,最高协商速率为 1.775 Gbps,支持壁挂、86 盒等安装方式。

6.3.10 WTU630

终结者放装 WTU630 如图 6-13 所示。

图 6-13 终结者放装 WTU630

(1) 双频 4 流,整机接入速率为 1.775 Gbps。

(2) 支持 GE 接口。

(3) 最高整机接入用户数为 1024,整机 3 个 GE 接口,最高协商速率为 1.775 Gbps,支持吸顶、86 盒等安装方式。

6.3.11 WTU630H

终结者面板 WTU630H 如图 6-14 所示。

图 6-14 终结者面板 WTU630H

(1) 双频 4 流,整机接入速率为 1.775 Gbps。

(2) 支持 GE 接口。

(3) 最高整机接入用户数,4 个 GE 下行接口,最高协商速率为 1.775 Gbps,支持壁挂、86 盒等安装方式。

6.3.12 WA6630X

室外高密 WA6630X 如图 6-15 所示。

图 6-15 室外高密 WA6630X

(1) 三频 10 流,整机接入速率为 5.375 Gbps。

(2) 支持 GE/5 GE/10 GE 多速率接口。

(3) 内置 BLE/RFID、支持全制式物联网业务扩展。

(4) 最高整机接入用户数为 1536,创新性引入第三频段,最高协商速率为 5.375 Gbps,并发用户访问数增加 10 倍。

6.3.13 WA6620X

室外场景 WA6620X 如图 6-16 所示。

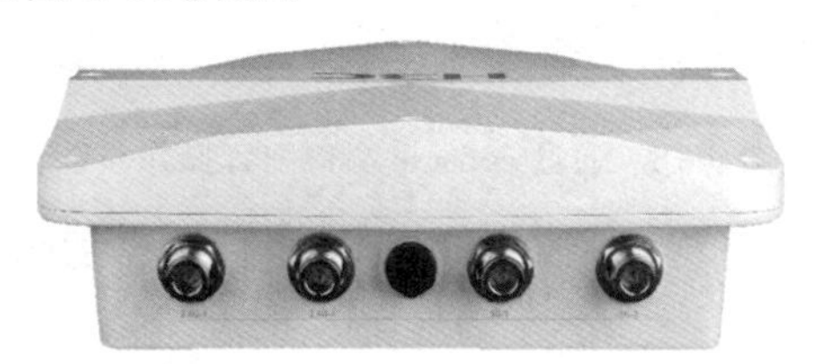

图 6-16 室外场景 WA6620X

(1) 两频 4 流,整机接入速率为 2.4 Gbps。

(2) 支持内置定向天线/外置可扩展。

(3) 内置 BLE/RFID/ZigBee、支持全制式物联网业务扩展。

(4) 最高整机接入用户数为 1024,射频可切,最多 2 个 5 GHz,最高协商速率为 2.4 Gbps,并发用户访问数增加 4 倍。

6.4 H3CV7 fat AP 基本功能与配置

6.4.1 通过 console 端口的命令行方式

在通过 console 端口命令行方式配置 FAT AP 时,需要的相关设备如下。

(1) 主机:带有串口 PC(console 端口)。

(2) 线缆:console 线缆一根。

(3) AP 设备:WA5530 fat AP。

主机串口通过 console 线缆与 fat AP 的 console 端口连接，如图 6-17 所示。

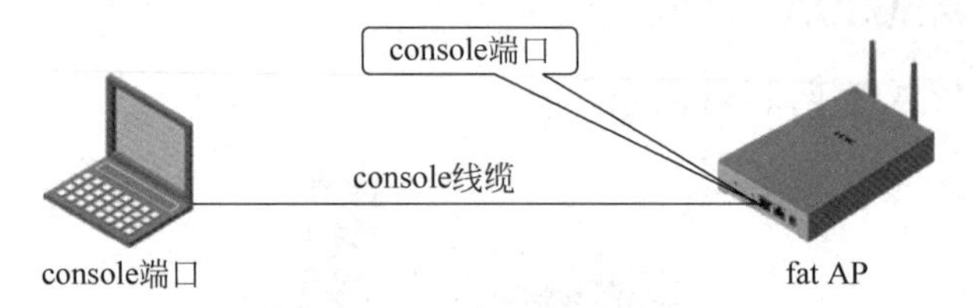

图 6-17 通过 console 端口配置组网

如图 6-18 所示，通过 console 端口配置的操作步骤如下。

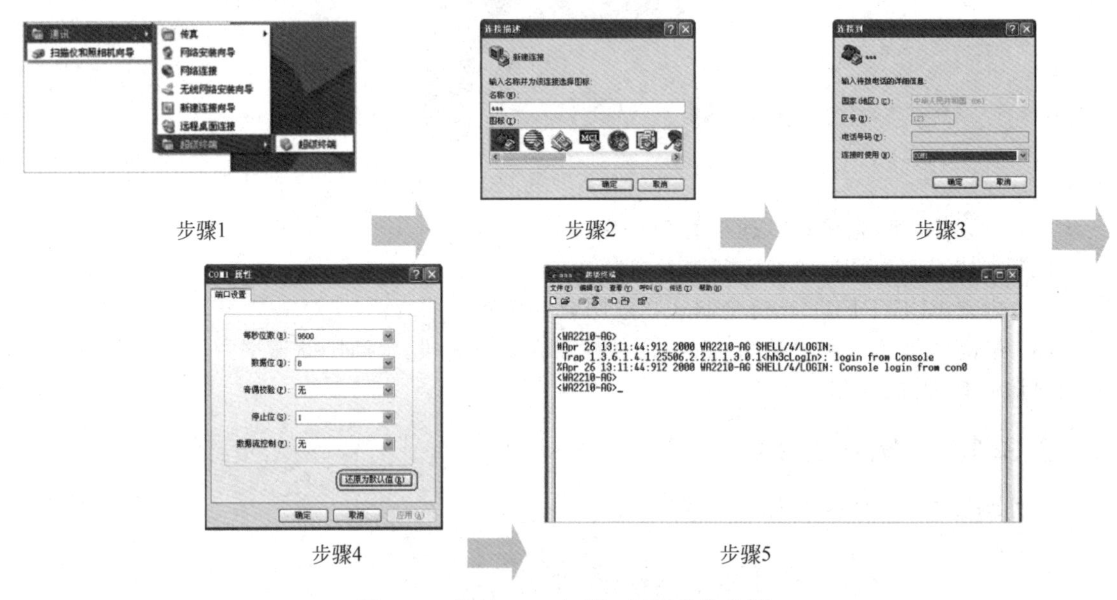

图 6-18 通过 console 端口配置操作步骤

步骤 1：在 PC 中选择“开始”→“所有程序”→“附件”→“通讯”→“超级终端”→“超级终端”命令。

步骤 2：输入新建连接的名称(如 aaa)，以建立连接。

步骤 3：在“连接时使用”下拉列表框中选择当前使用的串口，如 COM1。

步骤 4：设置串口通信的相关参数，具体参数要求如表 6-1 所示。

表 6-1 串口通信参数

每秒位数(B)	9600
数据位(D)	8
奇偶校验(P)	无
停止位(S)	1
数据控制流(F)	无

步骤 5：用户按回车键，之后将出现命令行提示符(如<H3C>)，表示进入 fat AP 的 console 端口命令行操作界面。

在提示符下可以对设备进行相应的配置或查看设备的配置。需要帮助可以随时输入“?”，具体命令请参照相关操作手册。

组网说明如下。

(1) fat AP 上配置两个 VLAN：vlan 1000 和 vlan 256。

(2) vlan 1000 为管理 VALN；vlan 256 为业务 VALN，所有的无线终端都属于 vlan 256。

(3) FAT AP 的管理 IP 地址为 10.10.1.50/24，网关为 10.10.1.254。

(4) SSID 为 H3C-wireless，无认证无加密。

详细配置步骤如下。

步骤 1：创建业务 vlan(vlan 256)和管理 vlan(vlan 1000)，并配置管理 IP 地址。

```
[H3C] vlan 256
[H3C-vlan256] quit
[H3C] vlan 1000
[H3C-vlan1000] quit
[H3C] interface vlan 1000
[H3C-Vlan-interface1000] ip address 10.10.1.50 255.255.255.0
[H3C-Vlan-interface1000] quit
```

步骤 2：将上行以太网口配置为 trunk 类型(图 6-19)。

```
[H3C] interface Ethernet 1/0/1
[H3C-Ethernet1/0/1] port link-type trunk
[H3C-Ethernet1/0/1] port trunk permit vlan all
```

步骤 3：创建无线服务模板(SSID 名称为 H3C-wireless)。

```
[H3C] wlan service-template 1
[H3C-wlan-st-1] ssid H3C-wireless
[H3C-wlan-st-1] vlan 256
[H3C-wlan-st-1] service-template enable
```

步骤 4：在射频卡上绑定无线服务模板，配置 AP 信道为 149、功率为 17 dBm。

```
[H3C] interface WLAN-Radio 1/0/1
[H3C-WLAN-Radio1/0/1] service-template 1
[H3C-WLAN-Radio1/0/1] channel 149
[H3C-WLAN-Radio1/0/1] max-power 17
```

注意：默认情况下，功率为 20 dBm(即 100 mW)；信道为自动选择。

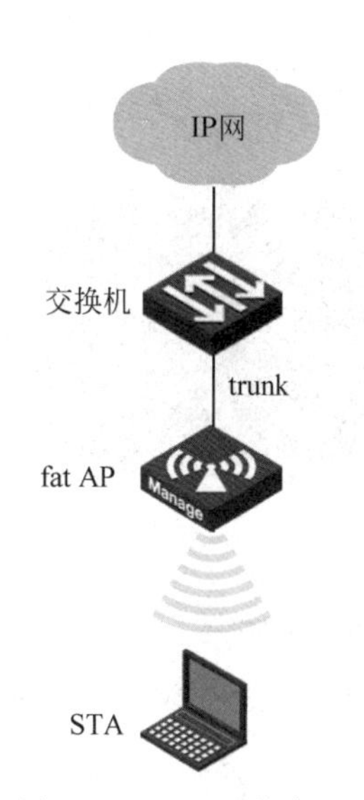

图 6-19 fat AP 的典型应用与配置

步骤 5：配置默认路由。

```
[H3C] ip route-static 0.0.0.0 0 10.10.1.254
```

6.4.2 通过以太端口的 Web 页面方式

在通过 Web 页面方式配置 fat AP 时，需要的相关设备如下。

(1) 主机：带有网口的 PC(配置终端 1)。

(2) 线缆：以太网线一根。

(3) AP 设备：WA5530 系列 fat AP。

主机网口通过以太网线与 fat AP 的以太端口连接，如图 6-20 所示。

通过 Web 页面配置的操作步骤如下。

步骤 1：设置 PC 的 IP 地址，保证与 fat AP 在相同的网段，如 192.168.0.51/24，如图 6-21 所示(H3C fat AP 出厂默认 IP 地址为 192.168.0.50)。

步骤 2：IP 地址设置完成后，通过 ping 192.168.0.50 测试与 fat AP 是否可以正常通信，

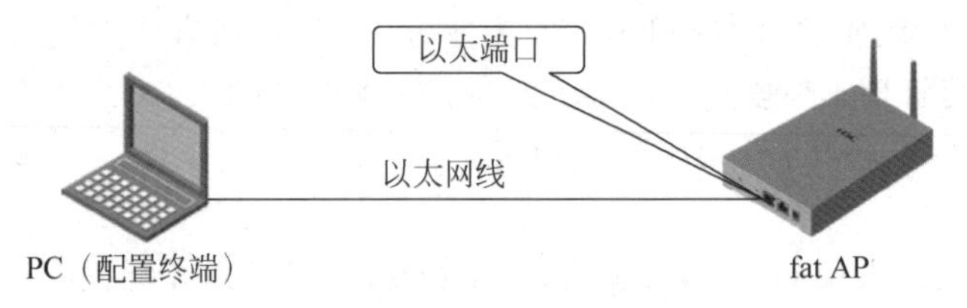

图 6-20 通过 Web 页面配置组网

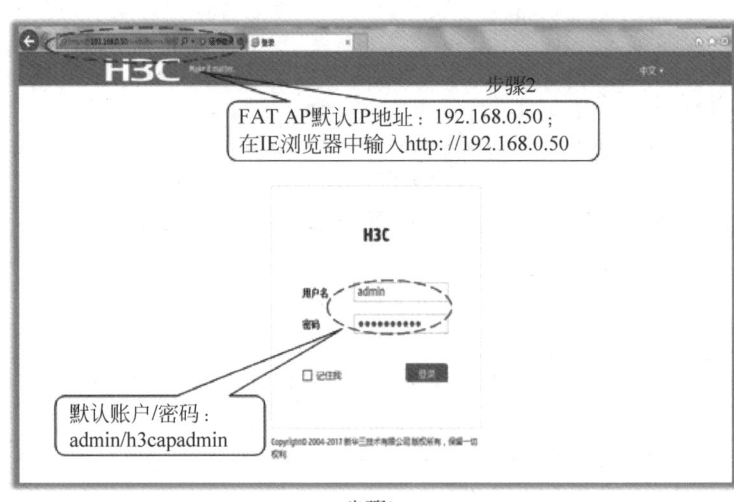

图 6-21 通过 Web 页面操作配置步骤

如图 6-21 所示。

步骤 3：在浏览器中输入 http://192.168.0.50 可以访问 fat AP 的 Web 登录页面，如图 6-21 所示。H3C fat AP 出厂默认 Web 登录的账号为 admin，密码为 h3capadmin，登录成功后即可进入 H3C fat AP 的 Web 管理页面。

图 6-22 显示了 fat AP 的 Web 管理页面。页面的左侧为树管理菜单，包括“快速配置”“网

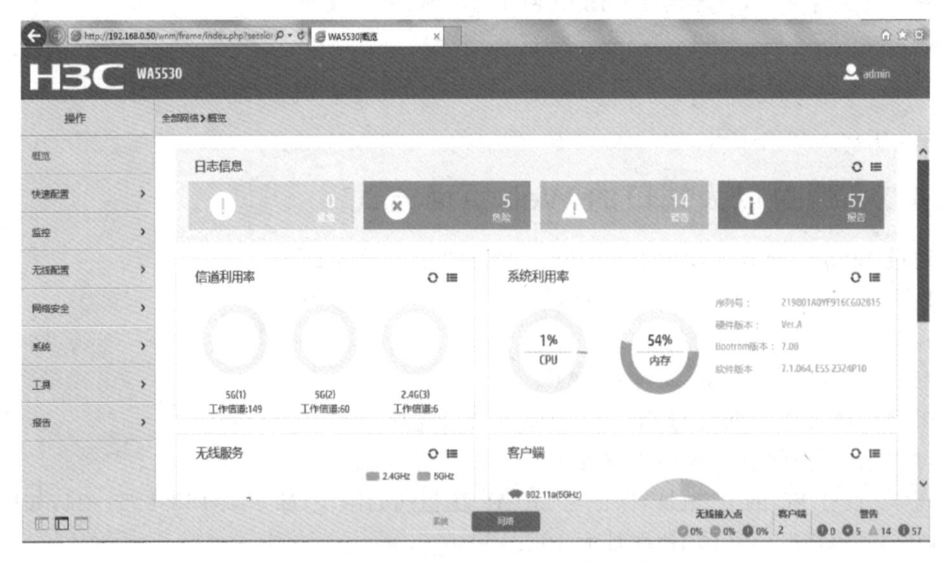

图 6-22 H3C fat AP 的 Web 管理页面

络安全”“无线配置”等多个选项，单击进入相应的选项即可对设备相关配置进行操作；页面中间部分直观地显示了设备当前主要运行状态，包括设备的CPU占用率、内存占用率、接口状态、最近的操作日志等。

6.5 H3C V7无线控制器系列介绍

6.5.1 WX2500X系列产品介绍

WX2500X系列产品如图6-23所示，其特点如下。

图6-23 WX2500X系列

(1) 端口丰富。WAN：2×2.5 Gb，LAN：8×GE+2×SFP+；所有端口可LAN/WAN切换。突破上行瓶颈的同时更易控标。

(2) 性能倍增。WX2500X系列整机转发性能高达10 Gbps，相比于上一代产品，提升了500%；AP待机能力为144，最大用户数提升至4000。

(3) 业务智能。集精细的用户控制管理、完善的射频资源管理、7×24 h无线安全管控、二三层快速漫游、灵活的QoS控制、IPv4&IPv6双栈等多功能于一体。

(4) 功能融合。集网关、AC功能于一体，减少了企业在组网中购买设备的种类和数量，减少了投资。

H3C WX2500X系列无线控制器提供纯千兆以太网光/电有线接入口及上行2个2.5 Gb接口，定位于中小型企业网和大型企业分支机构的一体化接入。

6.5.2 WX3500X系列产品介绍

WX3500X系列产品如图6-24所示，其特点如下。

图6-24 WX3500X系列

(1) 性能倍增：相比于上一代产品，集中转发性能提升100%以上。

WX3510X：(4 Gbps→10 Gbps)。

WX3520X：(10 Gbps→20 Gbps)。

WX3540X：(20 Gbps→40 Gbps)。

(2) 海量待机：相比于上一代产品，全系AP带机量提升150%以上。

WX3510X：(256 bps→384 bps)。

WX3520X：(512 bps→768 bps)。

WX3540X+(1 Kbps→2 Kbps)。

(3) 弹性扩展：固化8GE+8SFP，可通过前置板卡增加8GE+2SFP+。WX3540X在此基础上，可以再通过后置板卡扩展512AP+2SFP+。

(4) 业务智能：通过搭配 WBC 插卡，实现更智能的业务能力，统一管理、统一控制和统一运维。

6.5.3 WX3500X 插卡系列产品介绍

WX3500X 插卡系列产品如图 6-25 所示。

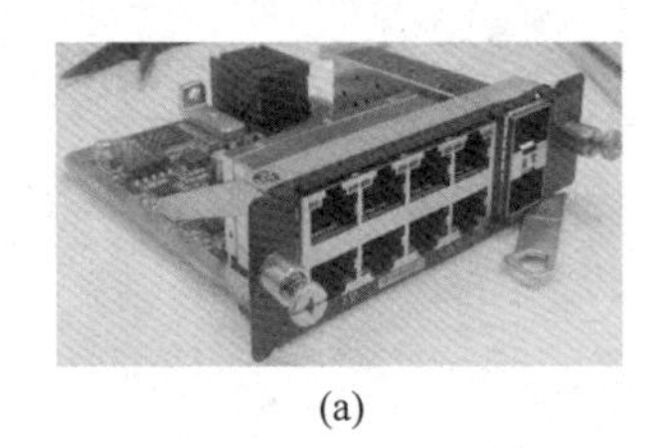
(a)

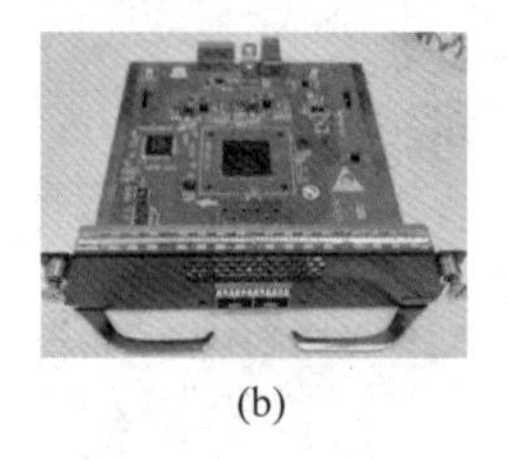
(b)

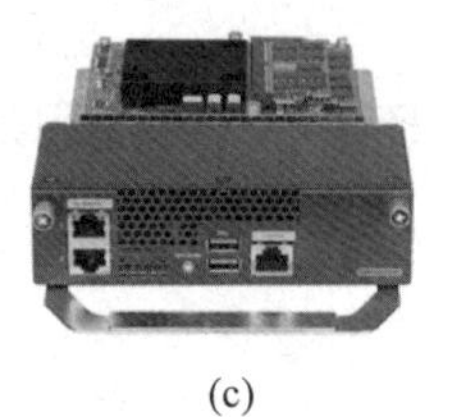
(c)

图 6-25 WX3500X 插卡介绍

(1) 端口扩展卡：额外提供 8GE+2SFP+；前置安装；由于 WX35X 系列固化缺少万兆上行接口，如果需要万兆接口，需要额外配置该接口卡进行支持。

(2) 管理扩展卡：仅限 WX3540X 使用；额外提供 512 AP+2SFP+；后置安装。

(3) WBC 插卡：本地无线智能运维；后置安装；1K AP 运维能力；WX3500X 系列控制器搭配 WBC 插卡可实现统一管理、统一控制和统一运维等功能。

6.5.4 WX5500X 系列产品介绍

WX5500X 系列产品如图 6-26 所示，其特点如下。

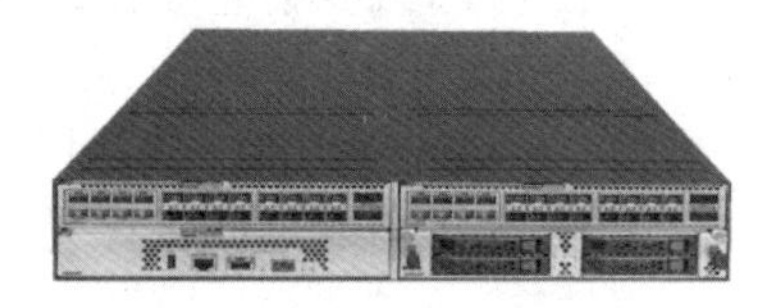

图 6-26 WX5500X 系列

(1) 性能倍增：通过业务加速卡实行弹性扩展。

WX5540X：

搭配 1 块业务加速卡——60 Gbps；

搭配 2 块业务加速卡——120 Gbps。

WX5560X：

搭配 1 块业务加速卡——80 Gbps；

搭配 2 块业务加速卡——160 Gbps。

(2) 海量待机：通过业务加速卡实行弹性扩展。

WX5540X：

搭配 1 块业务加速卡——3.5 Kbps；

搭配 2 块业务加速卡——5 Kbps。

WX5560X：

搭配 1 块业务加速卡——6.5 Kbps；

搭配 2 块业务加速卡——8 Kbps。

(3) 端口丰富：通过业务加速卡实行弹性扩展。

必配 1 块业务加速卡，最大支持 2 块业务加速卡，每个插卡规格：8Combo+(8SFP+ or 2×40 Gbps)。

（4）业务智能：搭配 WBC，实现整网统一运维，助力实现渐进优化的智能化网络。

6.5.5 WCG382 无线中控网关系列产品介绍

WCG382 无线中控网关如图 6-27 所示，其特点如下。

图 6-27 WCG382 无线中控网关

（1）融合产品：融合安全、认证、网管、物联于一体，提供极简开局、智慧办公、行为审计、整网管理、智能运维等多种功能。

（2）场景聚焦：专为中小场景设计，支持 200 AP（集中转发），1000 终端认证，50 交换机管理；整机吞吐 2.5 Gbps，开启安全特性吞吐 500 Mbps。

（3）端口丰富：固化 8GE＋8SFP；硬盘槽位×2（存审计日志）；2 个 USB；1 个 OOBM（带外管理）；1 个 RJ45 console。

（4）灵活扩展：8GE＋2SFP plus 前置扩展；WBC 智能运维卡后置扩展。

6.5.6 插卡 AC-X100 系列产品

AC-X100 系列产品如图 6-28 所示。

图 6-28 AC-X100 系列

（1）系列型号：LSQM1WBCZ720X（for S7500E）；LSUM1WBCZ720XRT（for S105X）。

（2）最高 AP 管理规格 12 K，最强无线插卡转发性能 100 Gbps，电信级高可靠性 IRF，3 个 USB、内置硬盘、VGA 易扩展。

6.5.7 WBC580 系列产品

WBC580-G2-BASE 产品如图 6-29 所示，其特点如下。

图 6-29 WBC580-G2-BASE 产品介绍

（1）支持 xAC：本地转发支持 2048 AP；最大集中转发性能 10 Gbps；按需配置 AP license。

（2）本地智能运维：本地运维 AP 能力 12 K；可以和 xAC 同时使用；运维功能不需要额外配置授权。

(3) 垂直备份：支持双链路备份；本地转发支持1024 AP备份能力；可以对WX25X WX35X提供备份能力。

(4) master AC：实现整网统一管理、统一控制、统一运维；与WX5500X系列控制器搭配使用。

6.5.8 无线控制器的license功能

license激活。

步骤1：用户先购买license的软件授权函，其中包含license-key。

步骤2：设备信息的提取命令，记录S/N并导出设备信息DID文件。

```
[H3C]display license device-id
SN: 210235A0UDC12B000105
Device ID: cfa0:/license/210235A0UDC12B000105.did
```

步骤3：在www.h3c.com.cn网站上注册获取激活码。首次激活需要提交的注册信息包括授权码(即license-key)、设备S/N、设备信息DID文件等。

步骤4：将获取到的激活文件通过FTP或TFTP等方式上传到设备的存储介质上。

步骤5：在设备上通过命令添加license。

license注册。

license添加命令。

```
[sysname]license activation-file  install cfa0:/xxxxxxxxxxxxxxxxxx.ak
```

license显示命令。

```
<sysname> display license
```

如果Current State显示为In use，则说明安装成功。

注意：V7/V9设备添加新license无须重启设备，AC即时生效，V5设备添加新license后需重启生效。

IRF堆叠V7 license策略：

(1) IRF组网下V7风格license总数为堆叠设备V7风格license总和；

(2) IRF分裂后，每台AC会维持堆叠时的license能力30天，30天后各自恢复成自身安装的license能力；

(3) IRF分裂后如果重启AC，会立即恢复原本自身安装的license能力。

IRF堆叠V5 license策略：

(1) IRF组网下V5风格license总数取堆叠设备V5风格license最小值；

(2) IRF分裂后，每台AC会维持堆叠时的license能力30天，30天后各自恢复成自身安装的license能力；

(3) IRF分裂后如果重启AC，会立即恢复原本自身安装的license能力。

注意：仍有V5风格license在使用的局点，谨慎使用IRF堆叠。

6.6 H3C无线控制器+fit AP的基本配置

H3C无线控制器+fit AP组网如图6-30所示。

三层交换机的主要配置如下。

步骤1：创建需要的VLAN并配置对应的VLAN接口地址。

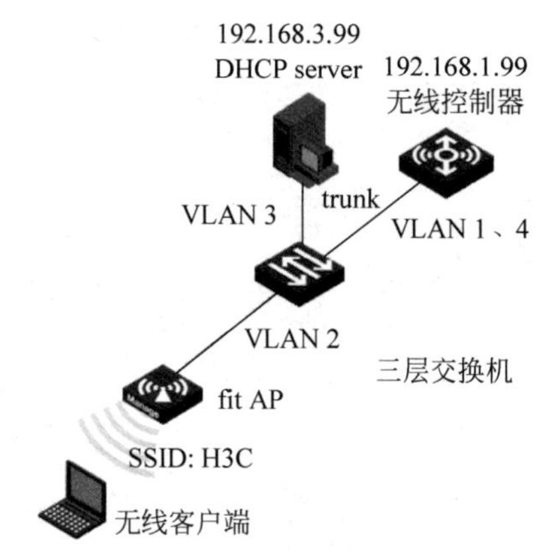

图 6-30 H3C 无线控制器+fit AP 组网

```
[SW] vlan 2
[SW] vlan 3
[SW] vlan 4
[SW] interface vlan 1
[SW-Vlan-interface1] ip address 192.168.1.254 255.255.255.0
[SW] interface vlan 2
[SW-Vlan-interface2] ip address 192.168.2.254 255.255.255.0
[SW] interface vlan 3
[SW-Vlan-interface3] ip address 192.168.3.254 255.255.255.0
[SW] interface vlan 4
[SW-Vlan-interface4] ip address 192.168.4.254 255.255.255.0
```

步骤 2：在 fit AP 和无线终端所在的 VLAN 接口上启用 DHCP relay 功能。

```
[SW]dhcp enable
[SW]dhcp relay server-group 1 ip 192.168.3.99
[SW-Vlan-interface2]dhcp select relay
[SW-Vlan-interface2]dhcp relay server-select 1
[SW-Vlan-interface4]dhcp select relay
[SW-Vlan-interface4]dhcp relay server-select 1
```

说明：本例中，fit AP 与 DHCP server 不在同一网段，所以需要在 fit AP 的网关上启用 DHCP relay 功能，以保证 fit AP 可以动态获取 IP 地址；同时无线终端也要动态获取 IP 地址，所以同样需要在无线终端的网关上启用 DHCP relay 功能。

无线控制器的主要配置如下。

步骤 1：创建需要无线服务模板，配置 SSID 名称为 H3C，绑定无线接口。

```
[WX] wlan service-template 1
[WX-wlan-st-1] ssid H3C
[WX-wlan-st-1] vlan 4
[WX-wlan-st-1] service-template enable
```

步骤 2：根据 fit AP 的具体型号和序列号添加 AP，并在 AP 的射频卡 radio 上绑定服务模板，配置信道 149。

```
[WX] wlan ap ap1 model WA5300
[WX-wlan-ap-ap1] serial-id 210235A22W0074000123
[WX-wlan-ap-ap1] radio 1
[WX-wlan-ap-ap1-radio-1] service-template 1
[WX-wlan-ap-ap1-radio-1] channel 149
[WX-wlan-ap-ap1-radio-1] radio enable
```

以 Microsoft DHCP server 为例，DHCP server 的相关配置方法如图 6-31 所示。

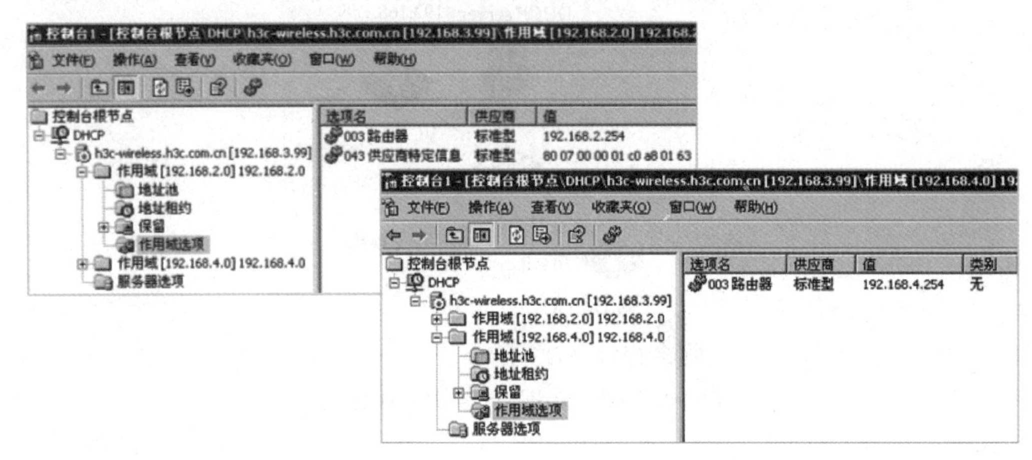

图 6-31 DHCP server 相关配置

本例中，通过 Microsoft DHCP server 向 fit AP 和无线终端分配地址。

其中，利用 DHCP server 的 option 43 字段向 fit AP 下发无线控制器 IP 地址，实现 fit AP 跨越 3 层网络在 AC 上的注册。

FIT AP 属于 192.168.2.0/24 网段，所以在 192.168.2.0/24 网段的地址池中需要下发网关(192.168.2.254)和 option 43 字段，其中，无线控制器的 IP 地址为 192.168.1.99，故根据 option 43 的填写规则，此字段下发的信息如下：

```
80 07 00 00 01 c0 a8 01 63
```

无线终端属于 192.168.4.0/24 网段，所以在 192.168.4.0/24 网段的地址池中需要下发网关(192.168.4.254)。

option 43 选项说明如下。

80：选项类型，固定为 80，1 个 B。

07：选项长度，表示其后内容的长度(十六进制数的个数，07 就表示后面有 7 个十六进制数)，1 个 B。

0000：server type，固定配为 0000，2 个 B。

01：后面 IP 地址的个数，1 个 B。

c0a80163：无线控制器的 IP 地址的十六进制表示。

6.7 小结

(1) H3C V7 fit AP 系列产品。

(2) H3C V7 fit AP 的基本配置操作。

(3) H3C V7 无线控制器系列产品。

(4) H3C V7 无线控制器＋fit AP 的基本配置操作。

第7章

WLAN基础组网原理

随着 WLAN 技术的不断发展，WLAN 设备的产品形态也越来越丰富，如 fat AP、fit AP、cloud AP、无线控制器、无线网桥等。本章主要为大家讲解这些 WLAN 设备的主要工作原理及常见的应用部署方式。

7.1 课程目标

(1) 掌握 fat AP 原理及特点。

(2) 掌握 cloud AP 原理及特点。

(3) 掌握无线控制器＋fat AP 系统特点。

(4) 掌握无线控制器＋fat AP 注册流程与数据转发原理。

(5) 了解 CAPWAP 协议。

(6) 了解 WLAN 设备的典型部署方式。

7.2 WLAN 相关设备

WLAN 网络中可能会包含以下 WLAN 相关设备如图 7-1 所示。

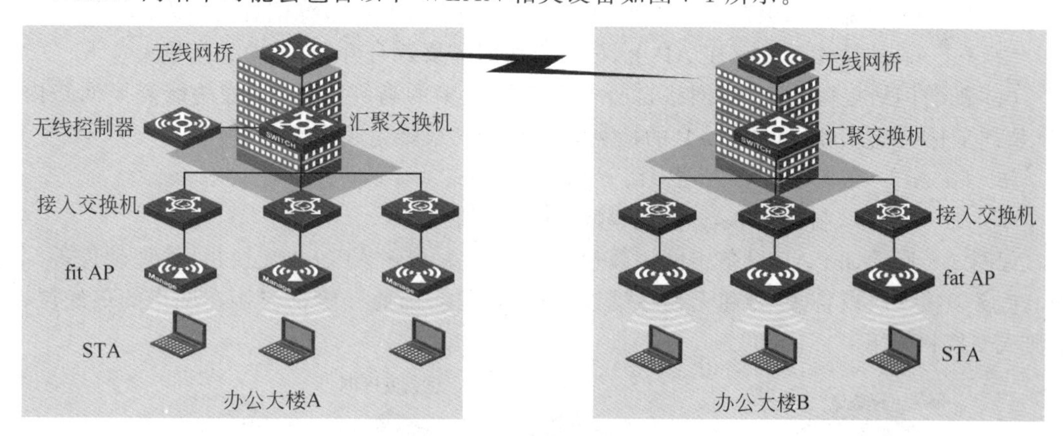

图 7-1 WLAN 相关设备

(1) STA：带有无线网卡的 PC 或便携式计算机等无线终端。

(2) AP：AP 提供无线终端到局域网的桥接功能，在无线终端与 WLAN 之间进行无线到有线和有线到无线的帧转换，AP 包括 fat AP 和 fit AP 两种形态。

(3) 无线控制器(access controller，AC)：无线控制器对 WLAN 中的 fit AP 及 STA 进行控制和管理，无线控制器还可以通过与认证服务器交互信息来为无线用户提供接入认证服务。

(4) 无线网桥：通过无线接口将两个网络(有线或无线网络)桥接起来的网桥设备。

常见的组网方式有如下两种。

(1) fat AP方式：由fat AP对接入无线终端进行管理，适用于小型无线网络环境。

(2) 无线控制器+fit AP方式：由无线控制器集中对接入的无线终端和fit AP进行管理，适用于大中型无线网络环境。

7.3 fat AP

fat AP将WLAN的PHY层、用户数据加密、用户认证、QoS、网络管理、漫游技术，以及其他应用层的功能集于一身，俗称胖AP。每个fat AP都是一个独立的自治系统，相互之间独立工作，如图7-2所示。

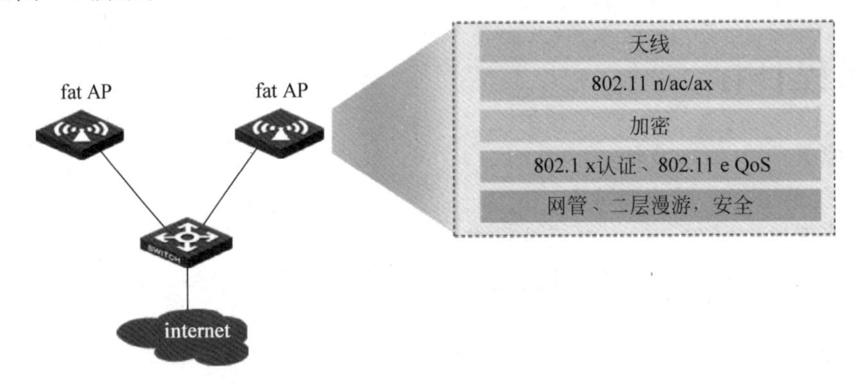

图7-2 fat AP设备功能

在实际使用中，fat AP会有以下几方面的限制。

(1) 每台fat AP都只支持单独进行配置，组建大型网络对于AP的配置工作量巨大。

(2) fat AP的配置都保存在AP上，AP设备的丢失可造成系统配置的泄露。

(3) fat AP的软件都保存在AP上，软件升级时需要逐台升级，维护工作量大。

(4) 随着网络规模的变大，网络自身需要支持更多的高级功能，这些功能需要网络内的AP协同工作(非法用户和非法AP的检测等)，fat AP很难完成这类工作。

(5) fat AP一般都不支持三层漫游。

(6) AP功能多，制造成本高，大规模部署时投资成本大。

如图7-3所示，fat AP设备组网一般包含以下设备：fat AP、L2交换机、管理软件等。由于AP属于接入层设备，需要和无线终端设备进行连接，因此一般都连接在网络的最底层，处于接入交换机以下。

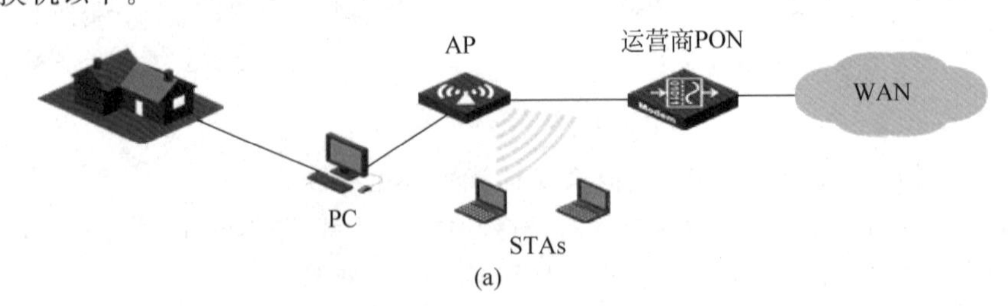

图7-3 fat AP设备的典型组网

(a) 家庭或soho网络的组网模式；(b) 企业网络的组网模式

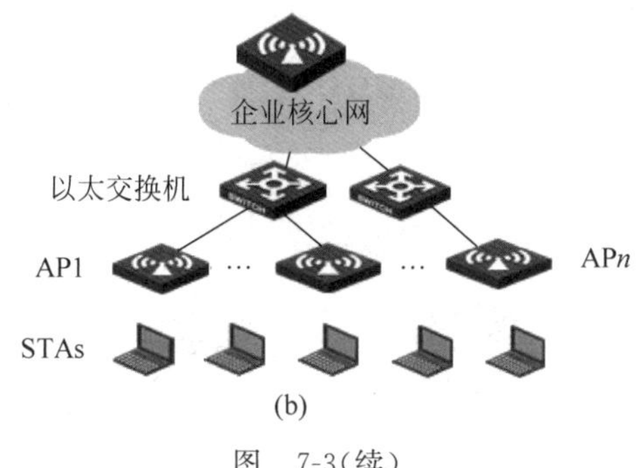

图 7-3(续)

fat AP 组网适合规模较小并对管理和漫游要求比较低的无线网络部署。

由于 fat AP 自身的特点,fat AP 组网只适合在家庭和中小型网络中使用,无法满足大型的无线企业网络的需求。因此,无线控制器和 fit AP 应运而生,以满足大型无线网络的建设及更多的增值服务。

7.4 无线控制器+fit AP

在无线控制器+fit AP 方案中,由无线控制器和 fit AP 配合在一起提供传统 AP 的功能,如图 7-4 所示,无线控制器集中处理所有的安全、控制和管理功能,fit AP 只提供可靠的、高性能的射频功能。

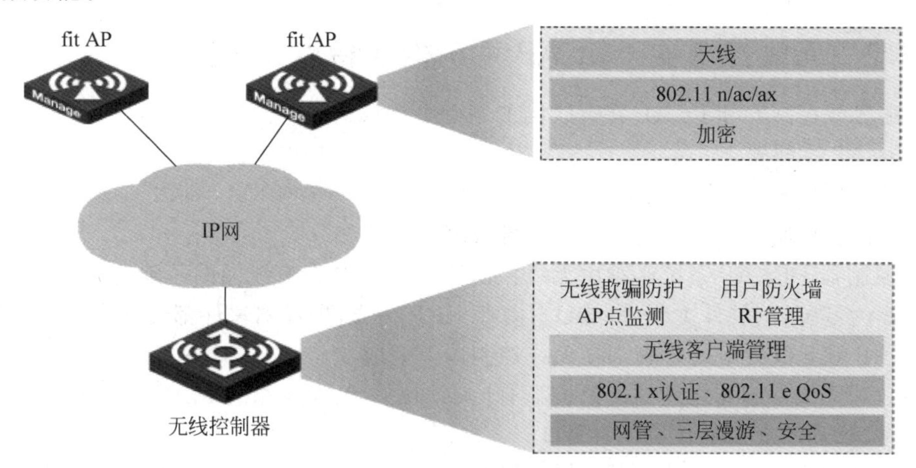

图 7-4 无线控制器和 fit AP 的功能

无线控制器+fit AP 方案除了具有易于管理等特点之外,还能支持快速漫游、QoS、无线网络安全防护、网络故障自愈等高级功能。

注意: fat AP 和 fit AP 只是软件特性和组网模式的区别,它们所承载的 AP 硬件可能都是一样的。

7.4.1 无线控制器和 fit AP 的连接方式

如图 7-5 所示,无线控制器和 fit AP 支持 3 种连接方式: 直接连接、通过二层网络连接和跨越三层网络连接。

直接连接: 此连接方式最为简单,只需要将 fit AP 与无线控制器连接即可,但通常受到无

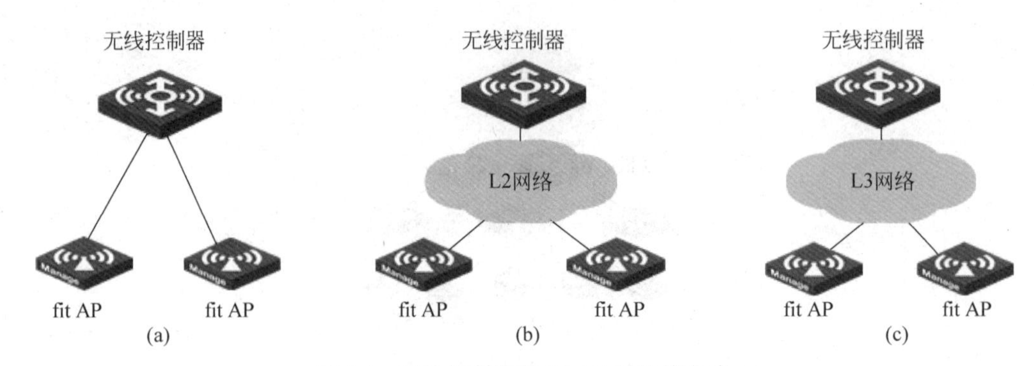

图 7-5 无线控制器和 fit AP 的连接方式

(a) 直接连接；(b) 通过二层网络连接；(c) 跨越三层网络连接

线控制器端口数量限制，直连 AP 的数量有限，因此一般不会采用此连接方式。

通过二层网络连接：可以通过 L2 交换机扩展端口数量，实现较多数量的 fit AP 与无线控制器之间实现二层连接，但必须保证无线控制器与 fit AP 之间为二层网络结构。

跨越三层网络连接：此连接方式不仅可以实现大量 AP 的连接，而且可以实现无线控制器与 fit AP 之间跨越三层网络的连接，只要 fit AP 与无线控制器之间三层路由可达即可，但需要 DHCP server 和 DNS server 等设备的配合。

由于无线控制器与 fit AP 之间支持以上 3 种连接方式，因此无线控制器和 fit AP 之间的连接基本上不受网络结构的限制，可以在任何现有的二层或三层网络中部署无线控制器＋fit AP 的无线解决方案。

7.4.2 无线控制器＋fit AP 系统构成特点

(1) 由无线控制器和 fit AP 在有线网的基础上构成的。

(2) fit AP 零配置。

(3) fit AP 和无线终端由无线控制器集中管理。

(4) 可以在任何现有的二层或三层网络中部署。

无线控制器＋fit AP 系统必须由无线控制器和 fit AP 在有线网的基础上构成。

fit AP 为零配置，硬件主要由 CPU＋内存＋RF 构成，配置和软件都要从无线控制器上下载。所有 AP 和无线终端的管理都在无线控制器上完成。

fit AP 和无线控制器之间的流量被私有协议加密；无线终端的 MAC 只出现在无线控制器的逻辑端口，而不会出现在 AP 的端口。

可以在任何现有的二层或三层 LAN 拓扑上部署 H3C 的通用无线解决方案，而不需要重新配置主干或硬件。无线控制器及 fit AP 可以位于网络中的任何位置。

由于 fit AP 为零配置启动，需要从无线控制器上下载配置和软件，因此 fit AP 通过一定的注册流程来保证在复杂的网络环境中找到无线控制器的位置，才可以和无线控制器完成数据交互。

7.4.3 fit AP 的注册流程

AP 与无线控制器直连或通过二层网络连接时，如图 7-6 所示，其注册流程如下。

(1) AP 通过 DHCP server 获取 IP 地址。

(2) AP 发出二层广播的发现请求报文，试图联系一个无线控制器。

(3) 接收到发现请求报文的无线控制器会检查该 AP 是否有接入本机的权限，如果有，则回应发现响应。

(4) AP 从无线控制器上下载最新软件版本、配置。

(5) AP 开始正常工作和无线控制器交换用户数据报文。

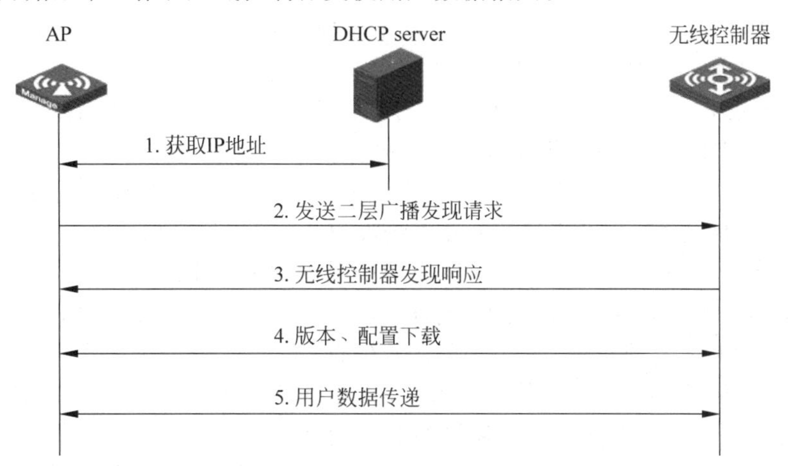

图 7-6 AP 直连或通过二层网络连接时的注册流程

可见,fit AP 与无线控制器直连或通过二层网络连接时,需要 DHCP server 才能完成 fit AP 在无线控制器上的注册。fit AP 上电启动后的第一步是通过 DHCP 动态获取 IP 地址,只有在成功获取 IP 地址后,fit AP 才会发送二层广播发现请求以寻找无线控制器。

无线控制器在收到 fit AP 的发现请求后会检查 fit AP 的接入权限,如果 AP 有接入权限则发送响应报文,fit AP 与无线控制器之间就实现了数据的交互。

如图 7-7 所示,AP 与无线控制器通过三层网络连接,采用 option 43 方式的注册流程如下。

(1) AP 通过 DHCP server 获取 IP 地址、option 43 属性(此属性携带无线控制器的 IP 地址信息)。

(2) AP 会从 option 43 属性中获取无线控制器的 IP 地址,然后向无线控制器发送单播发现请求。

(3) 接收到发现请求报文的无线控制器会检查该 AP 是否有接入本机的权限,如果有则回应发现响应。

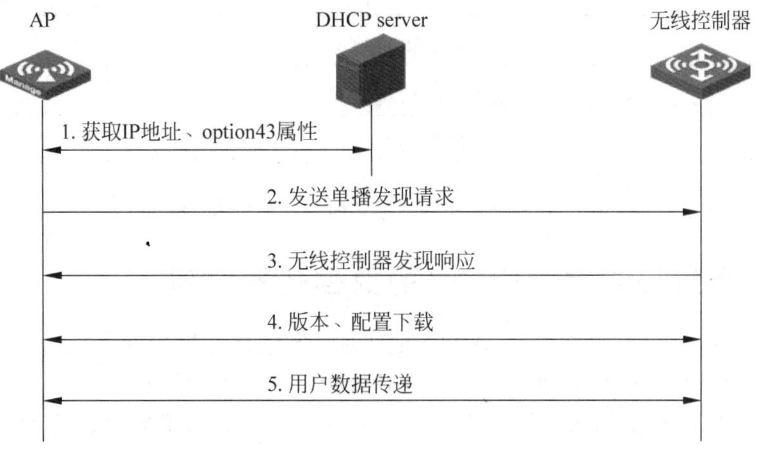

图 7-7 AP 通过三层网络连接时的注册流程-option 43 方式

(4) AP 从无线控制器上下载最新软件版本、配置。

(5) AP 开始正常工作和无线控制器交换用户数据报文。

可见,fit AP 通过 option 43 方式与无线控制器之间通过三层网络注册时,关键需要 DHCP server 支持 option 43 字段,在向 fit AP 下发地址的 DHCP-Offer 报文中携带 option 43 字段,利用此字段向 fit AP 下发无线控制器的 IP 地址信息。

如图 7-8 所示 AP 与无线控制器通过三层网络连接,采用 DNS 方式的注册流程如下。

(1) AP 通过 DHCP server 获取 IP 地址、DNS server 地址、域名。

(2) AP 发出二层广播的发现请求报文,试图联系一个无线控制器(由于此时 AP 与无线控制器通过三层网络连接,因此无线控制器无法收到 AP 的二层广播请求)。

(3) AP 在多次尝试二层发现请求无回应的情况下,AP 向 DNS server 发送 DNS 解析请求(AP 要求解析 H3C. XXX. XXX 的 IP 地址,其中 XXX. XXX 是从 DHCP server 得到的域名,H3C 为新华三技术有限公司 AP 添加的固定信息)。

(4) DNS server 在收到 AP 的解析请求后,回复 DNS 解析响应,将 H3C. XXX. XXX 解析为 IP 地址信息(该 IP 地址即为无线控制器的 IP 地址)。

(5) AP 通过 DNS 解析获取无线控制器 IP 地址后,向无线控制器发送单播发现请求。

(6) 接收到发现请求报文的无线控制器会检查该 AP 是否有接入本机的权限,如果有则回应发现响应。

(7) AP 从无线控制器上下载最新软件版本、配置。

(8) AP 开始正常工作和无线控制器交换用户数据报文。

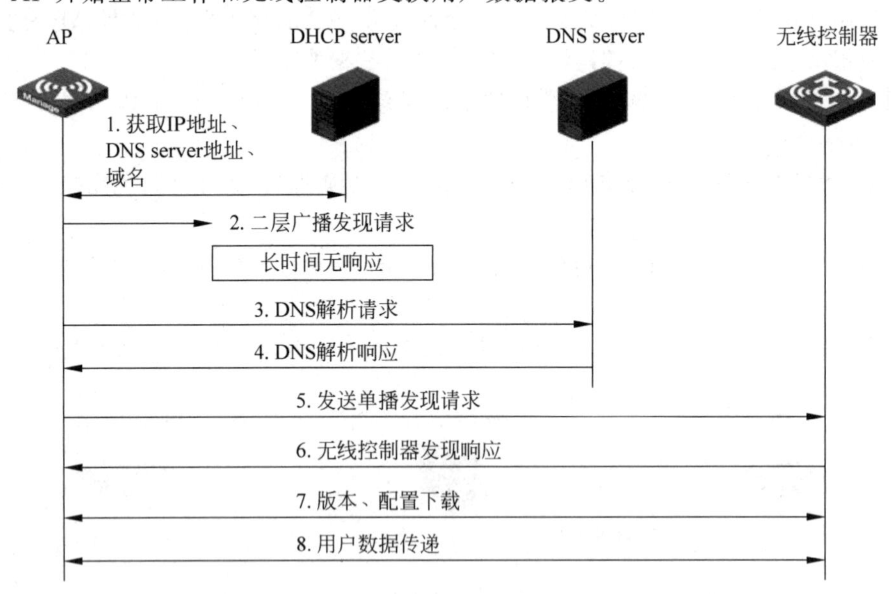

图 7-8 AP 通过三层网络连接时的注册流程-DNS 方式

7.4.4 无线控制器+fit AP 的数据转发原理

如图 7-9 所示,无线控制器和 fit AP 间的数据转发的核心思想如下。

(1) 在无线控制器和 AP 之间建立 IP in IP 隧道,无线控制器将这些隧道看作虚拟端口。

(2) STA 的任何数据报文都将由 AP 通过 IP in IP 隧道交给无线控制器,由无线控制器统一转发。

(3) 无线控制器从 IP in IP 隧道接收到用户的数据后,先解隧道封装,然后做数据交换,如果出接口为隧道则对数据报文再次加上隧道封装，直到交换到最远端。

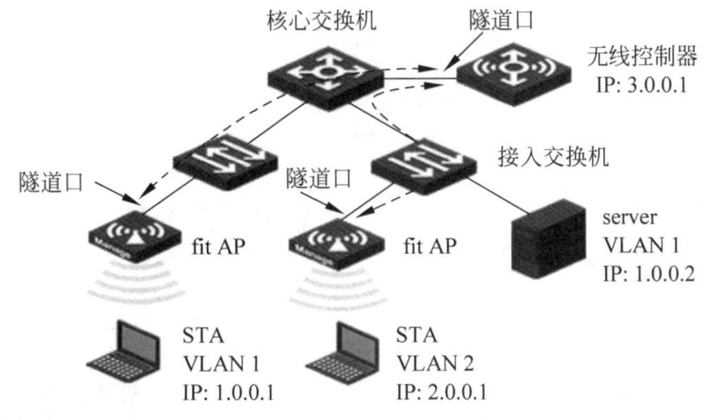

图 7-9 无线控制器＋fit AP 的数据转发原理

在逻辑上，可以认为 fit AP 与无线控制器之间为直连，fit AP 无条件地将任何用户数据报文直接通过隧道交给无线控制器。所以在集中转发的模式下，即使连接在同一 fit AP 下的两个 STA 通信，它们之间的数据交换也将通过无线控制器。

图 7-10 显示了无线侧的 STA 向有线侧 PC 发送数据时的数据转发流程。

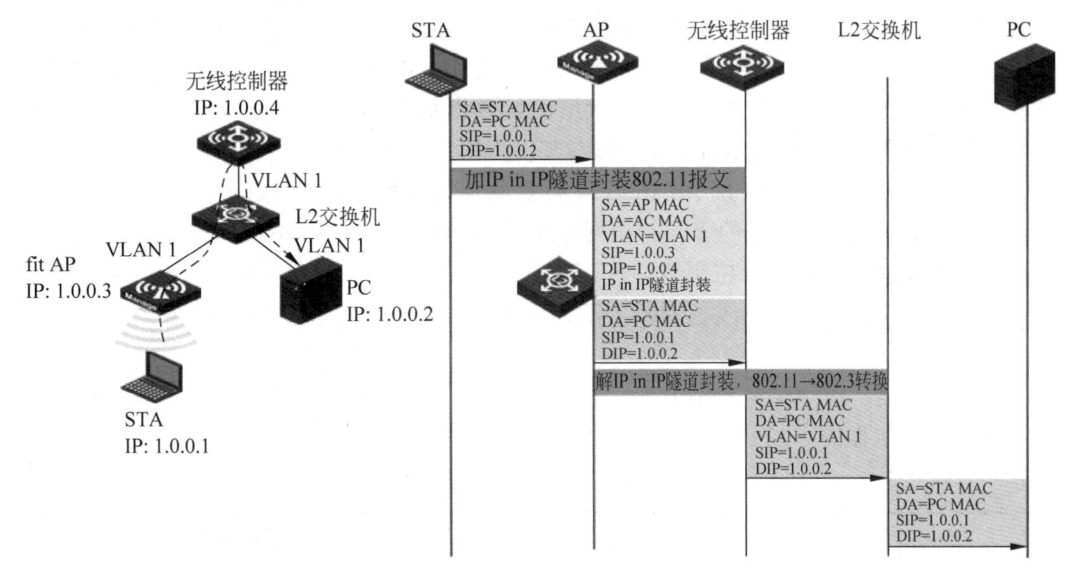

图 7-10 STA→PC 的数据转发

(1) STA 发出的数据的源地址为 STA 地址，目的地址为 PC 地址。

(2) 数据到达 fit AP 后，fit AP 在原数据前加上 IP in IP 的隧道封装，新的 IP 头中源地址为 fit AP 地址，目的地址为无线控制器地址。

(3) 报文通过中间网络设备到达无线控制器后，无线控制器首先拆除 IP in IP 的隧道封装以查看真正的目的地址，真正的目的地址为 PC 地址，无线控制器则根据相关二、三层转发原理将报文交换出去。

图 7-11 显示了无线终端 STA2 向 STA1 发送数据时的数据转发流程。

① STA2 发出的数据的源地址为 STA2 地址，目的地址为 STA1 地址。

② 数据到 fit AP2 后，fit AP2 在原数据前加上 IP in IP 的隧道封装，新的 IP 头中源地址为 fit AP2 地址，目的地址为无线控制器地址。

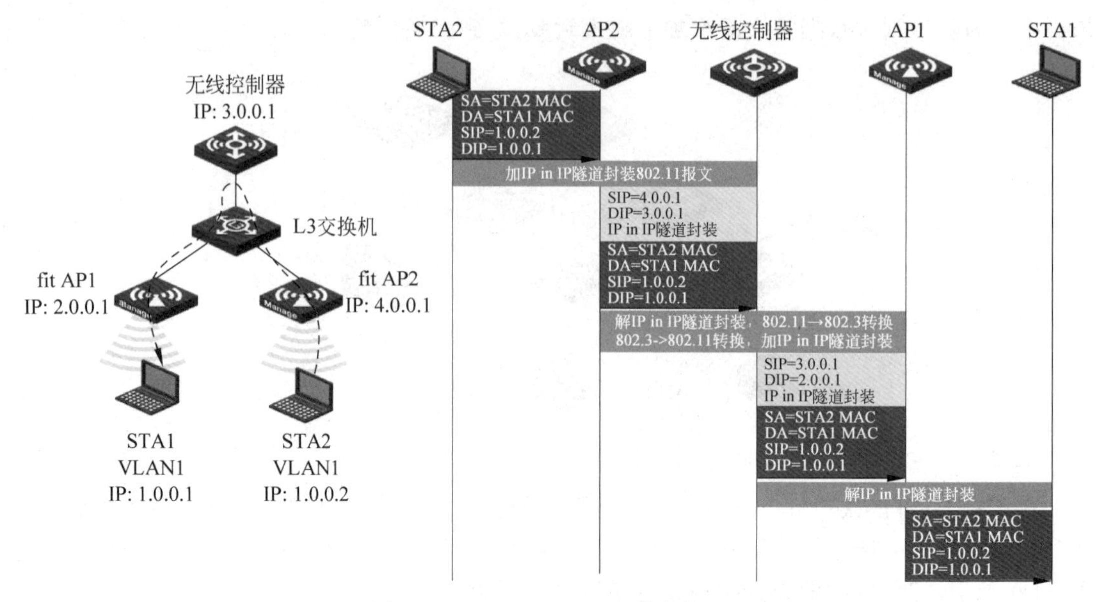

图 7-11 STA2→STA1 的数据转发

③ 报文通过中间网络设备到达无线控制器之后，无线控制器先拆除 IP in IP 的隧道封装以查看真正的目的地址，真正的目的地址为 STA1 地址。由于 STA1 仍然为无线控制器管理下的一个无线终端，因此无线控制器会再次给原始数据加上 IP in IP 的封装，此时新的 IP 头中源地址为无线控制器，目的地址为 fit AP1(STA1 所连接的 AP)。

④ 隧道报文到达 fit AP1 后，由 fit AP1 拆除隧道封装后交给 STA1。

由表 7-1 可知，相比较传统的 fat AP 组网方式，无线控制器+fit AP 的组网方式有如下优点。

(1) 增强管理性。由无线控制器对 STA 及 fit AP 进行统一集中管理，管理方便。

(2) 高安全性。通过在无线控制器上配置用户安全策略，射频环境监控，可以实现更高的安全性。

(3) 维护简便。fit AP 本身零配置，由无线控制器统一下发，在进行版本升级、配置修改时可通过无线控制器统一控制。

表 7-1 fat AP 与 fit AP 方案比较

类别	fat AP 方案	fit AP 方案
技术模式	传统主流	新生方式，增强管理
安全性	传统加密、认证方式，普通安全性	增加射频环境监控，基于用户位置安全策略，高安全性
网络管理	对每 AP 下发配置文件	无线控制器上配置好文件，AP 本身零配置，维护简单
用户管理	类似有线，根据 AP 接入的有线端口区分权限	无线专门虚拟专用组方式，根据用户区分权限，使用灵活
WLAN 组网规模	L2 漫游，适合小规模组网	L2、L3 漫游，拓扑无关性，适合大规模组网
增值业务能力	实现简单数据接入	可扩展语音等丰富业务

另外，由于无线控制器具有快速漫游、QoS、无线网络安全防护、网络故障自愈等功能，因此能够实现更多的增值业务，如 Wi-Fi 语音、视频等。

7.5　CAPWAP 协议

(1) AC 和无线终端间的 IP in IP 隧道由 CAPWAP 协议规范(RFC 5415/5416/5417)。

(2) CAPWAP 如图 7-12 所示，定义了 AC 和 fit AP 之间的数据封装和传输机制，并能完成对 fit AP 的集中配置下发、用户接入管理和漫游管理。

(3) CAPWAP 在 fit AP 和 AC 间采用 UDP 终端/服务器模型通信。H3C 的 AC 监听端口号：5247(数据隧道)、5246(控制隧道)。

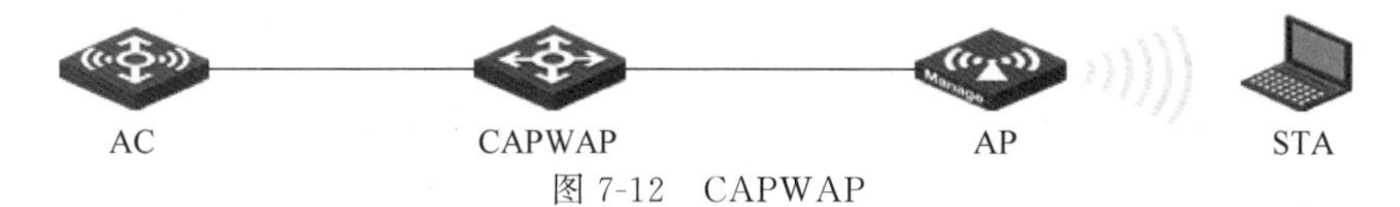

图 7-12　CAPWAP

fit AP 和控制器 AC 之间的隧道协议使用的是 CAPWAP 协议。

CAPWAP 协议定义了 AP 与 AC 之间通信的接口规范，为实现 AP 和 AC 之间的互通性提供一个通用封装和传输机制。

通过 CAPWAP 协议，AC 能实现对 AP 的集中配置下发、AP 软件版本管理、用户接入管理和漫游管理。

(1) CAPWAP 报文分为数据报文和控制报文。数据报文用于转发无线网络中的数据帧，控制报文用于实现 CAPWAP 的隧道管理和控制功能。

(2) CAPWAP 数据隧道封装格式：

CAPWAP 协议采用标准 IP/UDP 封装。如图 7-13 所示，接着 UDP 头部为 16 B 长度的 CAPWAP 传输头。16 B 字段中包括 version、type、HLEN、radio ID、WBID 等 CAPWAP 头消息。

802.3	IP头	UDP头	CAPWAP头	802.11	MP DU
				802.11数据帧	

图 7-13　CAPWAP 数据封装

CAPWAP 的管理和控制，如图 7-14 所示，按 AP 注册的时间顺序可以分 5 个阶段：发现、隧道控制管理、软件版本管理、设备配置管理、移动会话管理。

(1) 发现。发现过程主要用到两类控制报文：发现请求(discovery request)报文和发现响应(discovery response)报文，主要用于 AP 发现当前可提供服务的所有 AC，以及了解 AC 的能力与负载情况。

(2) 隧道控制管理。控制通道管理报文用于创建于保持 AP 和 AC 之间的通信通道。包括 join request/join response、与 STA 安全认证相关的 join ACK/join confirm 及维持 AP 在线保活的 echo request/echo response。

(3) 软件版本管理。AP 通过 image date request 向 AC 请求配套的软件版本，AC 通过 image date request 向 AP 发送版本文件。

(4) 设备配置管理。AP 通过 configuration request 向 AC 请求最新配置，AC 通过 configuration response 给予应答。如果在运行过程中 AC 侧有修改 AP 相关配置，AC 会主动向 AP 发送 configuration update request 报文对 AP 配置进行在线动态修改。

(5) 移动会话管理。移动会话管理其实也就是 STA session，用于 AC 在 AP 中创建、修改或删除 STA 的 session。相关报文有 mobile config request/response。

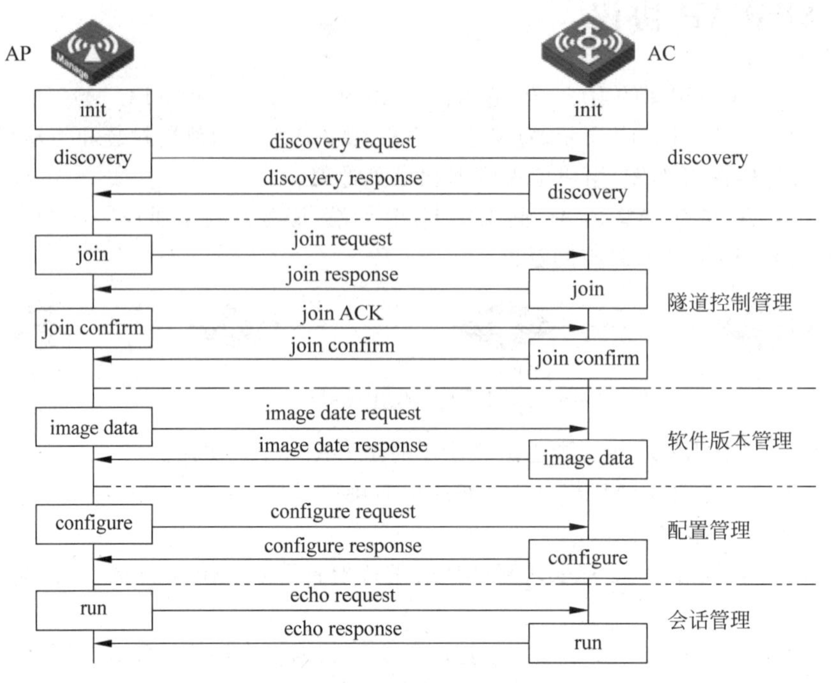

图 7-14 CAPWAP 管理和控制

7.6 cloud AP 设备功能

如图 7-15 所示，cloud AP 是 fat AP 的一种演化使用，在 fat AP 原有的基础上增加公有云的管理服务，通过公有云的服务器对 fat AP 实现配置和集中管理。H3C 的 cloud AP 配合 H3C 的公有云方案云简网络部署，对于中小商业客户而言只需要投入 AP 的价格即可使用服务，方便微小局点使用。

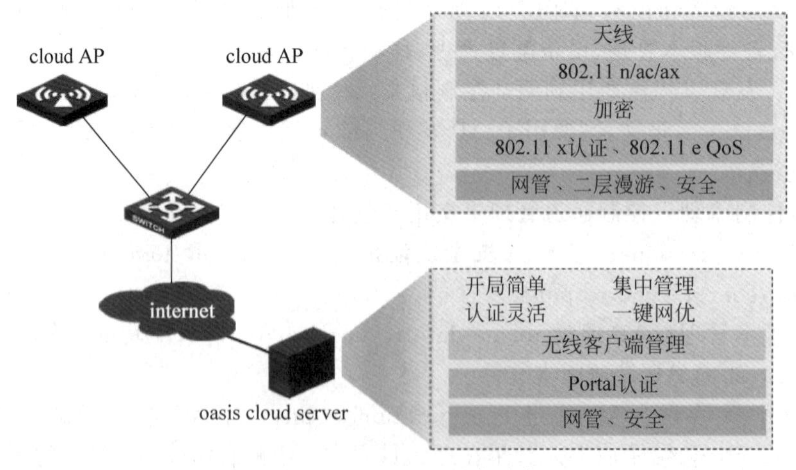

图 7-15 cloud AP 设备功能

7.7 cloud AP 设备的典型组网

如图 7-16 所示，cloud AP 适用的场景往往类似一个城市的门店经营，统一的配置和统一的架构，甚至可以依托公有云方案提供统一的认证界面，提供推广和服务。

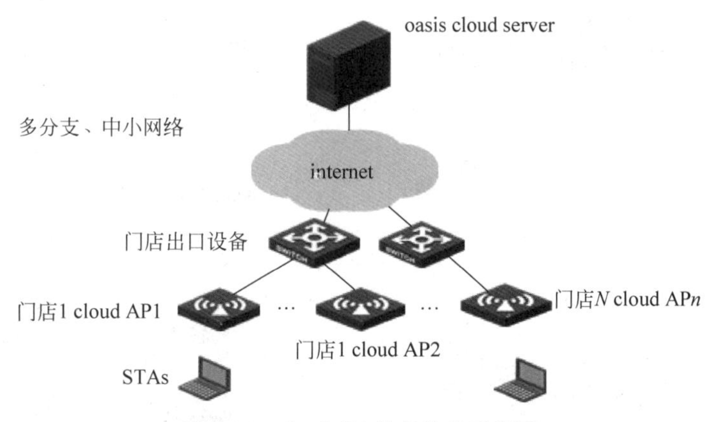

图 7-16 cloud AP 设备的典型组网

7.8 无线网桥

(1) 无线网桥是一种采用无线技术进行网络互联的特殊功能的 AP。

(2) 无线网桥根据传输距离的不同可分为工作组网桥和长距专业网桥。

(3) 为了防止信号大幅度衰减，网桥组网时两个网桥之间通常不能有障碍物的阻挡。

(4) 以室外作为主要应用环境的无线网桥一般在设计时都会考虑适应一些恶劣的应用环境。

如图 7-17 所示，无线网桥通过 802.11 无线接口把两个网络(有线或无线网络)桥接起来，在这种组网模式中无线网桥完成的功能类似于有线网络的网桥设备，只不过两个无线网桥之间是通过无线互联。

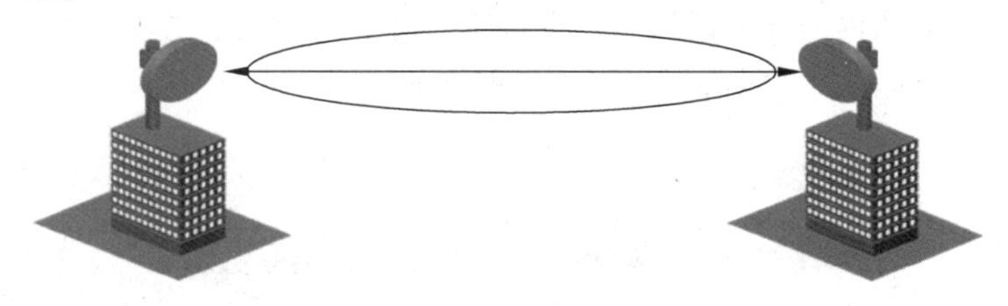

图 7-17 无线网桥

无线网桥可分为工作组网桥与长距专业网桥。工作组网桥适合于连接两个短距离的网络，通常距离都在百米左右。工作组网桥一般都支持双 radio，用 802.11 g 做用户覆盖，用 802.11 a 做上行的无线桥接互联。长距专业网桥适合于连接两个长距离的有线网络，通常距离都在 1 km 以上。

为了避免目前在 2.4 GHz 频段上由于用户数量众多而带来的频率干扰问题，无线网桥一般都在 5.8 GHz 频段上使用，这样一方面可以提供高达 54/108 Mbps 的速率，另一方面更可以避开拥挤的 2.4 GHz 频点。同时为了保证无线桥接通信的效果，防止信号大幅度衰减，无线网桥之间应尽量可视，不能有障碍物阻挡。

由于无线网桥一般都安装在室外，因此设备需要适应恶劣环境的影响，如高低温、防雨、防雷、防尘等，同时在工程实施时也要严格遵守室外设备的安装规范。

如图7-18所示，常见的无线网桥互联方式有以下几种。

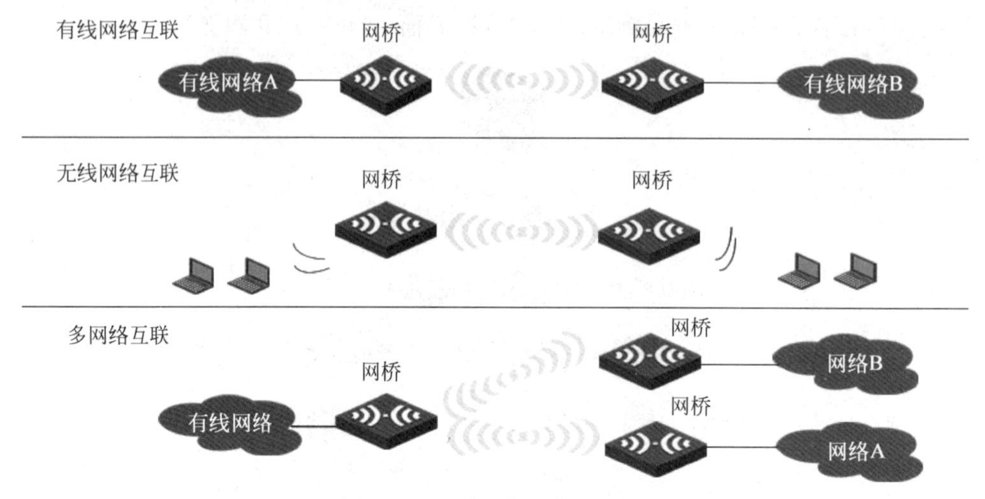

图7-18 无线网桥的典型组网

(1) 点对点连接。通过无线网桥将两个有线或无线网络连接起来。

(2) 点到多点连接。通过无线网桥点对多点的方式将多个有线或无线网络(考虑到链路带宽的限制，建议一般不要超过四点)以全连接或部分连接的方式连接起来。

为解决长距离无线连接问题，一般需要配备高增益的定向天线，在无遮挡、无干扰的情况下可达到3 km以上。

7.9 WLAN的典型部署

7.9.1 园区覆盖

图7-19介绍了酒店内的部分区域的热点覆盖。对于此类用户比较集中，移动性需求不高的场所可以进行热点覆盖。此类无线组网为最基本的组网方式。

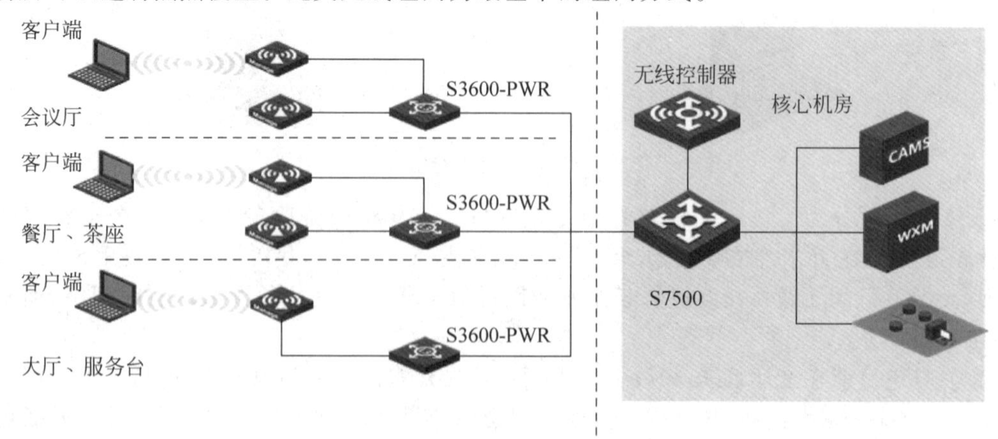

图7-19 园区覆盖

AP 作为最底层的网络设备，一般位于接入交换机(S3600)以下，实现与终端之间的互联。无线控制器旁挂在核心设备(如 S7500)上，无线终端的网关位于核心设备上，在 fit AP 数量不多的情况下，fit AP 与无线控制器之间可以采用二层网络连接。

7.9.2 行业覆盖

图 7-20 介绍了医院中开展 Wi-Fi 语音和无线电子病例等增值。由于医生和护士通常都是在移动中使用 Wi-Fi 电话和 PDA，因此，要求无线网络要做到移动区域的无缝覆盖，同时支持用户在移动中的快速漫游切换。出于考虑到较多增值业务的需求，对于这类网络一般采用无线控制器+fit AP 的方案。

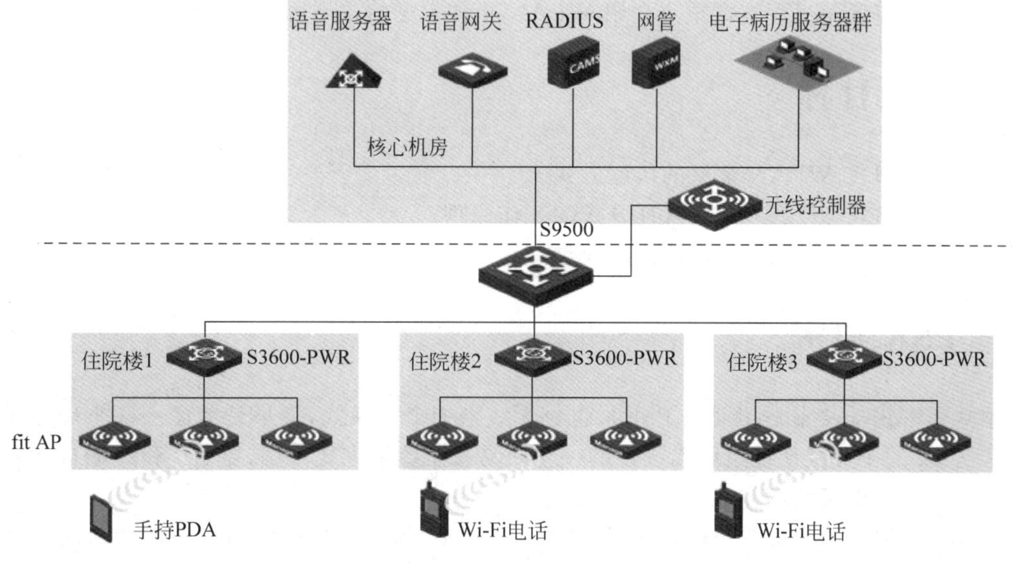

图 7-20 行业覆盖

AP 作为最底层的网络设备，一般位于接入交换机(S3600)以下，实现与终端之间的互联。无线控制器旁挂在核心设备(如 S9500)上，无线终端的网关位于核心设备上。由于此类方案一般 AP 数量较多，因此 fit AP 与无线控制之间多采用三层连接的方式，根据 fit AP 不同的安装位置(如一个楼宇)划分到不同的网段，以减少二层网络病毒或攻击可能带来的影响。同时根据用户数据的安全性要求，在无线控制器上启用相应的认证接入及加密方式，实现与内网 RADIUS 服务器的对接。

7.10 小结

本章主要介绍了 fat AP 工作原理及特点、无线控制器+fit AP 的系统特点、连接方式、注册流程与数据转发原理、CAPWAP 协议简介、cloud AP 特点、无线网桥的工作原理，最后给出了 WLAN 设备的常用部署方式。

第8章

WLAN常见认证原理及配置

在使用 WLAN 产品时，需要考虑身份认证及安全校验等方面，因此，很多认证方式和安全鉴别的机制应运而生。本章重点介绍 WLAN 几种常见的认证原理及配置方法。

8.1 培训目标

(1) 掌握 H3C WLAN 常见的认证方式。
(2) 掌握 H3C WLAN 常见认证方式的工作原理。
(3) 掌握 H3C WLAN 实现认证的典型配置。

8.2 PSK 加密

预共享密钥(pre-shared key,PSK)，也称无线密钥个人模式，最早是考虑一些小局点无法完成 802.1x 的企业级认证组网而设计的一个简易安全鉴别方式，只需要 AP 和终端自己输入共同设立的密钥即可协商完成最后的安全鉴别。

在 Wi-Fi 协议的历史上曾经出现过多种安全机制，都由于种种原因而被淘汰。此处将进行简单的介绍。

8.2.1 WLAN 终端接入流程

一个终端的无线接入流程主要经过探测(probe)、认证(auth)、关联(associate)这 3 个主体阶段。如图 8-1 所示是一个终端主动要求关联 AP 的流程，每个阶段都有请求(request)及对应的响应报文组成。完成这些步骤之后才会进行数据报文的交互。

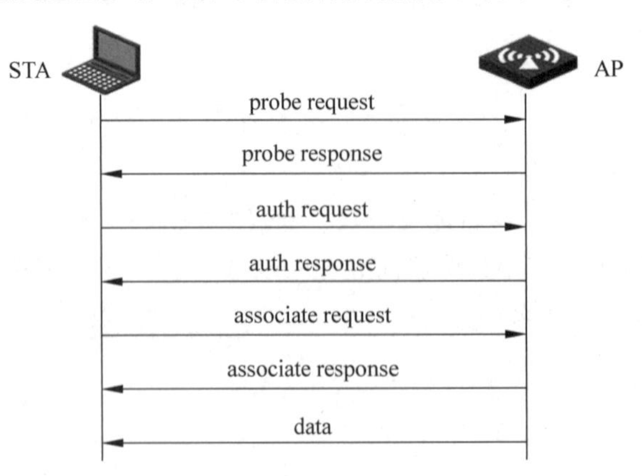

图 8-1 WLAN 终端接入流程

8.2.2 链路认证

1. 链路认证-开放系统认证(open system auth)

(1) 不加密：对所有终端的关联请求都进行回应，不校验任何密码身份信息。

(2) 连接简单，但是信息交互都是明文传输，安全系数低。

在认证加密这个话题中，最简单的方式为 open system auth，如图 8-2 所示，简单地说就是不加密，对所有终端的认证请求都进行回应，不校验任何鉴权信息。

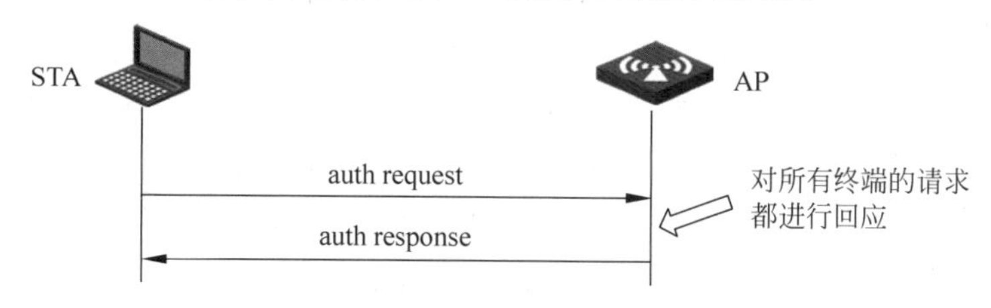

图 8-2 链路认证-open system auth

2. 链路认证-共享密钥认证(shared-key auth)

历史上出现过一种链路认证方式叫 share-key auth 的方式，也就是共享密钥方式，实现原理是终端和 AP 都拥有相同的密钥才能通过认证，若两者不同则认证失败，如图 8-3 所示。如两者都为 abcdef，在终端发起认证请求时，AP 会发送一组明文数据，如“从前有座山，山里有座庙”，而终端收到这组信息之后会对这句话做一次加密处理，尝试用 key 和这段话按照 RC4 的加密算法进行计算，发送一段看似杂乱无章的乱序数据给 AP，而 AP 收到这组数据之后也会尝试用自己的 key 对其进行解析反向计算，解析后发现与自己发出的数据一样说明两种具备相同的加密方式，这时 AP 才会回应终端认证成功，否则认证过程失败，无线连接断开。

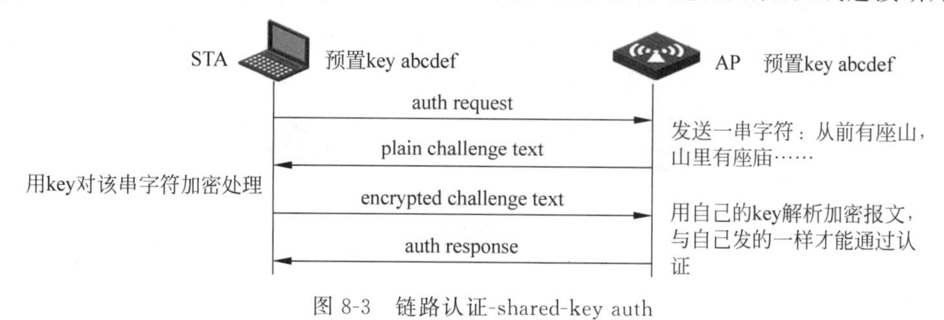

图 8-3 链路认证-shared-key auth

8.2.3 接入认证

1. 接入认证-WEP

图 8-4 所示是 WEP 机制的实现方式，也称 WEP 加密：有线对等私有协议。可以看到计算方式就是用静态 key 值+IV 值(8.2.2 小节中的“从前有座山，山里有座庙”)得出 key 流，然后将用户的 data 数据进行加密传输。在历史上曾经使用过一段时间，但是由于无线本身的传输介质是空气，因此，这些交互报文很容易被捕获，也就很容易产生数据安全的问题。随着无线终端的普及，RC4 的加密方式安全级别比较弱的弊端暴露出来，WEP 加密方式便逐渐被淘汰了。

2. 接入认证-WPA/WPA2

(1) WEP 的缺乏安全性，因此，Wi-Fi 联盟推出了改良版的解决方案 Wi-Fi 接入保护(Wi-Fi

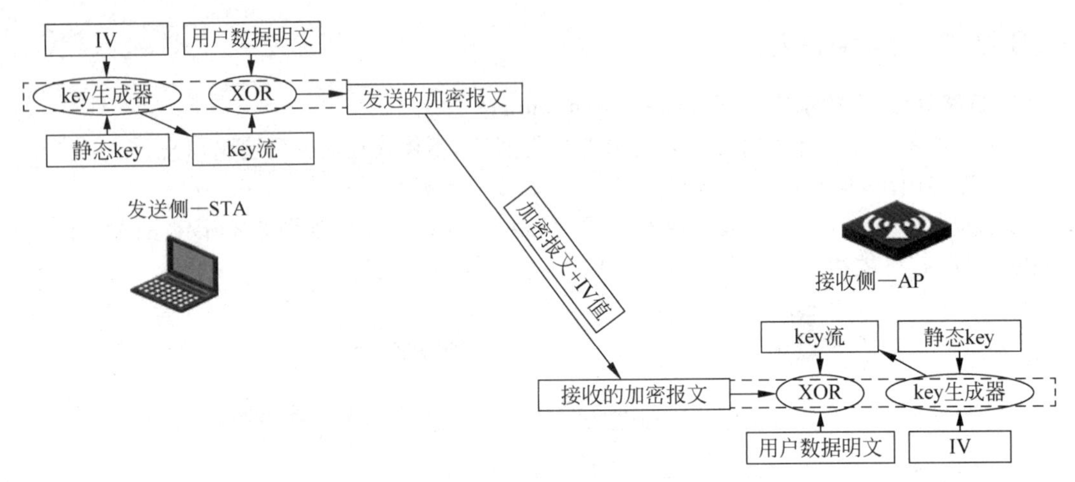

图 8-4 接入认证-WEP

protected access,WPA)。但这只是一个临时的过渡方案。密钥的加密算法采用,临时密钥完整性协议(temporal key integrity protocol,TKIP)TKIP 的核心算法还是 RC4。

(2) 很快 802.11 i 组织又提出改进版的 WPA2,也称 RSN,采用计数器模式搭配区块密码连锁信息真实性检查码加密机制(counter mode with CBC-MAC Protocol,CCMP)其核心算法采用密码复杂度大幅提升(advanced encryption standard,AES);并且 ccmp 为每一个无线用户都动态生成一套密钥,而且密钥还能定时更新,全方位地提升了安全性。

WEP 机制本身具备较差的安全性,因此,Wi-Fi 联盟也推出了他们定义的一种安全规范:WPA Wi-Fi 联盟的安全接入保护。这期间 WPA 其实改动的是认证流程,本身的安全核心的算法并没有改变,还是 RC4。此后,Wi-Fi 联盟还在做进阶的改变,推出了 WPA2,改进版又称 RSN,采用的是 CCMP 加密机制,核心算法是 AES 方式,密码的复杂度大幅提升。在图 8-5 中的流程可以看到加密的区域并不是在 Auth 阶段,而是在无线关联之后的 4 次握手阶段。

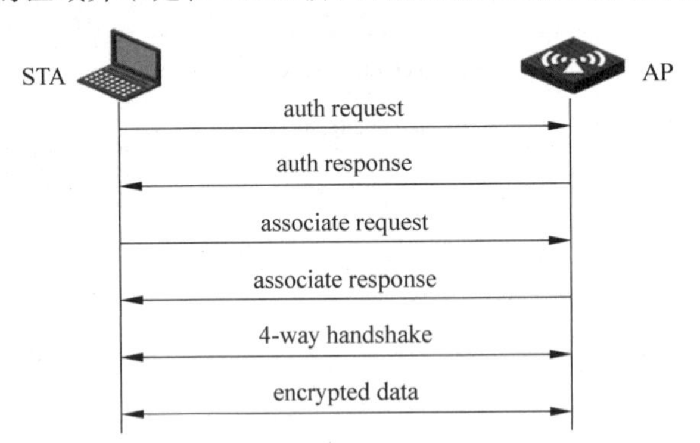

图 8-5 接入认证-WPA/WPA2

3. 接入认证-WPA2 4-way handshake 详解

当终端完成与 AP 的认证关联之后,进入了一个特殊的 4 次握手阶段,如图 8-6 所示,这是 WPA2 方式引入的改变,在不破坏原来设计流程的基础上新增了一个处理环节。

(1) AP 向终端发送携带有随机数 ANonce 的第一个 EAPOL-Key 报文 message 1。

(2) 终端接收到报文 message 1,使用 AP 端发送的随机数 ANonce、终端的随机数 SNonce 和身份认证产生的 PMK 通过密钥衍生算法生成 PTK,并用 PTK 中的 KCK 产生 MIC,并填充到 message 2 报文中,然后向 AP 发送携带 SNonce 和 MIC 的第二个 EAPOL-key

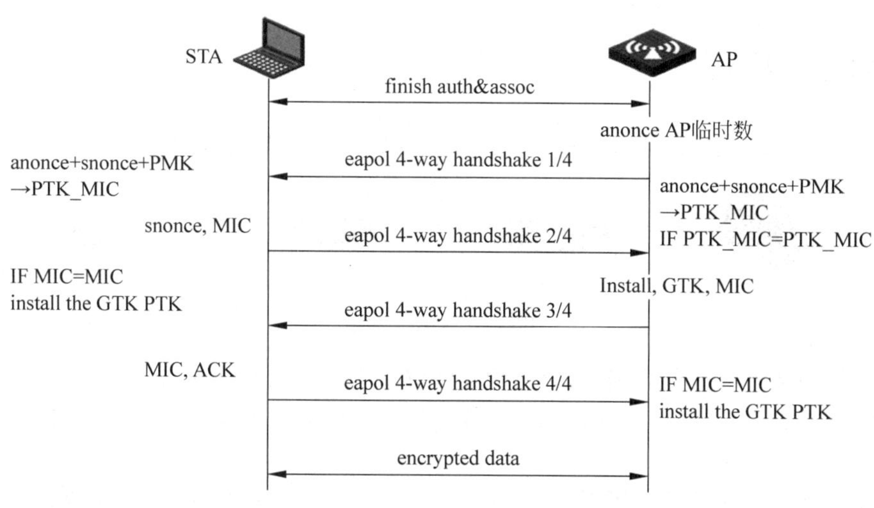

图 8-6 接入认证-WPA2 4-way handshake 详解

报文 message 2。

(3) AP 接收到报文 message 2,使用 SNonce、ANonce 和身份认证产生的 PMK 通过密钥衍生算法生成 PTK,并用 PTK 中的 KCK 生成 MIC,然后对 message 2 报文做 MIC 校验,用 AP 端生成的 MIC 和报文中 MIC 进行比较,两个 MIC 相同则说明 MIC 校验成功,否则失败。MIC 校验成功后通过随机值 GMK 和 AP 的 MAC 地址通过密钥衍生算法产生 GTK,并向终端发送携带通知终端安装密钥标记、MIC 和 GTK 的第 3 个 EAPOL-Key 报文 message 3。

(4) 终端接收到报文 message 3,首先对报文进行 MIC 校验,校验成功后终端安装单播密钥 TK 和组播密钥 TK,然后向 AP 发送携带 MIC 的第 4 个 EAPOL-Key 报文 message 4。

(5) AP 接收到报文 message 4,首先对报文进行 MIC 校验,校验成功后安装密钥单播密钥 TK 和组播密钥 TK。

4. WPA2-PSK 配置举例

配置无线服务的步骤如下。

(1) 创建无线服务模板 1,并进入无线服务模板视图。

```
[AC] wlan service-template 1
```

(2) 配置 SSID 为 service。

```
[AC-wlan-st-1] ssid service
```

(3) 配置无线终端上线后将被加入到 VLAN 200。

```
[AC-wlan-st-1] vlan 200
```

(4) 配置身份认证与密钥管理模式为 PSK 模式,配置 PSK 密钥为明文字符串 12345678。

```
[AC-wlan-st-1] akm mode psk
[AC-wlan-st-1] preshared-key pass-phrase simple 12345678
```

(5) 配置加密套件为 CCMP,安全信息元素为 RSN。

```
[AC-wlan-st-1] cipher-suite ccmp
[AC-wlan-st-1] security-ie rsn
```

(6) 使能无线服务模板。

```
[AC-wlan-st-1] service-template enable
```

8.3 MAC认证

如图8-7所示，MAC认证是一种简化用户名密码的身份鉴权方式。

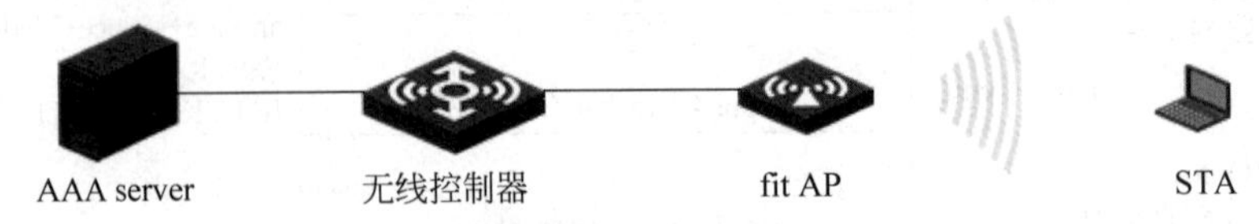

图8-7 MAC认证

通过认证服务器存放用户名、密码均为无线终端MAC地址的方式。

在无线终端首次接入Wi-Fi的时刻，无线AP感知到了终端MAC，并且无须终端参与，自动触发MAC认证鉴权。

如果认证通过则能顺利连接Wi-Fi，如果无法认证通过则会被AP解除认证。

MAC认证服务器一般为AAA服务器或AC自己本身。

1. MAC认证配置举例-无线服务模板

配置无线服务的步骤如下。

(1) 创建无线服务模板1，并进入无线服务模板视图。

```
[AC] wlan service-template 1
```

(2) 配置SSID为service。

```
[AC-wlan-st-1] ssid service
```

(3) 配置终端从无线服务模板1上线后会被加入VLAN 200。

```
[AC-wlan-st-1] vlan 200
```

(4) 配置终端接入认证方式为MAC地址认证。

```
[AC-wlan-st-1] client-security authentication-mode mac
```

(5) 配置MAC地址认证用户使用的ISP域为office1。

```
[AC-wlan-st-1] mac-authentication domain office1
```

(6) 开启无线服务模板。

```
[AC-wlan-st-1] service-template enable
```

2. MAC认证配置举例-Domain及RADIUS

(1) 创建名为office的RADIUS方案，并进入其视图。

```
[AC] radius scheme office
```

(2) 配置主认证、计费RADIUS服务器的IP地址为192.168.100.100。

```
[AC-radius-office] primary authentication 192.168.100.100
[AC-radius-office] primary accounting 192.168.100.100
```

(3) 配置RADIUS认证、计费报文的共享密钥为123456789。

```
[AC-radius-office] key authentication simple 123456789
[AC-radius-office] key accounting simple 123456789
```

(4) 配置发送给RADIUS服务器的用户名不携带域名。

```
[AC-radius-office] user-name-format without-domain
```

(5) 配置设备发送 RADIUS 报文使用的源 IP 地址为 192.168.100.1。

```
[AC-radius-office] nas-ip 192.168.100.1
[AC-radius-office] quit
```

(6) 创建名为 office1 的 ISP 域,并进入其视图。

```
[AC] domain office1
```

(7) 为 lan-access 用户配置认证、授权、计费方案为 RADIUS 方案 office。

```
[AC-isp-office1] authentication lan-access radius-scheme office
[AC-isp-office1] authorization lan-access radius-scheme office
[AC-isp-office1] accounting lan-access radius-scheme office
[AC-isp-office1] quit
```

8.4 802.1x 认证

802.1x,全称为 port-based networks access control,即基于端口的网络接入控制,该协议是基于 client/server 的访问控制和认证协议,简称 dot1x。

而无线上的 802.1x 结合 WPA2 安全加密方式能够对无线网络起到很强的安全加密保护作用。802.1x 关键信息的交互依托 EAPOL 协议的承载。

8.4.1 标准 802.1x 认证交互流程

如图 8-8 所示,一个标准的无线 802.1x 认证包含无线终端、认证系统及服务器组成,涉及 EAPOL 和 RADIUS 两种报文交互。在无线终端和认证系统之间使用 EAPOL 交互。主要包括 EAPOL start、request、response、success、logoff、failure 这些报文类型。RADIUS 交互是发生在认证系统与服务器之间,主要包括 RADIUS access-request、RADIUS access-challenge、RADIUS access-accept、RADIUS access-reject 及 accounting-request 和 accounting-response 等报文组成。要完成一次交互需要进行非常多的处理环节。而 EAP 认证方式又分为 EAP-TLS/TTLS、PEAP、EAP-SIM 等方式。需要终端和服务器之间提前约定好加密方式。

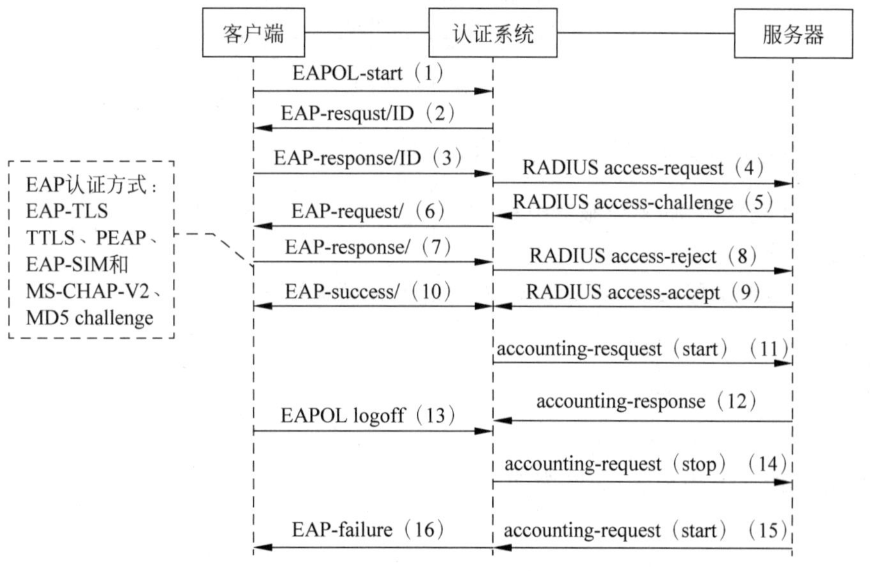

图 8-8 标准 802.1x 认证交互流程

8.4.2 802.1x PEAP 方式

如图 8-9 所示，802.1x 的 PEAP 认证方式分为阶段 1 认证初始化、阶段 2 TLS 通道、阶段 3 认证过程 3 个部分。

阶段 1：主要需要获取到终端的认证用户名信息。

阶段 2：TLS 通道建立需要交互多次 RADIUS access-challenge 和 RADIUS access-request，同步终端与服务器之间的加密方式、校验字、加密算法等信息。

阶段 3：主要是对加密认证是否鉴权成功的结果判断，若认证成功则进入 RADIUS accounting 阶段。

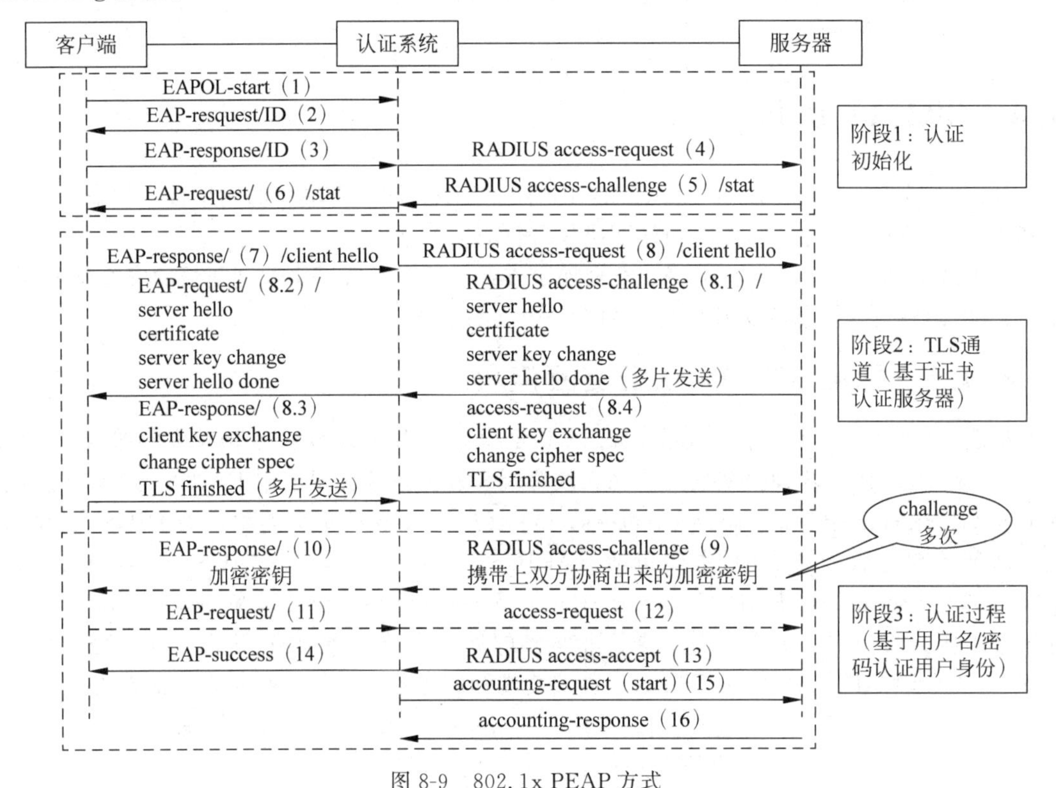

图 8-9 802.1x PEAP 方式

8.4.3 802.1x 认证配置举例

802.1x 认证配置举例-无线服务模板

配置无线服务模板的步骤如下。

(1) 创建无线服务模板 service，并进入无线服务模板视图。

```
[AC] wlan service-template service
```

(2) 配置 SSID 为 service。

```
[AC-wlan-st-service] ssid service
```

(3) 配置无线服务模板 VLAN 为 200。

```
[AC-wlan-st-service] vlan 200
```

(4) 配置身份认证与密钥管理的模式为 802.1x。

```
[AC-wlan-st-service] akm mode dot1x
```

（5）配置 CCMP 为加密套件，配 RSN 为安全信息元素。

```
[AC-wlan-st-service] cipher-suite ccmp
[AC-wlan-st-service] security-ie rsn
```

（6）配置用户接入认证模式为 802.1x。

```
[AC-wlan-st-service] client-security authentication-mode dot1x
```

（7）配置 802.1x 用户使用认证域为 dom1。

```
[AC-wlan-st-service] dot1x domain dom1
```

（8）使能无线服务模板。

```
[AC-wlan-st-service] service-template enable
[AC-wlan-st-service] quit
```

虽然认证过程较复杂，但是在配置阶段与 PSK 相比并无太大差别，只需要配置好域(domain)和 RADIUS 信息，并且把 akm mode 修改为 dot1x 方式。

802.1x 认证配置举例-域和 RADIUS

（1）创建名为 office 的 RADIUS 方案，并进入其视图。

```
[AC] radius scheme office
```

（2）配置主认证、计费 RADIUS 服务器的 IP 地址为 192.168.100.100。

```
[AC-radius-office] primary authentication 192.168.100.100
[AC-radius-office] primary accounting 192.168.100.100
```

（3）配置 RADIUS 认证、计费报文的共享密钥为 123456789。

```
[AC-radius-office] key authentication simple 123456789
[AC-radius-office] key accounting simple 123456789
```

（4）配置发送给 RADIUS 服务器的用户名不携带域名。

```
[AC-radius-office] user-name-format without-domain
```

（5）配置设备发送 RADIUS 报文使用的源 IP 地址为 192.168.100.1。

```
[AC-radius-office] nas-ip 192.168.100.1
[AC-radius-office] quit
```

（6）创建名为 office1 的 ISP 域，并进入其视图。

```
[AC] domain dom1
```

为 lan-access 用户配置认证、授权、计费方案为 RADIUS 方案 office。

```
[AC-isp-dom1] authentication lan-access radius-scheme office
[AC-isp-dom1] authorization lan-access radius-scheme office
[AC-isp-dom1] accounting lan-access radius-scheme office
[AC-isp-dom1] quit
```

8.5　portal 认证

portal 认证通过 Web 页面接受用户输入的用户名和密码，对用户进行身份认证，以达到对用户访问进行控制的目的。portal 认证通常部署在接入层，以及需要保护的关键数据入口处实施访问控制。在采用了 portal 认证的组网环境中，用户可以主动访问已知的 portal Web 服务器网站进行 portal 认证，或在访问任意非 portal Web 服务器网站时，被强制跳转至 portal Web 服务器网站，继而开始 portal 认证。

portal 认证具有如下优势。

(1) 可以不安装终端软件，直接使用 Web 页面认证，使用方便。

(2) 可以为服务商提供方便的管理功能和业务拓展功能，例如，可以在认证页面上开展广告、社区服务、信息发布等个性化的业务。

因此，portal 认证广泛应用于企业、校园，医院用于公众的无线网络中。

portal 认证的流程如图 8-10 所示，进行 portal 认证的前提是需要终端先获取正确的 IP 地址。所以 portal 认证也被认为是基于 IP 地址实现的一种认证方式。

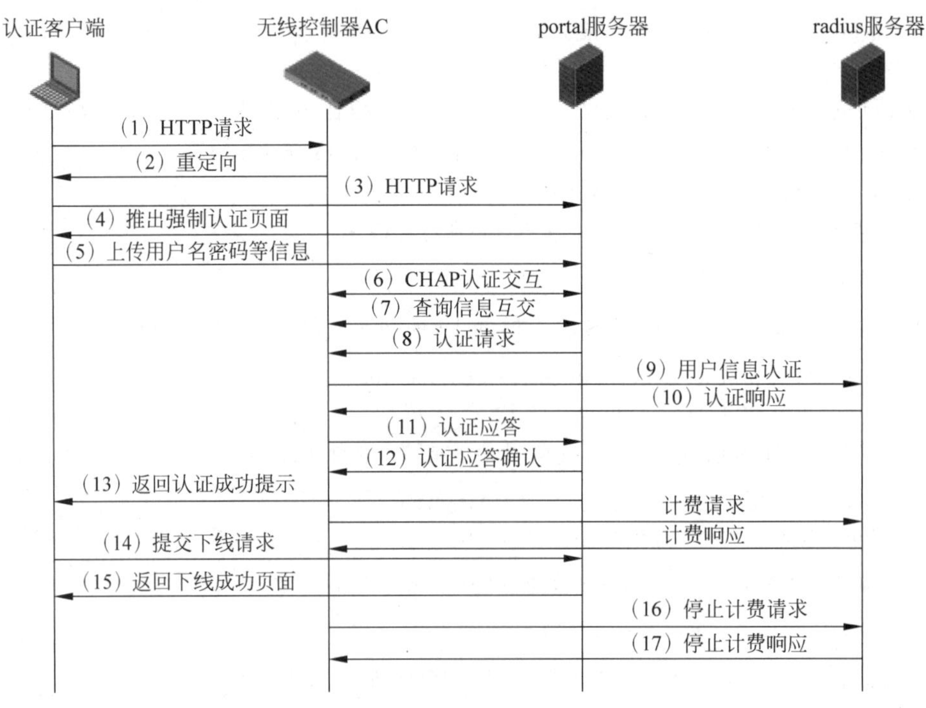

图 8-10 portal 认证流程

认证环节需要涉及终端、无线 AC、portal 服务器和 RADIUS 服务器。

认证终端的上网流量触发的 http/https 流量，会被 AC 拦截，进而回应终端需要先完成 http 的 204 or 302 重定向，而重定向的地址/域名则是 AC 提前写好的 portal Web server 的路径。终端接收到这个重定向之后，再次发送 http 请求以打开认证页面，完成终端重定向。

终端在弹出的重定向页面的对话框中填入自己身份信息的账号名及密码。单击登录，此时网页提交表单给 portal server，而 portal server 会获取表单元素中的账号名及密码等元素信息，并填入到基于 udp 实现的 portal 协议报文中。完成 req info 的查询，查询终端的 IP 地址信息记录是否在 AC 上已经存在。AC 完成 req info 的响应之后，portal server 会发出 req auth 的认证请求报文给 AC，认证请求报文中会填入之前的账号名及密码等元素信息。AC 会拆装这部分内容，如果报文内容正确则再次组装到 RADIUS 的属性字段中进行封包，发送给 RADIUS server 去做身份密码的鉴权校验。而 RADIUS server 具备对认证信息合法的唯一校验判断，得出的结果反馈给 AC。告诉 AC 这个终端填入的账号名密码是否合法。若身份合法，AC 将发送 portal 报文(ack-auth)至 portal server。并且 AC 将下发 portal 拦截策略准备将终端放行。当服务器确认收到 ack-auth 之后，再将结果返回给 AC。此时终端页面被展示为认证成功的页面。后续终端就能进行正常的网络访问了，期间 AC 和 RADIUS 定期交互终端的 accouting 信息，来统计同步终端的在线时长等信息。

8.6 云简网络无线认证

云简网络认证是依托于 H3C 的云简网络公有云平台，提供简单快捷的 portal 类认证网络部署。减少了复杂的命令行操作配置，强化了网页图形化的操作，并且能够与多种认证方式融合，为各行各业个性化的认证要求提供一个统一的操作平台。

只需要 AC 能够访问互联网即可完成开局配置及账号管理。免去用户以往完成无线认证需要其他专业服务器设备的顾虑。甚至可以根据管理员的需要定制各种个性化的广告推广内容。

认证方式包括一键认证、固定账号认证、短信认证、微信公众号认证、哑终端认证、访客认证、APP 认证、会员认证、钉钉认证、企业微信认证等，提供再次连接免认证功能，且部分认证方式可组合使用。

8.7 小结

(1) 介绍了 WLAN 常见的认证方式。

(2) 介绍了无线安全机制。

(3) 介绍了 PSK、MAC 认证、802.1x 认证、portal 认证等配置。

第9章

H3C无线产品高级特性与配置

随着 WLAN 网络覆盖范围及应用场景的不断扩大，WLAN 设备的功能与特性也越来越多样化，以满足日益丰富的业务需求。本章在 H3C WLAN 产品基本配置操作的基础上，主要讲解 H3C WLAN 系列产品的高级特性及相关配置。

9.1 培训目标

（1）了解无线高级特性的产生背景。

（2）掌握无线的高级特性及应用场景。

9.2 限速功能

（1）终端限速功能可以基于无线服务模板、射频或用户类别进行配置。

（2）若配置动态模式，则每个终端的限速速率为总限速速率/终端总数。

（3）若配置静态模式，则所有终端的限速速率为配置的值。

（4）如果同时配置多种方式或不同模式的终端限速，则多个配置将同时生效，每个终端的限速值为多种方式及不同模式中的限速速率最小值。

（5）可以针对 VIP 用户不限速。

支持灵活且丰富的限速规则，如图 9-1 所示，基于限速的粒度分为 3 类。

（1）基于某个无线服务(SSID)的用户限速功能。

（2）基于某个 AP 的用户限速功能。

（3）基于协议类型(11 ag、11 b、11 n 或 11 ac)的用户限速功能。

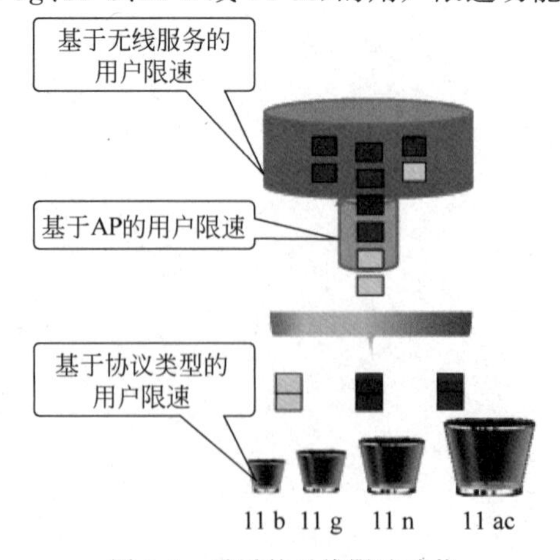

图 9-1　灵活的无线限速功能

如果配置多种限速策略时，则限速最小的生效。

基于SSID全局的限速策略，配置最为方便，SSID下所有用户都使用相同的限速策略。

但在运营商的组网中，SSID都是统一的。因此，产生了基于AP或AP射频进行限速的需求，即基于AP实现共享或固定方式的带宽限速功能，包括上行和下行双向流量。该功能适用于需要进行大范围的用户动态限速的场合，如针对咖啡馆和图书馆采用不同的策略，即可根据射频进行配置，以对应其物理范围。

基于SSID或基于AP射频的限速都是直接从业务维度进行流量管控，没有考虑到终端类型。这实际上带来了一些不公平，例如，11 b和11 n的终端在相同的流量限速下，占用的时间和空口资源显然是不同的。如果用相同标准限速，会导致11 n终端发挥不出应有的优势。为了保证时间公平性，可以采用基于终端协议类型的限速，对11 b legacy终端限速更严，而对11 n终端允许更高的流量阈值。

9.3 RRM

9.3.1 RRM介绍

(1) 射频资源管理(radio resource management，RRM)。

(2) WLAN RRM功能通过系统化的实时智能射频管理使无线网络能够快速适应无线环境变化，保持最优的射频资源状态。

RRM主要是指通过系统化的实时智能射频管理使无线网络能够快速适应无线环境变化，保持最优的射频资源状态。

如图9-2所示，射频资源状态包含无线几个基础要素：信道、功率、频宽。

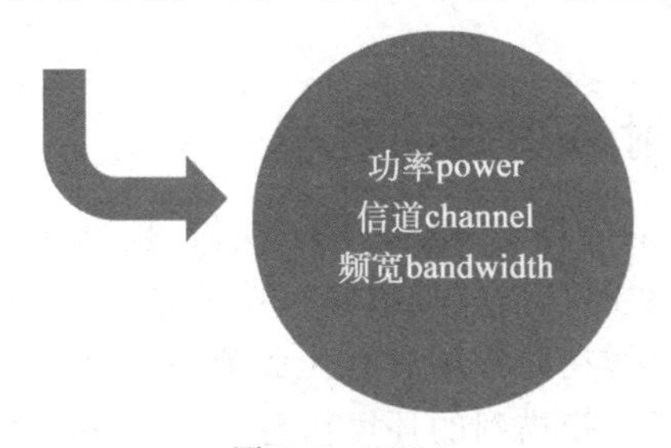

图9-2 RRM

通过RRM，用户完全不需要专业的无线调优知识也能得到动态、可自学习的无线部署方案。

9.3.2 使用RRM的原因

在无线环境中，经常会遇到如图9-3所示的一些问题。

(1) AP间可见度高，干扰严重。

(2) STA接收信号强度高，影响终端漫游判断。

(3) 检测到周边AP信号都强，漫游灵敏度高的STA频繁丢包。

(4) 终端回传信号弱，上行流量大，恶化RX方向空口。

(5) 终端粘连性强、回传信号弱、传输速率低、无线使用卡顿等复杂综合的问题。

而这些问题的背后其实都需要精细化的射频资源分布，在我国区域2.4 GHz和5 GHz区域的信道资源并非无限制使用，还需要合理的规划和分布，尤其考虑频宽和信道的设置，对没

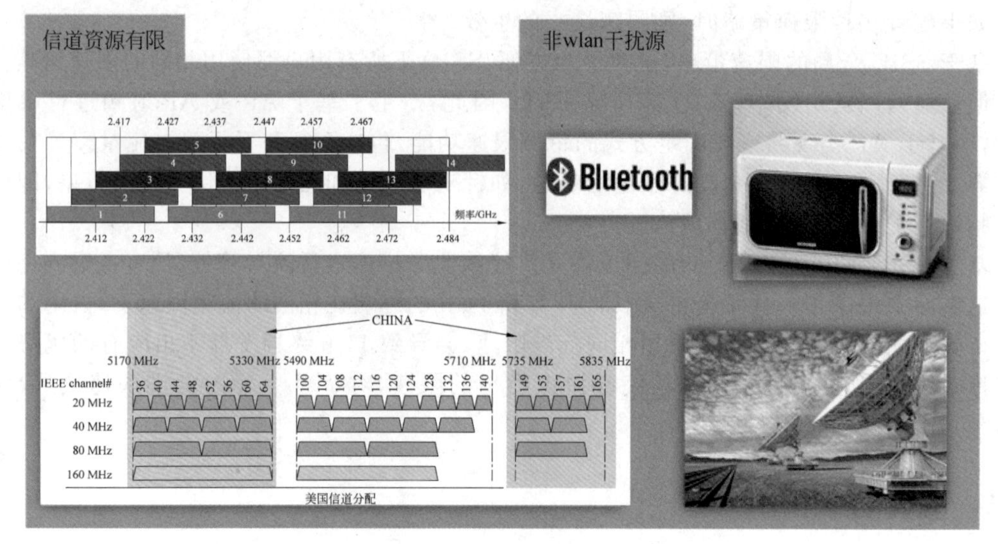

图 9-3 无线环境中会遇到的问题

有无线专业知识的普通使用者而言需要比较复杂的学习成本。如何在工作区域设置合理的信道,避开干扰、避开其他电磁信号显得尤其讲究。

9.3.3 RRM 功能希望达到的效果

RRM 功能希望达到的预期效果是前期零干预,后期零运维。

(1) 功率自动调整合理。

(2) 相邻 AP 的信道岔开。

(3) 频宽选取适当。

9.3.4 RRM 调整射频资源的过程

RRM 自动调整射频资源的过程有采集、分析、决策、执行这几个重要环节。

(1) 采集阶段。AP 自己实时扫描收集射频环境信息。AP 默认按照 100 ms 量级的时间间隔进行扫描。这个扫描的动作在射频接口有业务流量时将不会执行,只会在无业务流量时和固定的设置的扫描期间执行。扫描到的环境信息默认 5 min AC 向上报一次。环境信息包含了邻居报告、信道信息、频宽信息。

(2) 分析阶段。普通款型设备大多交由 AC 作为分析主体进行 RRM 反馈信息的分析处理;而对于性能较弱的设备默认将分析信息交由云简网络计算。而分析完的结果将会进入决策阶段落地。

(3) 决策阶段。根据分析的结果 AC 或云简统筹分配射频资源,功率的调整周期默认 8 min,信道调整周期默认为 23 min,或者额外配置自动调整的触发条件(自动、手动一次性、定时固定时间执行)。

(4) 执行阶段。最后 AP 按照分析大脑的处理结果同步给自己的射频芯片修改参数。

以此完成单次工作的循环,并且会继续采集、继续分析,所以当一个工作环境很固定,RRM 自动调优的结果将会越来越准确、越来越符合工作环境。而当一个场景频繁变动、频繁调整,RRM 也会自动地最快做匹配调整的动作,大大减少了人工干预和手动修改的动作。

9.3.5 RRM 智能开局

设备 RRM 智能开局命令行：

```
wlan global-configuration
calibrate-channel self-decisive enable all
calibrate-power self-decisive enable all
calibrate-bandwidth self-decisive enable
```

设备上可以全局配置，AP 组、AP 射频配置。一些低端款型默认已经开启，专业高端款型可选开启。

云简网络也集合了这部分功能为一键网优，如图 9-4 所示。对云 AP、小局点场景有更好的适配能力。

图 9-4 RRM 智能开局

9.4 802.11 KVR

9.4.1 传统漫游方式存在的问题

1. 终端黏滞

部分无线终端漫游算法，会优先保持在已经连接的无线 AP，即使周围有更好的 AP，只要不是信号衰减到几乎不可用，终端就不会主动切换，而且一直黏滞在原来的 AP，导致终端本身体验不好。

2. 终端漫游不及时

无法达到随时随地快速连接到附近 AP 的理想效果。不同的无线终端厂家对阈值和评判标准有差异，漫游效果不可预期。

3. 漫游切换丢包严重

在漫游过程中，终端没有整个网络的视角，无法快速扫描到可用的服务，需要逐一信道扫描，最后选出一个可用的服务，耗时长，导致丢包严重。

漫游是贯穿无线体验的一个核心场景。如图 9-5 所示，在传统漫游模式下，往往会遇到如下几种问题。

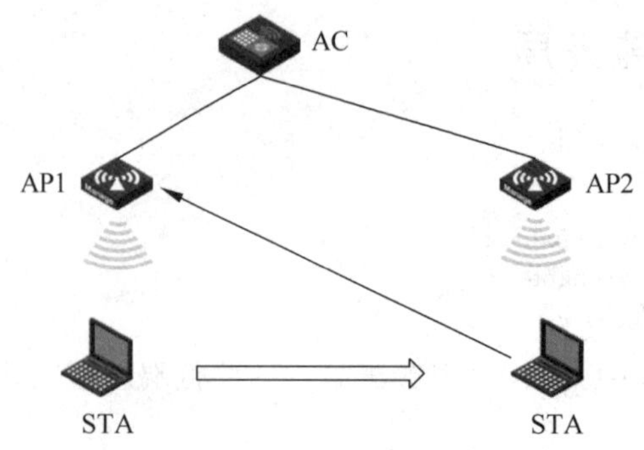

图 9-5 传统漫游方式存在的问题

9.4.2 802.11 k/v/r 技术

为了解决漫游体验问题，人们提出了使用协议规范的 802.11 k/v/r 技术概念，并尝试用这些技术来对终端设备做漫游切换的引导和建议，协助终端更加灵敏的切换。主要包含技术如下。

(1) 802.11 k：协议中定义的 beacon 射频测量功能，实现了对 2.4 GHz 和 5 GHz 频段的信道质量及可用资源性能的监控。无线终端快速发现可用的无线服务，从终端的角度观察网络环境。

(2) 802.11 v：协议中定义的 BSS 切换管理(BSS transition management，BTM)功能用来引导支持 802.11 v 协议的无线终端离开当前 BSS，接入更合适的 AP，从而提高 802.11 v 无线终端的接入质量。引导无线终端尽可能连接到就近合适的 AP。

(3) 802.11 r：协议中定义的快速 BSS 切换(fast BSS transition，FT)功能用来减少终端在漫游过程中的时间延迟，从而降低连接中断概率、提高漫游服务质量。缩短漫游切换业务中断时间。

相比较传统漫游，使用 802.11 k/v/r 的设备将会在实时漫游检测、精确引导终端漫游、快速漫游切换 3 个角度做全方位的提升。

(1) 实时漫游检测。

① AP 实时检测终端信号质量。

② 终端实时感知无线网络。

(2) 精确引导终端漫游。

① AC 主动识别，保障业务优先。

② AC 全视角计算终端漫游位置，合理推荐漫游切换候选列表。

(3) 快速漫游切换。

① 漫游过程中接入、认证、密钥协商全方位加速。

② 缓存并迁移漫游瞬间产生的用户数据。

802.11 k/v/r 配置命令：

```
sacp roam-optimize traffic-hold enable advanced
```

开启漫游优化流量保持高级功能，保障漫游期间下行数据流量(集中转发)。

(1) 802.11 k 相关命令：

```
sacp roam-optimize bss-candidate-list enable
```

开启获取 BSS 候选列表功能，AP 将周期性地向支持 beacon 测量的终端发送 beacon

request 帧以请求获取无线终端检测到的 BSS 信息。

(2) 802.11 v 相关命令：

```
Bss transition-management enable
```

开启 BSS 切换管理功能，

```
sacp anti-sticky enable rssi 30 interval 2 forced-logoff
```

设置漫游门限 30 dBm，每隔 2 s 检测一次，强制不支持 802.11 v 协议并且信号强度小于门限值的无线终端下线。

```
bss transition-management disassociation forced / recommended timer
```

若设备向无线终端发出请求切换 BSS 后，在本命令指定的时间内无线终端仍未离开当前 BSS，设备会(不会)主动与无线终端断开连接。

(3) 802.11 r 相关命令：

```
ft enable
```

开启 FT 功能，减少重新上线时间。

9.5 无线二层隔离

由于无线网络 AP 的 radio 资源对于广播组播报文相当的敏感；用户隔离，即对使用同一公共无线服务或在同一 VLAN 进行通信的用户进行报文隔离，从而达到提高用户安全性、缓解设备转发压力和减少射频资源消耗的目的。

在实现角度分为如下两类。

(1) 基于 SSID 的用户隔离。设备开启基于 SSID 的用户隔离功能后，通过该 SSID 接入无线服务且处于同一 VLAN 内的无线用户之间将不能够互相访问。

(2) 基于 VLAN 的用户隔离。用于隔离同一 VLAN 内的有线用户和无线用户。

如图 9-6 所示为一个标准的本地转发场景，AC 旁挂网络提供 AP 管理，AP 业务流量本地转发进入交换机进行交互。这样来自有线网络的广播组播报文会无差别地通过无线射频发给

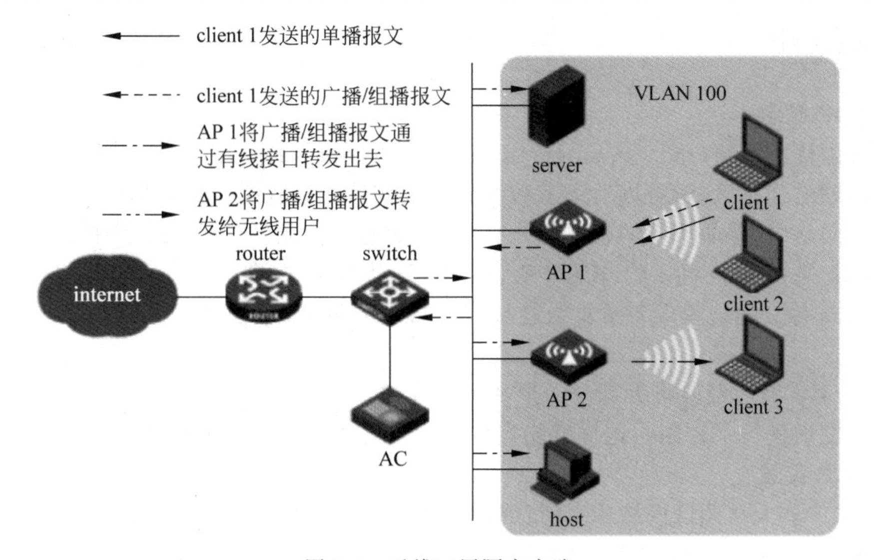

图 9-6　无线二层隔离实践

终端。而有线侧的广播组播报文的来源如下。

(1) 可能是无线终端本身产生的广播组播报文，如 arp、dhcp 发现、IPv6 的组播等。类似图 9-6 中的 client 1。

(2) 可能是有线网络环境中其他设备的，如服务器、有线 PC 等。

在 AP 1 上开启 VLAN 二层隔离，而 AP 2 上没有配置隔离。此时 client 1 在自己的业务 VLAN 100 内发送广播/组播报文，AP 1 接收到之后将该报文通过 AP 自己的有线口发送给了交换机，显然广播/组播的转发特性就需要全端口泛洪。因此，图中的 server、AP 2 和 host 都会收到这部分广播/组播报文。而 AP 2 由于没有配置 VLAN 的二层隔离，则会毫无保留地全部发给 client 3，而 AP 1 配置了 VLAN 的二层隔离，这样来自非网关的广播/组播报文将会被 AP 1 拦截，因此，AP 1 不会发给 client2。

图 9-6 中只是一个简单的举例，影响的终端数量只有 3 个无线终端。若环境为一个高校，拥有成千上万的无线终端，导致广播泛洪有巨大的压力，如果隔离做得不好则会严重影响综合使用体验。因此，强烈建议配置该特性。

无线二层隔离配置如下。

(1) 基于 SSID 的用户隔离。

服务模板下配置命令如下。

```
[AC]wlan service-template 1
[AC-wlan-st-1]user-isolation enable
```

(2) 基于 VLAN 的用户隔离。

AC 或 AP 全局配置命令如下。

```
<AC> system-view
```

配置指定 VLAN 的 MAC 地址允许转发列表命令如下。

```
[AC] user-isolation vlan vlan-list permit-mac mac-list
```

开启指定 VLAN 的用户隔离功能命令如下。

```
[AC] user-isolation vlan vlan-list enable [ permit-unicast ]
```

9.6 RROP

1. RROP 概念

射频资源优化策略(radio resource optimization policy，RROP)。是无线基于 AP 实现的一些报文处理的优化策略，可以对大多数场景的无线体验起到感受提升的效果。

在无线网络中，并非所有的报文都是有用的，如遍历性质的广播 arp、广播的 dhcp 发现请求、Ipv6 的组播广播查询、WINDOWS 设备的默认组播查询、一些苹果设备的发现协议 bonjour mdns 等。而这些设备对单个终端的影响并不明显，除非终端数量多并且分散在网络的各个位置。

H3C 基于实践的经验将大部分的报文进行分类，并且可以通过命令对报文是否能够通过无线向有线发送进行了控制。这样就能实现大型园区整体的无线报文优化。

2. RROP 实践

例如，在一些大型园区网络中，无线终端可能或多或少存在一些以下这样的情况。

(1) 终端做 ARP DOS 攻击，产生大量 ARP。

(2) 终端做 ARP 扫描，产生大量 ARP。

(3) 终端中毒,产生大量 ARP 攻击。

进而导致 ARP 报文均会上送网关,但大部分是无用的 ARP,影响如下。

(1) 网关 CPU 高,无法及时处理有用的 ARP。

(2) 网关启用 CPU 保护限速,无差别丢弃有用的 ARP。

(3) 网关 ARP 表项资源被占满,无法创建新的表项。

后果:正常 ARP 请求得不到快速回应,上网体验不佳。

优化措施:命令如下。

```
rrop ul-arp attack-suppression enable
```

(1) 启用 ARP 网关边缘保护,AP 放行发给网关的 ARP,对去往非网关的 ARP 进行限速,以减小 ARP 报文量。

(2) 对于 ARP 流量超大的危险终端一段时间内拒绝接入网络。

3. RROP 其他命令

```
rrop anti-bmc protocol ipv6 { continue | deny }
```

(1) continue 表示继续匹配下一条规则。

(2) deny 表示拒绝 AP 向 radio 接口发送网络中的 IPv6 组播报文。

```
rrop anti-bmc default-action { deny | permit }
```

用来配置拒绝/允许 AP 向 radio 接口发送网络中的广播和组播报文。

```
rrop anti-bmc network { disable | { ipv4-simple | ipv6-simple | ipv4-and-ipv6-simple } enable }
```

(1) disable 表示关闭网络中的广播和组播报文控制功能。

(2) enable 表示开启网络中的广播和组播报文控制功能。

(3) 开启 IPv4 网络基本广播和组播报文控制功能后,当 AP 下行收到广播和组播报文后,AP 会在本地对 ARP 广播报文进行响应代答,对 DHCP 广播请求报文进行丢弃,对其他 IPv4 基本广播和组播报文正常处理。

(4) 开启 IPv6 网络基本广播和组播报文控制功能后,当 AP 下行收到广播和组播报文后,AP 会在本地对 RS 报文和 DHCPv6 广播请求报文进行丢弃,对 RA 报文转单播,对 NS 报文进行响应代答,对其他 IPv6 基本广播和组播报文正常处理。

9.7 remote AP

无线二层隔离配置如图 9-7 所示。

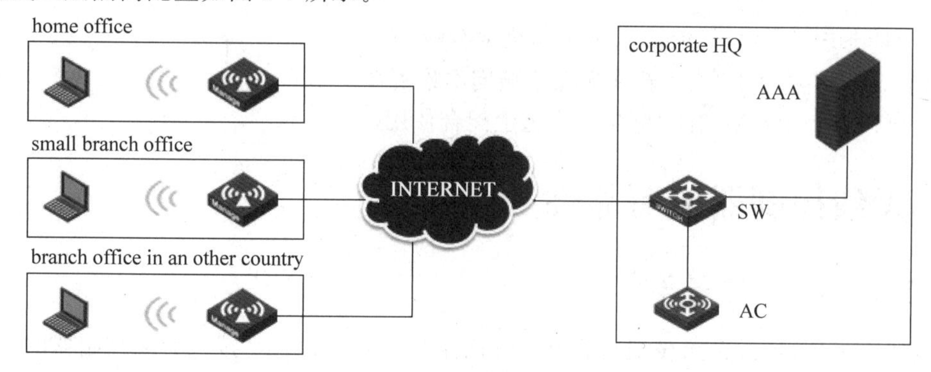

图 9-7 无线二层隔离配置

适用对象：远程办公、小的分支机构或家庭办公，跨国企业在境外的小分支机构，如图 9-8 所示。

功能：集中认证和持续的网络访问。

总部统一部署和管理通过网络连接的远程办公室或小的分支机构的 AP，不需要在这些地方单独部署一个 AC。

remote AP 能够在和 AC 处于连接状态时提供集中认证，在和 AC 连接中断时继续转发在线用户的流量，保持这些用户对本地资源的访问不被中断。

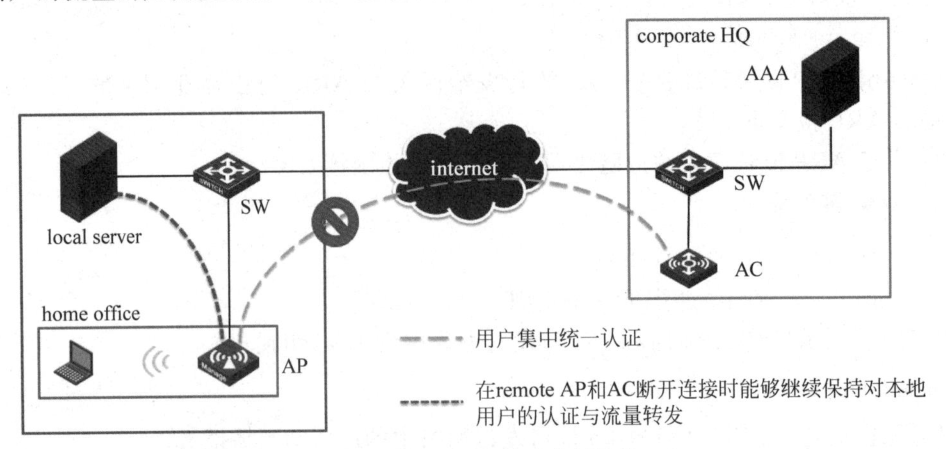

图 9-8 remote AP 技术应用场景

remote AP 技术优势如下。

(1) 持续的网络访问。

(2) 集中管理、统一配置和一致的安全策略。

(3) 支持各种认证方式。

remote AP 配置实现如下。

(1) 必须配置在本地转发模式下。

```
[AC] wlan ap ap1
[AC-wlan-ap-ap1] hybrid-remote-ap enable
```

(2) 若需要保证 AP 和 AC 断开后，新终端也可以上线，需要配置关联点和认证点(链路认证)在 AP 上。

```
[AC-wlan-st-st1] client association-location ap
```

否则 capwap 隧道中断后，新终端无法关联。

```
[AC-wlan-st-st1] client-security authentication-location ap
```

否则 capwap 隧道中断后，新终端无法访问本地资源。

(3) 所以，remote AP 有时也与无线逃生配合使用。

9.8 无线控制器的可靠性

9.8.1 1+1 热备份

如图 9-9 所示，通过在无线控制器上配置优先级来控制 fit AP 接入无线控制器的顺序，主要命令如下。

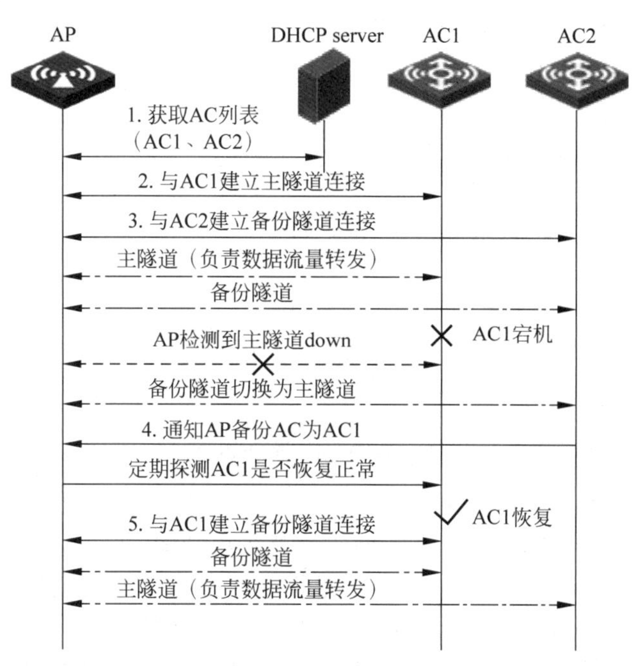

图 9-9 1+1 热备份

[AC-wlan-ap-apname] **priority level** *priority*

默认情况下，AP 连接优先级为 4。

该特性可以控制部分的 AP 优先接入到 AC1，而另外一些 AP 优先接入到 AC2。例如，以下配置可实现 AP1 优先接入 AC1。

步骤 1：AC1 上配置 AP 的静态模板，命令如下。

```
[AC1] wlan ap ap1 model WA5300
[AC1-wlan-ap-ap1] serial-id H3CFITAP1
[AC1-wlan-ap-ap1] priority level 6
```

步骤 2：AC2 上配置 AP 的静态模板，命令如下。

```
[AC2] wlan ap ap1 model WA5300
[AC2-wlan-ap-ap1] serial-id H3CFITAP1
```

使用该特性时，由于对于一个 AP(如 AP1)的两个控制器的接入优先级不同，因此不会动态实现负载分担功能，只有依靠人为的 AP 优先级划分实现控制器之间的均衡。如果 AP 上线的时候，高优先级的控制器不正常，AP 将会注册到低优先级的控制器上，而且会始终使用该低优先级控制器，除非链路断开，AP 重新选择控制器连接。在这种特性的组网中，如果出现控制器异常重起，有可能造成 AC 上接入 AP 的数量不均衡。

通过在 AC 上 AP 视图下配置备份 AC，可以实现 fit AP 分别在主备 AC 建立主隧道和备份隧道，实现两台 AC 的热备份。其配置命令如下。

backup-ac { **ip** *ipv4-address* | **ipv6** *ipv6-address* }

参数含义如下。

ip *ipv4-address*：指定备份 AC 的 IPv4 地址。

ipv6 *ipv6-address*：指定备份 AC 的 IPv6 地址。

默认情况下，没有配置备份无线控制器地址。

例如，在 AC1 和 AC2 上实现 AP1 的热备份。

步骤 1：AC1 上配置 AP 的静态模板，命令如下。

```
[AC1] wlan ap ap1 model WA5300
[AC1-wlan-ap-ap1] serial-id H3CFITAP1
[AC1-wlan-ap-ap1] priority level 6
```

步骤 2：AC2 上配置 AP 的静态模板，命令如下。

```
[AC2] wlan ap ap1 model WA5300
[AC2-wlan-ap-ap1] serial-id H3CFITAP1
```

步骤 3：AC1 上 AP 视图下配置其 backup AC 为 AC2，命令如下。

```
[AC1] backup-ac ip AC2-ip address
```

步骤 4：AC2 上配置其 Backup AC 为 AC1，命令如下。

```
[AC2] backup-ac ip AC1-ip address
```

该特性的目的就是为了实现 WLAN 网络的热备份功能，当 AC1 和 AC2 启动互相备份时，网络中的 AP 总量应该为 AC1 和 AC2 的最小支持规格，否则可能出现备份链路建立不成功，或当 AC1 出现异常的时候，部分的 AP 无法注册到 AC2 的问题。

该特性应用时，如果 AC1 和 AC2 的 AP 配置策略相同，同样可以实现负载分担功能，即新的 AP 接入时，先根据 AP 接入优先级情况选择 AC1 或 AC2，再根据获取的备份 AC 建立备份链路。

9.8.2 *N*+1 备份

通过在 AP 上配置备份 AC 的 IP 地址，可实现对无线控制器的 *N*+1 备份。

如图 9-10 所示，在 AC1、AC2、AC3 及 ACB 上可实现对 AP1、AP2、AP3 的 3+1 备份，其中 AP1 的主 AC 为 AC1，AP2 的主 AC 为 AC2，AP3 的主 AC 为 AC3，ACB 作为备份 AC。

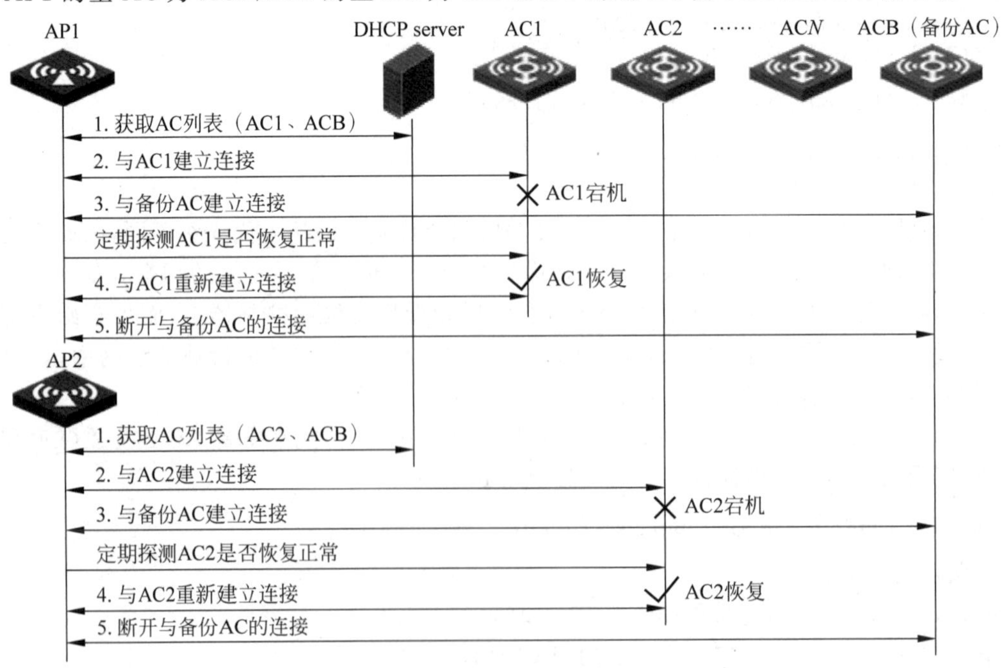

图 9-10 *N*+1 备份

在使用该特性时,网络有 N 台正常的主无线控制器(AC1,AC2,…,ACN)提供 WLAN 服务,另外一台 ACB(backup)作为备份的无线控制器,只有当主 AC 出现问题后,备份 AC 才提供服务,而且主 AC 恢复后所有的 AP 又会切回到主 AC。

考虑到一台备份 AC 要备份所有的主 AC,所以不能使用 auto 方式,也就是整个网络的 AP 都要在备份 AC 上进行配置,而且要指定其主 AC。

如果 AP 开机时,主 AC 还没有工作正常,AP 也会连接到备份 AC 上,而在连接备份 AC 的过程中,AP 会获取到主 AC 的信息,从此将不断地尝试连接主 AC,当连接成功时,AP 会发现其在主 AC 上的优先级为 7(最高优先级),AP 则会断开原来的连接(即与备份 AC 的连接),而使用首选控制器的连接。

在无线控制器的 $N+1$ 备份方案中,主要使用的配置命令如下。

[AC-wlan-ap-apname] **backup-ac** { **ip** *ipv4-address* | **ipv6** *ipv6-address* }

参数含义如下。

ipv4-address：指定备份无线控制器的 IPv4 地址。

ipv6-address：指定备份无线控制器的 IPv6 地址。

默认情况下,备份 AC 的 IP 地址为系统视图下配置的全局备份 AC 的 IP 地址。

其典型配置步骤如下。

步骤 1：AC1 上配置 AP 的静态模板。

```
[AC1] wlan ap ap1 model WA5300
[AC1-wlan-ap-ap1] serial-id H3CFITAP1
[AC1-wlan-ap-ap1] wlan tunnel-preempt enable
[AC1-wlan-ap-ap1] priority level 7
[AC1-wlan-ap-ap1] backup-ac ip ACB-ip
```

步骤 2：AC2 上配置 AP 的静态模板。

```
[AC2] wlan ap ap2 model WA5300
[AC2-wlan-ap-ap2] serial-id H3CFITAP2
[AC2-wlan-ap-ap2] wlan tunnel-preempt enable
[AC2-wlan-ap-ap2] priority level 7
[AC2-wlan-ap-ap2] backup-ac ip ACB-ip
```

步骤 3：AC3 上配置 AP 的静态模板。

```
[AC3] wlan ap ap3 model WA5300
[AC3-wlan-ap-ap3] serial-id H3CFITAP3
[AC3-wlan-ap-ap3] wlan tunnel-preempt enable
[AC3-wlan-ap-ap3] priority level 7
[AC3-wlan-ap-ap3] backup-ac ip ACB-ip
```

步骤 4：ACB 上配置 AP 的静态模板。

```
[ACB] wlan ap ap1 model WA5300
[ACB-wlan-ap-ap1] serial-id H3CFITAP1
[ACB-wlan-ap-ap1] backup-ac ip AC1-ip
[ACB] wlan ap ap2 model WA5300
[ACB-wlan-ap-ap2] serial-id H3CFITAP2
[ACB-wlan-ap-ap2] backup-ac ip AC2-ip
[ACB] wlan ap ap3 model WA5300
[ACB-wlan-ap-ap3] serial-id H3CFITAP3
[ACB-wlan-ap-ap3] backup-ac ip AC3-ip
```

说明：主 AC 配置该控制器需要管理的 AP 信息,而且作为这些 AP 的首选控制器；备份

AC配置所有控制器需要管理的AP,并且根据AP指定对应的首选控制器;AP1首选接入AC1,AP2首选接入AC2,AP3首选接入AC3,ACB作为AC1、AC2、AC3的备份。

9.8.3 IRF堆叠

1. 双机直联IRF

如图9-11所示,无线IRF的核心思想是将多台AC设备以星形拓扑连接在一起,进行必要的配置后,虚拟化成一台分布式设备。实现多台设备的协同工作、统一管理和不间断维护。

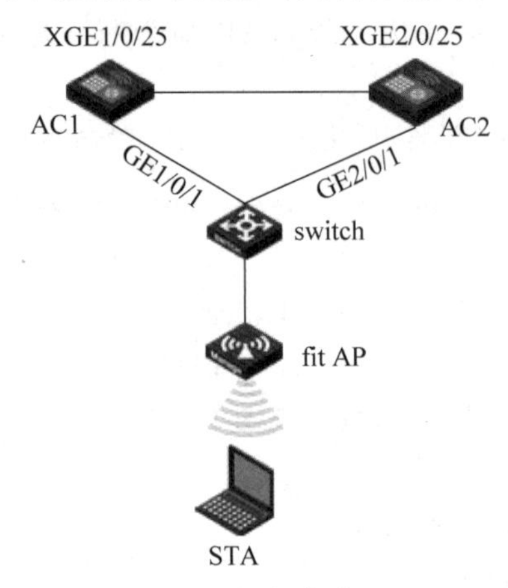

图9-11 双机直联IRF

多台同层级设备使用IRF技术组成一台虚拟设备,对上、下层设备来说,它们如同一台设备。

IRF系统将经历物理连接、拓扑收集、角色选举、IRF的管理与维护4个阶段。成员设备通过二层设备互联后,会自动进行拓扑收集和角色选举,完成IRF的建立,此后,进入IRF管理和维护阶段。

AC 1与AC 2通过直连链路建立星形IRF,IRF与交换机switch之间建立动态聚合链路,用于LACP MAD检测和业务报文转发。

步骤1:配置AC1。

(1) 创建IRF逻辑口1,并将端口Ten-gigabitethernet1/0/25加入到IRF逻辑口1。

```
[AC1] irf-port 1
[AC1-irf-port1] port group interface ten-gigabitethernet 1/0/25
```

(2) 配置AC 1的优先级为2,用于保证AC 1可竞选为主设备。

```
[AC1] irf member 1 priority 2
```

(3) 保存配置并激活IRF端口配置。

```
[AC1] save
[AC1] irf-port-configuration active
```

步骤2:配置AC2。

(1) 配置AC 2的成员编号为2,并重启设备使其生效。

```
[AC2] irf member 1 renumber 2
<AC2> reboot
```

(2) 创建IRF逻辑口2,并将端口Ten-GigabitEthernet2/0/25加入到IRF逻辑口2。

```
[AC2] irf-port 2
[AC2-irf-port2] port group interface ten-gigabitethernet 2/0/25
```

(3) 保存配置并激活 IRF 端口配置。

```
[AC2] save
[AC2] irf-port-configuration active
```

(4) 完成以上配置后,AC 2 会竞选成为备设备并进行重启,重启完成后,IRF 形成。

2. 双机跨交换 IRF

如图 9-12 所示,AC 1 与 AC 2 通过二层交换机建立星形 IRF,IRF 与交换机 switch 之间建立动态聚合链路,用于 LACP MAD 检测和业务报文转发。

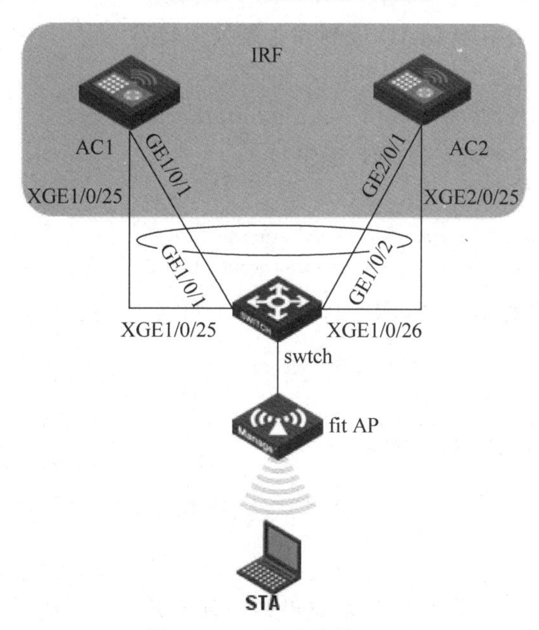

图 9-12 双机跨交换 IRF

步骤 1：配置 AC1。

(1) 创建 IRF 逻辑口 1,并将端口 Ten-gigabitethernet1/0/25 加入到 IRF 逻辑口 1。

```
[AC1] irf-port 1
[AC1-irf-port1] port group interface ten-gigabitethernet 1/0/25
```

(2) 配置 AC 1 的优先级为 2,用于保证 AC 1 可竞选为主设备。

```
[AC1] irf member 1 priority 2
```

(3) 保存配置并激活 IRF 端口配置。

```
[AC1] save
[AC1] irf-port-configuration active
```

步骤 2：配置 AC2。

(1) 配置 AC 2 的成员编号为 2,并重启设备使其生效。

```
[AC2] irf member 1 renumber 2
<AC2> reboot
```

(2) 创建 IRF 逻辑口 2,并将端口 Ten-gigabitethernet2/0/25 加入到 IRF 逻辑口 2。

```
[AC2] irf-port 2
```

```
[AC2-irf-port2] port group interface ten-gigabitethernet 2/0/25
```

(3) 保存配置并激活 IRF 端口配置。

```
[AC2] save
[AC2] irf-port-configuration active
```

(4) 完成以上配置后,AC 2 会竞选成为备设备并进行重启,重启完成后,IRF 形成。

3. 业务板同框 IRF

如图 9-13 所示,AC 1 与 AC 2 是两块无线控制器业务板,插在一台支持无线控制器业务板的框式交换机 switch 的 slot 2 和 slot 5 上,并通过 switch 建立同框星形 IRF,IRF 与 switch 之间建立动态聚合链路,用于 LACP MAD 检测和业务报文转发。

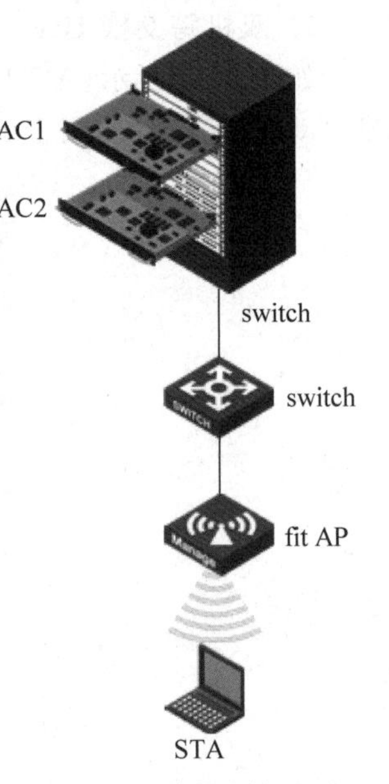

图 9-13 业务板同框 IRF

步骤 1：配置 AC1。

(1) 创建 IRF 逻辑口 1,并将内联口 ten-gigabitethernet1/0/1 和 ten-gigabitethernet1/0/3 加入到 IRF 逻辑口 1。

```
[AC1] irf-port 1
[AC1-irf-port1] port group interface ten-gigabitethernet 1/0/1
[AC1-irf-port1] port group interface ten-gigabitethernet 1/0/3
```

(2) 配置 AC 1 的优先级为 2,用于保证 AC 1 可竞选为主设备。

```
[AC1] irf member 1 priority 2
```

(3) 保存配置并激活 IRF 端口配置。

```
[AC1] save
[AC1] irf-port-configuration active
```

步骤 2：配置 AC2。

(1) 配置 AC 2 的成员编号为 2,并重启设备使其生效。

```
[AC2] irf member 1 renumber 2
<AC2> reboot
```

(2) 创建 IRF 逻辑口 2,并将 ten-gigabitethernet2/0/1 和 2/0/3 加入到 IRF 逻辑口 2。

```
[AC2] irf-port 2
[AC2-irf-port2] port group interface ten-gigabitethernet 2/0/1
[AC2-irf-port2] port group interface ten-gigabitethernet 2/0/3
```

(3) 保存配置并激活 IRF 端口配置。

```
[AC2] save
[AC2] irf-port-configuration active
```

(4) 完成以上配置后,AC 2 会竞选成为备设备并进行重启,重启完成后,IRF 形成。

4. 业务板跨框 IRF

如图 9-14 所示支持无线控制器业务板的框式交换机 switch A 与 switch B 建立 IRF 1(本例不包括建立 IRF 1 的配置),AC 1 插在 switch A 的 slot 2 上,AC 2 插在 switch B 的 slot 4 上,AC 1 与 AC 2 使用内联口 1 和内联口 2 建立跨框星形 IRF 2,IRF 2 与 IRF 1 之间建立动态聚合链路,用于 LACP MAD 检测和业务报文转发。

步骤 1：配置 IRF 端口

(1) 创建 IRF 逻辑口 1,并将内联口 ten-gigabitethernet1/0/1 和 en-gigabitethernet1/0/3

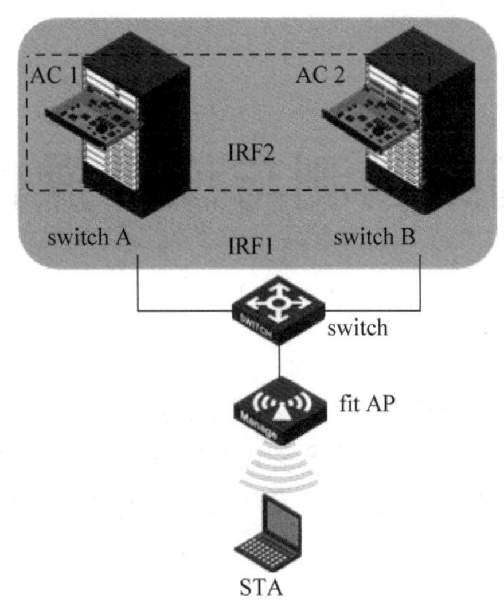

图 9-14 IRF 堆叠—业务板跨框 IRF

加入到 IRF 逻辑口 1。

```
[AC1] irf-port 1
[AC1-irf-port1] port group interface ten-gigabitethernet 1/0/1
[AC1-irf-port1] port group interface ten-gigabitethernet 1/0/3
```

(2) 配置 AC 1 的优先级为 2,用于保证 AC 1 可竞选为主设备。

```
[AC1] irf member 1 priority 2
```

(3) 保存配置并激活 IRF 端口配置。

```
[AC1] save
[AC1] irf-port-configuration active
```

步骤 2:配置 AC2。

(1) 配置 AC 2 的成员编号为 2,并重启设备使其生效。

```
[AC2] irf member 1 renumber 2
<AC2> reboot
```

(2) 创建 IRF 逻辑口 2,并将 ten-gigabitethernet2/0/1 和 2/0/3 加入 IRF 逻辑口 2。

```
[AC2] irf-port 2
[AC2-irf-port2] port group interface ten-gigabitethernet 2/0/1
[AC2-irf-port2] port group interface ten-gigabitethernet 2/0/3
```

保存配置并激活 IRF 端口配置命令如下。

```
[AC2] save
[AC2] irf-port-configuration active
```

完成以上配置后,AC 2 会竞选成为备设备并进行重启,重启完成后,IRF 形成。

9.9 小结

无线的丰富特性学习:限速功能、RRM、802.11KVR、无线二层隔离、RROP、remoteAP 及无线控制器的可靠性。

第10章

无线网络勘测与设计操作指导

在无线局域网部署前，是无法确定设备的部署数量和安装方式的。只有在对覆盖地点进行勘测和指标计算后，才能确定出AP、天线及其他器件的型号和数量。同时通过勘测和指标计算，才能确定AP布放的位置、天线的方位角等工程设计参数，作为工程安装的指导资料。

10.1 培训目标

(1) 理解WLAN网络勘测的重要意义。
(2) 掌握WLAN网络勘测的工作流程。
(3) 了解WLAN网络勘测前的准备工作。
(4) 掌握WLAN网络勘测的工作内容。
(5) 掌握WLAN勘测设计总体原则。
(6) 了解WLAN信号传播模型及路径损耗。

10.2 勘测的价值与操作流程

10.2.1 网络勘测的价值

无线网络的勘测与设计是WLAN项目能够高满意度落地的前提条件，良好的勘测设计方案，其价值体现在以下几方面。

(1) 实现无线网络最大化契合用户业务需求。
(2) 提高设备配比效率，保障客户投资回报率。
(3) 以最优化理念指导部署，降低无线网络后期维护投入。

无线网络的勘测与设计是WLAN项目实施中的关键环节，是对后期工程实施与AP部署的指导性意见，勘测设计方案的好坏将直接影响用户的使用效果和体验。随着无线网络应用方案的日趋丰富、覆盖范围的不断扩大，在复杂环境中部署最优的无线网络是当前无线项目中的一大难题，高质量的勘测设计方案不仅可以提高设备使用效率，从而提高用户的投资回报，还可以减少后续大量的维护工作，提高整个无线网络的使用满意度。

10.2.2 网络勘测的操作流程

尽管实际项目中需要覆盖的区域各不相同，但无线网络的勘测与设计一般都可遵循以下3个步骤，如图10-1所示。

步骤1：勘测前的准备工作，如准备勘测时使用的相关软件与硬件设备等。但在此步骤中最重要的内容是和客户一同协商并确定覆盖的区域、明确覆盖要求，这是整个无线网络勘测与设计的基础。

步骤 2：现场勘测和沟通，了解现场环境，根据客户的覆盖需求，确定设备数量、安装方式、供电方式、覆盖范围等信息。在条件允许的情况下，可使用相关的软硬件设备在现场进行测试，统计分析测试结果，作为勘测设计的重要依据。

步骤 3：将现场统计的勘测结果进行整理，输出勘测报告，提交客户进行审核。在勘测报告中，一般建议在现场勘测统计的 AP 数量基础上，增加 5%～10%的设备余量。同时对于现场勘测中无法明确的问题(如 AP 上连交换机的端口数量是否充足、供电资源是否到位)也需要在报告中提出，请客户协调相关资源并进行明确答复。

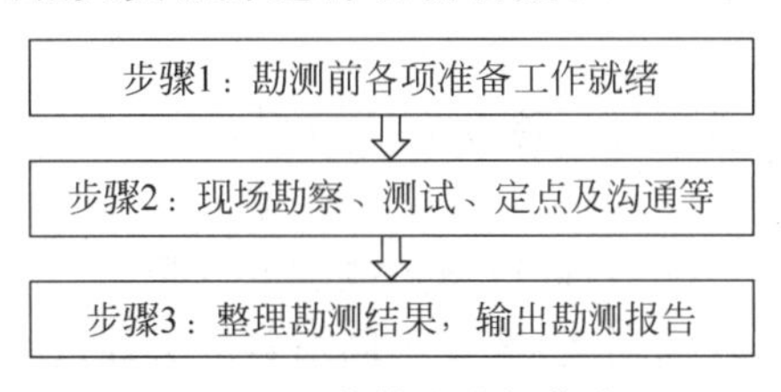

图 10-1　网络勘测的操作流程

10.3　勘测前的各项准备工作

WLAN 项目工程设计人员在接到勘测设计任务后，需制订勘测设计实施计划，并可以参照《H3C 无线系统现场工勘规范》，就网络勘测条件和网络勘测计划与客户协商，并明确以下信息。

(1) 确定覆盖区域，并明确覆盖要求。覆盖区域和覆盖要求一般由客户提出，根据客户不同的业务需求(如普通上网业务或 Wi-Fi 语音业务)，需要遵循不同的勘测设计标准。

(2) 熟悉覆盖区域的平面图。对于大面积的园区或楼宇的覆盖，在进行勘测设计时，可以借助覆盖区域的平面图熟悉覆盖区域的现场环境，并可以方便、准确地进行勘测结果的记录和统计。

(3) 了解现网组网情况。在大部分的无线项目中，无线网络的建设都是依托在现有的有线网络上进行，所以对现网情况的了解是很有必要的。例如，现网接入交换机是否支持 PoE 供电；现网接入交换机的剩余端口数量是否能够满足新增加的 AP 等。

同时，需要同客户就勘测事项的安排规划做好沟通，取得客户的配合与支持，包括确认客户能提供的各项配合事宜，以及所能提供的资源支撑，最好明确到具体人员。然后，准备合适的勘测硬件设备工具及软件工具。

拿到勘测设计任务后，要与客户就勘测需求和需要客户配合的事项逐一明确，以保证后续的工勘效率，具体包括以下信息。

(1) 同客户一起确定覆盖区域，并明确覆盖要求。可以考虑采用座谈、电话及调查表等形式进行，且最好形成以邮件、会议纪要等形式进行的备案。

(2) 要求客户提供覆盖区域的平面图，并协助进行平面图布局分析及答疑。

(3) 要求物业配合提供设备可以安装的位置，是壁挂还是吸顶，以及对环境美观性的需求。

(4) 提供现网拓扑、出口带宽和端口使用情况等信息，以确定是否利用旧有线资源。

(5) 现场相关协调工作需要客户的配合，特别是某些特殊区域，如医院病房、办公大楼会议室等。提前取得客户许可，能授权我方人员进入场地完成现场勘测。

(6) 要求客户提供工程实施的规范要求,如供电、走线、接地、防盗等需求。

作为一个合格的勘测人员,为保证勘测结果的准确,在实施现场勘测前,需要准备常用的勘测工具,其中常用的硬件如下。

(1) 企业级无线网卡:普遍使用的企业级无线终端,一般情况下以此终端作为勘测时信号强度的标准。

(2) 客户实际业务会使用的无线终端:客户实际业务可能会使用到不同的终端(如 PDA、Wi-Fi 电话),勘测时建议针对此类终端进行相关测试。

(3) AP 视项目推荐型号而定:勘测时必需的设备。一般情况下,可使用与项目推荐型号相同功率的 AP 进行勘测。

(4) 数码照相机:用于记录现场环境和安装位置,以便在实际安装时将设备安装位置与勘测结果进行比较。

(5) 长距离测距尺:必要情况下,进行覆盖范围的测量。

(6) 各类增益天线:根据现场环境,选择不同增益的天线进行勘测,以达到最好效果。

(7) 后备电源:考虑到勘测时间可能较长,需要为无线终端与 AP 准备后备电源。

(8) 胶带、捆扎带:在勘测时,可能需要暂时固定 AP 或者天线。

在无线网络勘测时,经常使用的相关软件如下。

(1) NetIQ Chariot:用于流量测试,可测试单 AP 所支持无线空口带宽。

(2) NetStumbler:用于查看无线信号强度,使用简单方便。

(3) AirMagnet surveyor:用于无线信号覆盖情况检测,可辅助无线网络勘测与设计方案的制定。

(4) AirMagnet laptop analyzer:用于无线网络分析,可用于信号强度、发送速率、数据类型等多信息的统计分析。

(5) 黄马甲(无线分析平台):主要用于无线信号的质量、强度分析。

(6) Ekahau:无线勘测定位分析平台,主要提供无线定位分析服务,可辅助进行无线网络的勘测与规划。

10.4 勘测时关注的内容界面

关注勘测要素如下。

(1) 覆盖区域平面格局情况,包括覆盖区域形状、距离和面积。

(2) 覆盖区域空间格局情况,包括室内/外、楼层间、空间大小等。

(3) 覆盖区域障碍物的分布情况、材质及厚度。

(4) 区域内需要无线接入的用户数量和带宽要求。

(5) AP 设备可以安装的位置区域和采用的安装方式。

(6) AP、AC 及接入交换机等设备的取电方式。

(7) 客户特定需求,如美观、节能、高密环境等。

(8) 覆盖区域内空口环境状况,有无其他 Wi-Fi、3G、4G 等信号。

(9) 客户现有网络的组网情况,如有线带宽、接入端口数量、出口资源等。

勘测过程中测绘覆盖区域的地形图,寻找 AP 合适的安装位置,计算所需天线的指标并决定型号,评估覆盖效果,汇总设备型号和数量,确定防雷、接地方式,与用户方沟通供电方式、带宽要求等。

勘测输出结果主要包括AP、天线及其他器件(如防雷器、PoE供电盒、馈线等)的型号、数量,这些是商务的前提,提供给行销人员作商务报价的基础数据。

勘测输出结果还应包括AP、天线及其他器件(如防雷器、PoE供电盒、馈线等)的安装位置和安装参数,这些是无线网络工程实施的设计资料,提供给工程安装人员作为工程实施依据。

实地勘测中,需特别注意的事项如下。

(1) 确定AP选用的模式(11 ax、11 ac、单双频)和准确的安装位置。

(2) 核实满足覆盖需求所需要的AP数量,并附加5%~10%的裕量。

(3) 确定覆盖采用的天线类型,如AP自带天线、吸顶天线、室外天线等。

(4) 确定AP采用的供电方式,POE、POE+还是本地供电。

(5) 核算需要的交换机端口数,如采用POE/POE+,还需要统筹考虑交换机输出功率是否足够,能否满配POE/POE+。

(6) 关注现场的无线干扰源,选择合适的方式规避影响或协调客户整改。

(7) 关注出口带宽是否足够,场地情况是否满足AC或交换机安装环境要求,如果不匹配或不符合要求,需要给出整改方案。

10.5 无线网络勘测遵循的原则

10.5.1 蜂窝式无线覆盖

1. 无线频段、覆盖方式选择

(1) 尽量减少2.4 GHz频段的选择,可以考虑关闭2.4 GHz频段的部署。

(2) 2.4 GHz频段的信道分布中,任意相邻区域使用无频率重叠的频点,如1、6、11频点。

(3) 5 GHz频段的信道注意信道的捆绑。

注意:80 MHz是使用4个20 MHz组合形成的。

(4) 可适当调整发射功率,避免跨区域同频干扰。

(5) 覆盖方式采用蜂窝式部署方式,实现无交叉频率重复使用。

依据802.11 b/g协议的信道划分情况,按照蜂窝式无线覆盖的原则,如图10-2所示,在二维平面上使用1、6、11三个信道实现任意区域无相同信道干扰的无线部署。当某个无线设备功率过大时,会出现部分区域有同频干扰,这时可以通过调整无线设备的发射功率来避免这种情况的发生。但是,在三维平面上,要想在实际应用场景中实现任意区域完全没有同频干扰几乎是不可能的。

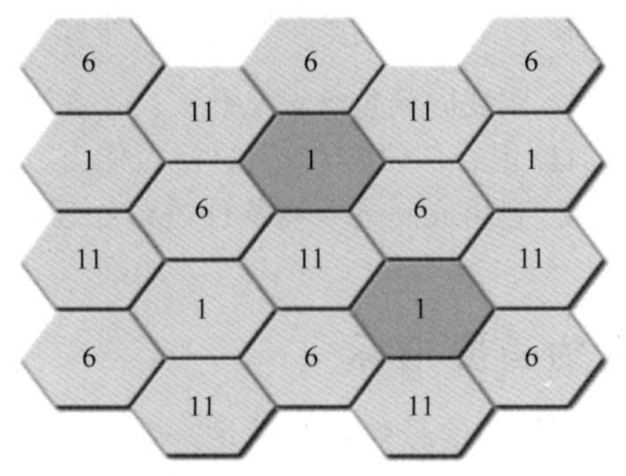

图10-2 无线频段、覆盖方式选择

随着 2.4 GHz 频道的信号干扰越来越严重，使用 5 GHz 频道将逐步成为趋势。如果采用 5 GHz 频道作为主力覆盖频道，需要特别注意 5 GHz 频道的覆盖范围比 2.4 GHz 频道小，原因是 5 GHz 频道的信号衰耗大于 2.4 GHz 频道，信号对障碍物的穿透能力也比 2.4 GHz 频道弱。所以当采用 5 GHz 频道作为主覆盖时，要实际测试 5 GHz 频道的覆盖效果，不能直接沿用 2.4 GHz 频道的覆盖经验。

2. 多楼层信道立体规划

在多楼层无线覆盖时，信道的设置要考虑三维空间的信号干扰。如图 10-3 所示，在 1 楼部署 3 个 AP，从左到右的信道分别是 1/6/11，此时在 2 楼部署的 3 个 AP 的信道就应该划分为 11/1/6，同理 3 楼为 6/11/1。这样可以最大限度地避免楼层间的干扰，无论是水平方向还是垂直方向都按照无线蜂窝式覆盖原则进行部署。

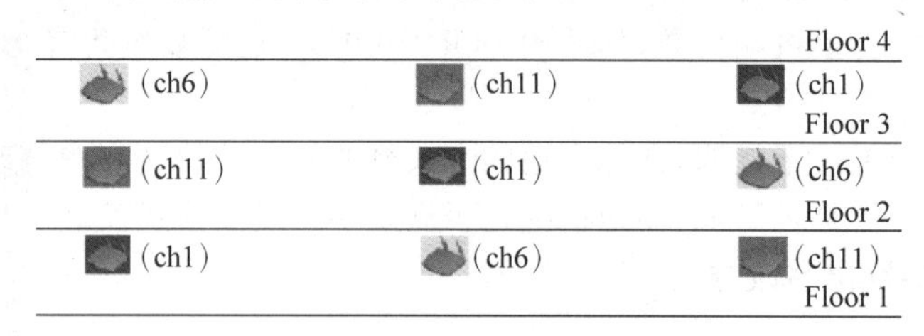

图 10-3 多楼层信道立体规划

3. 用户高密区域重点保障带宽

如图 10-4 所示在用户高密度区域(如学术报告厅、大型会议中心等)覆盖时，由于覆盖区域小、AP 数量多，为有限避免同频干扰，提高接入用户数量，可以采用 802.11 a&g 双波段覆盖方式，同时利用 2.4 GHz 和 5 GHz 各个频段资源。在此场景下，通常需要以下条件。

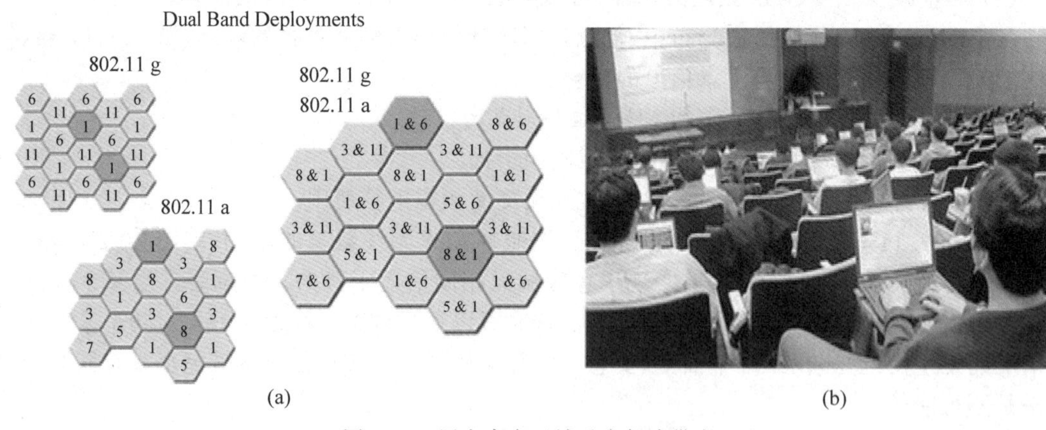

图 10-4 用户高密区域重点保障带宽

(1) 适当降低 AP 发射功率，实现同频重叠最小化。

(2) 采用 2.4 GHz 和 5 GHz 混合部署，增加用户接入能力

(3) 尽量降低 AP 安装高度，利用或制造环境条件进行物理隔离，降低干扰以提升有效信道容量。

10.5.2 信号强度为首要指标

如图 10-5 所示，无线覆盖区域的信号强度应满足一定的标准，才能保证 AP 与终端之间信号的有效交互，从而保证无线覆盖的效果。覆盖区信号强度至少要在终端的接收灵敏度以

上，这样终端才能发现无线网络。

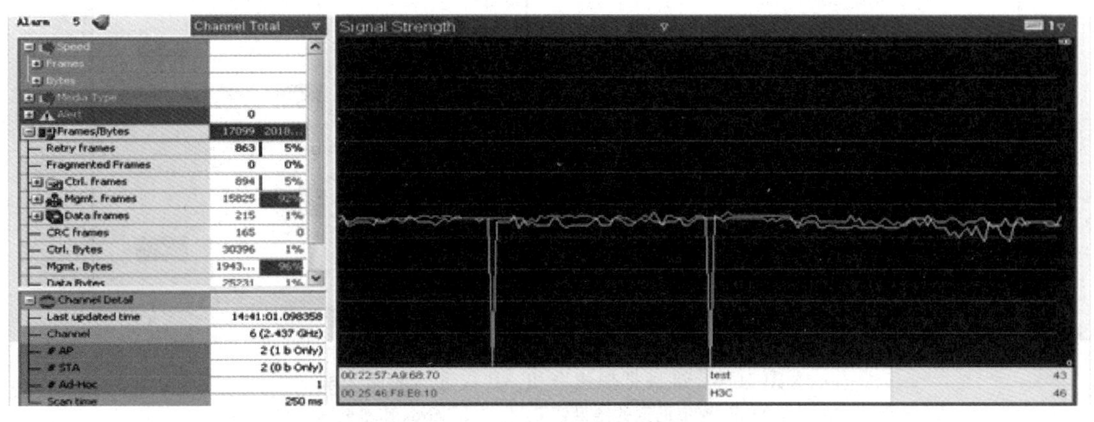

图 10-5　信号强度为首要指标

但在实际网络勘测设计中，为使 AP 与终端之间协商出较高的发送速率，取得一定的带宽和好的上网体验，需要有更好的信号强度作为保证。一般情况下，对于有业务需求的楼层和区域进行覆盖时，目标覆盖区域内 95%以上位置的接收信号强度应≥−75 dBm（经验值，适用于大部分 PC 网卡），重点覆盖区域信号强度应≥−65 dBm（试用于手机、PAD 等终端）。

10.5.3　干扰尽量避免

勘测时要注意无线 AP 的频率选择，其基本原则如下。

（1）在一个 AP 覆盖区内 802.11 b/g 最多可以提供 3 个不重叠的信道同时工作，相邻区域频点配置时宜选用 1、6、11 信道。

（2）频点配置时首先应对目标区域现场进行频率检测，对于覆盖区域内已有 AP 采用的信道，可以调整 AP 的位置，充分利用周边环境来增大物理隔离度。

（3）对于室外区域干扰宜采用调整（定向）天线方向角，避免天线主瓣对射或调整功率，并避开已有干扰源。

（4）合理选择不同类型的天线，因地制宜，在空间上降低同频干扰的概率。

（5）避开已有的干扰源，如 3G/LTE 干扰源。或者，使用特殊频率频段来尽量降低已有 WLAN 系统的频率干扰。

10.5.4　把握容量需求和 AP 数量的配比关系

根据实际的容量和速率需求合理选择 AP 布放的数量和方式。

无线用户选择的速率需求将极大地影响单 AP 并发用户数量与覆盖范围，从而影响网络勘测的结果。例如，以 2 种不同的速率勘测同一开放式办公区域。如果在 2 Mbps 的速率下需要 4 个 AP 覆盖用户区，而如果在 5.5 Mbps 的速率下，则需要 6 个 AP 才能覆盖，如图 10-6 所示。

因此，充分了解用户的业务需求非常重要。如果在错误的数率下完成勘测，并且按照错误的方案进行安装，那么可能只有个别用户在个别区域才能建立 WLAN 连接。根据一般经验，针对用户普通上网业务对速率的要求，单 AP 可支持的并发用户数量约为 15 个。

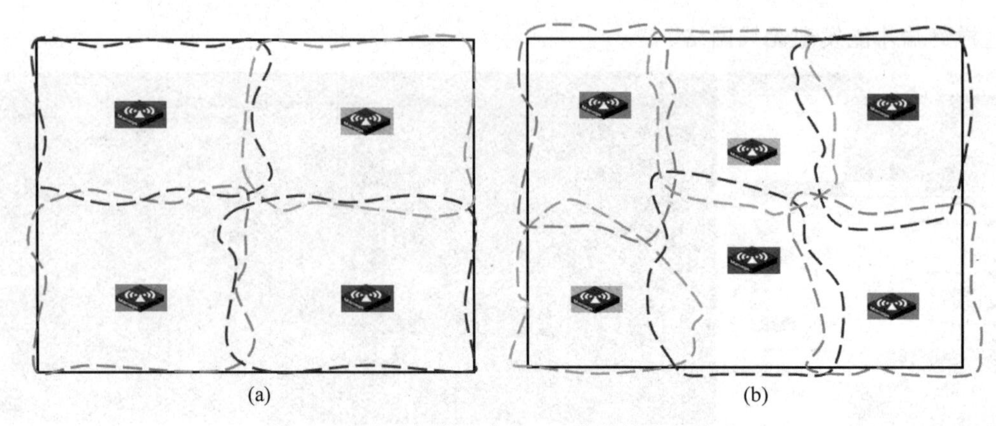

图 10-6 准确把握速率和 AP 数量的配比关系

(a) 以 2 Mbps 速率勘测的结果；(b) 以 5.5 Mbps 速率勘测的结果

10.6 无线信号传播模型及路径损耗

1. WLAN 信号传播模型

WLAN 信号传播时，接收电平估算公式为

$$Pr[dB]=Pt[dB]+Gt[dB]-Pl[dB]+Gr[dB]$$

可见，在 WLAN 覆盖时，路径损耗 Pl[dB]对覆盖效果的影响较大，即无线覆盖的效果容易受到环境变动的影响。

例如，无线终端的接收灵敏度为−80 dBm，如果接收电平 Pr[dB]=−90 dBm<−80 dBm，则因接收到的信号太弱，无线终端无法正常通信。

同时，无线电波在馈线中传播也存在衰减，例如，采用的 1/2 超柔线缆的衰减约为 18 dB/100 m，所以在实际工程实施中馈线不宜过长。

2. 空间传播损耗

(1) 就电波空间传播损耗来说，2.4 GHz 频段的电磁波有近似的路径传播损耗公式为

$$\text{pathloss}=46+10n\,\text{Log}D$$

式中，D 为传播路径；n 为衰减因子。

(2) 如果在精确的信号覆盖情况下，可以把信号强度的变化看成路径损耗的变化。

2.4 GHz 电磁波的空间路径损耗等于自由空间损耗加上附加损耗因子，且随传输距离的增长成指数增长。

对于不同的无线环境，衰减因子 n 的取值也有所不同。在自由空间中，路径衰减与距离的平方成正比，即衰减因子为 2。在建筑物内，距离对路径损耗的影响将明显大于自由空间。一般来说，对于全开放环境下 n 的取值为 2.0～2.5；对于半开放环境下 n 的取值为 2.5～3.0；对于较封闭环境下 n 的取值为 3.0～3.5。

问题：一般写字楼内的办公环境情况下 n 取值为 2.76。求解表 10-1 中传播损耗。

表 10-1 传播损耗

距离/m	传播损耗/dB
10	?
50	?
100	?

$$\text{pathloss} = 46 + 10n\,\text{Log}D$$

解答：一般写字楼内的办公环境情况下 n 取值为 2.76。

$$\text{pathloss} = 46 + 10n\,\text{Log}D$$

当距离 D 为 10 m 的时候，log(10)=1，代入上述公式

$$\text{pathloss} = 46 + 10 \times 2.76 \times 1 = 73.6(\text{dB})$$

计算结果，见表 10-2。

表 10-2 计算结果

距离/m	传播损耗/dB
10	73.6
50	92.9
100	101.2

3. 信号衰减趋势

(1) 如图 10-7 所示，对于大多数终端而言，−75 dBm 以内为适宜强度。

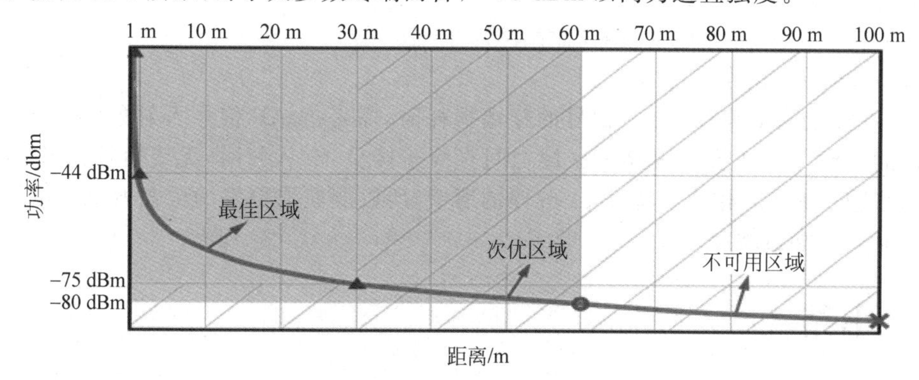

图 10-7 信号衰减趋势

(2) 智能手机、PDA 等手持终端以−65 dBm 为临界值。

(3) 信号衰减趋势在前 10 m 表现急剧，越往后越平缓。

(4) 其他材质下的衰减趋势大致类同，只是趋势线会有凹凸曲折，表现为整个过程不是那么平滑。

无线信号的强度在室内空间中(无门窗、墙阻挡)的衰耗情况大致如图 10-7 所示。

对大多数 PC 终端而言，−75 dBm 以内为适宜的信号强度范围，对应的 AP 覆盖范围为 30 m 左右。而智能手机、PDA 等手持终端要求的信号强度比 PC 终端要高约 10 dB，为−65 dBm。

信号衰减的趋势在前 10 m 表现的急剧下降，越往后信号变化越平缓。在有阻挡物存在的条件下，信号衰减趋势大致相同，只是趋势线会有突降和曲折。在有多径的情况下，由于多径瑞利衰落的影响，信号强度的变化过程不会如此平滑，会存在较大波动，同一个位置的信号强度波动甚至超过 10 dB。

4. 信号穿墙损耗估测

现场勘测时，需要判定建筑物及内部墙体隔断的材质，并估测其对无线信号的影响，从而确定 WLAN 设备的安装位置和数量。

在衡量墙体等材质对 AP 信号的穿墙损耗时，需要考虑 AP 信号的入射角度，如图 10-8 所示。

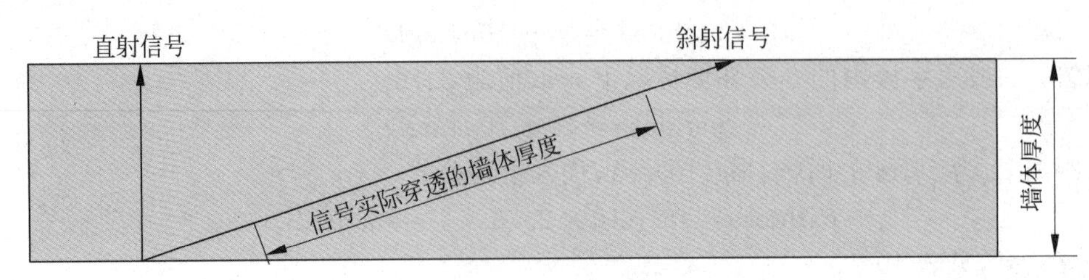

图 10-8 信号穿墙损耗估测

在 WLAN 工程中，需要通过现场勘查的方式了解建筑物和周围各种物质的材质，并估测其对无线信号的影响，从而确定 WLAN 设备的安装位置。例如，将 AP 置于相对较高的位置，可以有效地消除 AP 与无线终端之间固定或移动的遮挡物，从而能够保证 AP 与无线终端之间信号的有效交互，提高 WLAN 的覆盖质量，保障 WLAN 网络的畅通。

2.4 GHz 电磁波对于各种建筑材质穿墙损耗的经验值如下。

(1) 隔墙的阻挡(砖墙厚度 100～300 mm)：20～40 dB。

(2) 楼层的阻挡：20 dB 以上。

(3) 木制家具、门和其他木板隔墙的阻挡：2～15 dB。

(4) 厚玻璃(12 mm)：10 dB。

同时，在衡量墙壁等对于 AP 信号的穿墙损耗时，需考虑 AP 信号入射角度。例如，一面 0.5 m 厚的墙壁，当 AP 信号和覆盖区域之间直线连接呈 45°入射时，无线信号相当于穿透近 1 m 厚的墙壁；在 2°时相当于超过 14 m 厚的墙壁，所以要获取更好的覆盖效果应尽量使 AP 信号能够垂直地穿过墙壁。

10.7 小结

(1) WLAN 网络勘测的价值与操作流程。

(2) WLAN 网络勘测前各项准备工作。

(3) WLAN 网络勘测的内容界面。

(4) WLAN 网络勘测设计的总体原则。

(5) 无线信号传播模型及路径损耗。

第11章

室内外场景WLAN勘测方案设计

在无线网络勘测过程中，尽管遇到的实际场景各不相同，但都需要遵守勘测设计的一般基本原则和注意事项。同时，某些典型场景的勘测设计方式有着比较广泛的适应范围，是值得借鉴与学习的。

11.1 培训目标

(1) 掌握 WLAN 室内覆盖勘测设计原则与技巧。

(2) 了解室内典型场景的特征和勘测设计方法。

(3) 掌握无线勘测的一般方法和注意事项。

(4) 掌握室外场景的勘测方法及桥接应用勘测方法。

11.2 WLAN 室内覆盖设计原则

WLAN 室内规划一般只考虑在同一楼层的区域内通过 WLAN 方式接入该区域的数据用户，楼内不同楼层应该分别考虑进行覆盖规划。例如，在对一幢办公大楼进行室内覆盖规划时，假如在二层办公区域需要 3 个 AP 进行覆盖，一般不会考虑利用这 3 个 AP 的信号来覆盖一层或三层的办公区域，一层和三层办公区域的覆盖规划需要各自重新考虑。

在规划 WLAN 网络时，首先，应该考虑的是 AP 与无线终端之间无线信号的有效交互，因此，无线信号覆盖范围是 AP 选点首要考虑的因素。其次，考虑接入用户的有效带宽，为了保证各用户具有一定的带宽，需要将每个 AP 下同时接入的用户控制在一定数量以下。如 H3C WA2210-AG 推荐接入用户数为 15 人左右，而对于 H3C WA2620-AGN 在 2.4 GHz 射频上推荐接入的用户数在 20 人左右，在 5 GHz 射频上推荐接入的用户数在 30 人左右。

WLAN 室内覆盖区域主要是家庭、酒吧、咖啡馆、教室、会议室、办公室、综合办公区域、酒店、会展中心和机场候机室等。在进行室内规划设计时，除了考量环境格局之外，还要关注用户的业务形态、使用习惯和特殊需求，如对漫游的需求或对特殊业务的针对性部署优化。最后，能将这些业务特质反映在勘测设计的细微之处。

11.3 室内覆盖场景类型及典型分析

WLAN 室内覆盖的区域按区域半径分为大于 AP 覆盖半径区域和小于 AP 覆盖半径区域，一般以 60 m 作为参考经验值。此类划分方式主要考虑一个 AP 的覆盖范围是否能满足所要覆盖的区域，如表 11-1 所示。

表 11-1 室内覆盖场景类型划分

类别		并发接入的终端数量	
		＜15(低密度用户数量)	＞15(高密度用户数量)
覆盖区域半径	＜60 m	宿舍、酒吧、咖啡馆、会议室	教室、大开放式办公区
	＞60 m	酒店、综合办公场所、写字楼	体育场馆、机场、火车站

WLAN 室内覆盖的区域按接入用户的数量分为高密度用户区域、低密度用户区域。一般以单 AP 并发 15 个接入用户数为参考值。此类划分方式主要考虑在一个 AP 覆盖范围内的实际并发用户数量是否会超过此 AP 的接入能力。

按照以上 2 种划分方式,则可出现半径小、并发用户少,半径小、并发用户多,半径大、并发用户少,半径大、并发用户多 4 种覆盖类型。每种类型都有其对应的典型场景,例如,半径小、并发用户少的常见区域为宿舍、酒吧、咖啡馆、小型会议室等;半径小、并发用户多的区域,如教室、人员密集的开放式办公区等;半径大、并发用户少的区域常见有酒店、综合办公场所、写字楼等;半径大、并发用户多的区域有典型的体育场馆、机场、火车站等。

11.3.1 半径小且并发用户较少区域的覆盖规划

半径小、并发用户少区域的覆盖规划有以下几个特点,如图 11-1 所示。

(1) 此类区域一般半径在 60 m 以下,不存在大的障碍物,而且需要接入的用户也不会太多,可以直接使用一个 AP 就可以全部覆盖,并且可以满足并发用户数量的要求。

(2) 此类区域一般有小会议室、酒吧、咖啡馆、居民家庭等。

(3) 对于居民家庭,合理地选择 AP 布放位置也可以兼顾各房间的无线信号覆盖。

图 11-1 半径小、并发用户少区域的覆盖规划

常见的半径小、并发用户不多的场景有学生宿舍,如图 11-2 所示。这类场景的用户较集中,对带宽需求高,业务小包比例高,上网时间规律性强,终端差异性较大,实际的部署需要多权衡业务效果需求与部署成本。

具体要结合每个房间的用户数量和宿舍墙壁的信号衰减实际状况,选择合适的部署方案。既能满足用户的覆盖和带宽需求,又能实现投资经济性。

创新本分体构架:本体静音型号设计,杜绝扰民;单房间部署分体,确保信号覆盖;双频 Wi-Fi 6,极致无线体验。

高性能的无线接入能力:WTU630H 面板安装;双频四路 Wi-Fi 6,组合频率 1.7 Gbps;1GE 上行,4GE 下行。

学生宿舍区是无线网络覆盖和应用的重点区域,此区域并发用户数量多、流量大、业务类型复杂。为保证无线用户的带宽和上网体验,通常在同一楼层需要部署多个 AP。方案之一是将 AP 部署在宿舍的楼道上,通过功分器将天线引入学生宿舍内,一个天线覆盖 3 个左右的房间。这样既可以保证各宿舍内的信号质量,也可以利用宿舍间的墙体降低各 AP 间的可见度,使终端同时接收到的 AP 数量降低,有效地减少 AP 之间的互相干扰,提高无线网络的整体性能。

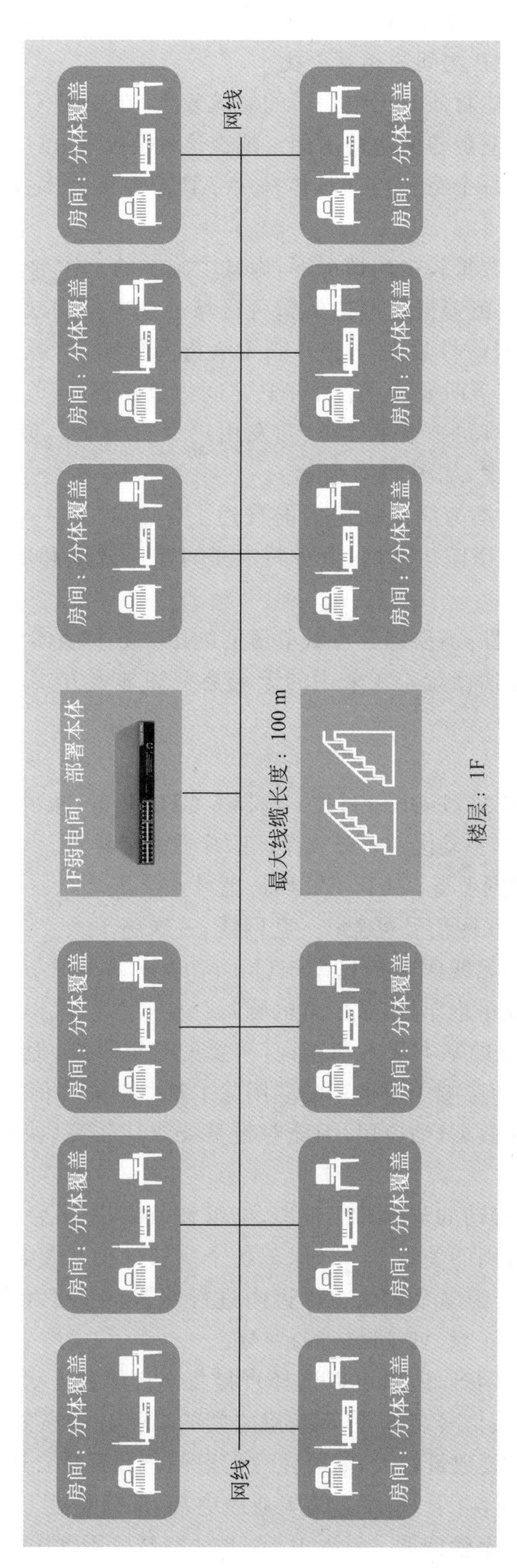

图 11-2 学生宿舍—室内覆盖

如果每个宿舍内的用户数量均较多，考虑到并发用户的有效带宽和上网体验，可选方案二，即在宿舍内直接安装AP，提高无线网络的整体接入能力。在部署时注意各AP信道的划分和功率的调整，以减少各AP之间的相互干扰。

如果某些宿舍楼宇的墙体材质对无线信号的衰减较大，在中间一个房间内安放天线，信号不能很好地穿透宿舍间的墙壁覆盖两边的房间。那么这种情况下，可考虑方案三，即通过AP+功分器的方式将天线安装在每个宿舍内。具体一个AP需要覆盖多少个房间，视每个房间的用户数量而定。

在宿舍楼同一楼层房间数量较少的情况下，为减少施工的工作量，可以考虑简化方案即方案四，将AP部署在楼道内以覆盖楼道两边的宿舍区域。该方案的缺点是部分房间角落里信号强度可能不足，为保证房间信号强度，AP一般无法再降低功率，可能导致同楼层甚至跨楼层同频AP相互干扰，所以部署时要注意各个AP之间信道的划分。

医院病房也是一个场景满足覆盖半径小、并发用户少的场景。勘测时要贴合医疗行业的实际需求提供综合性覆盖方案，如图11-3所示。

医疗场景的Wi-Fi，一种是为满足病房内的普通上网需求，另一种是为满足医院护士的PDA查房业务。后一种属于医院生产网，业务特点是对漫游效果和质量要求非常高，但业务总体流量不大。

实际勘测方案具有灵活性，需要综合考量单房间的用户数和墙体信号衰减情况，并结合工程和产品商务进行全方位评估衡量。在采用的天线类型和部署方式、AP类型、AP部署位置等方面做出最佳选择。

医院覆盖技术点如下。

802.11 ax：单房间独享1.77 Gbps带宽；选择5 GHz频段，减少干扰。

无缝漫游：AP虚拟化+主动漫游；有效保证医疗业务连续性。

多业务扩展：10+物联网业务，RFID/ZigBee/蓝牙/ANT。

灵活部署：可独立部署联网信号覆盖；一套网线，一次施工。

医院的无线网络主要是无线医疗信息系统(hospital information system，HIS)系统的应用，终端设备一般为PDA或手推车(车载便携电脑)。

PDA主要进行病人信息的基本录入和查询，需要的带宽不高，但是无线使用效果和稳定性明显受到PDA终端质量的影响。手推车的应用除了基本的病人信息录入和查询，更多的是实时医嘱、电子病历(多媒体数据)的应用，因此对带宽要求比较高，使用效果取决于便携机的无线网卡。

无论哪种终端的应用，移动的范围都比较广，能够涉及病房的各个角落。因此，信号的稳定性是无线系统医疗行业应用的关键点。为保证各个病房的信号覆盖效果，较少在病房内的施工，可利用功分器将AP分为多个天线在楼道内进行部署，使AP信号更加均匀，保证每个病房都无覆盖盲区。同时要注意AP间信道的划分。

考虑部分医院布线施工困难，所以可以选择直接将AP部署于房间和走廊。这种部署方式适用于病房走廊墙壁厚实、信号衰减大，而病房之间的墙壁对信号衰减小的情况。

但此类部署方式AP布放数量较大，需要注意信道调整和选择合适的发射功率。

对于部分医院HIS业务，由于PDA多为工业级终端，部分类型PDA存在漫游迟滞效应，并因漫游偶尔丢包带来应用卡顿问题。针对PDA此种特殊应用情况，网络侧也有针对性的解决方案，也就是X分式AP部署，即X-share方案。

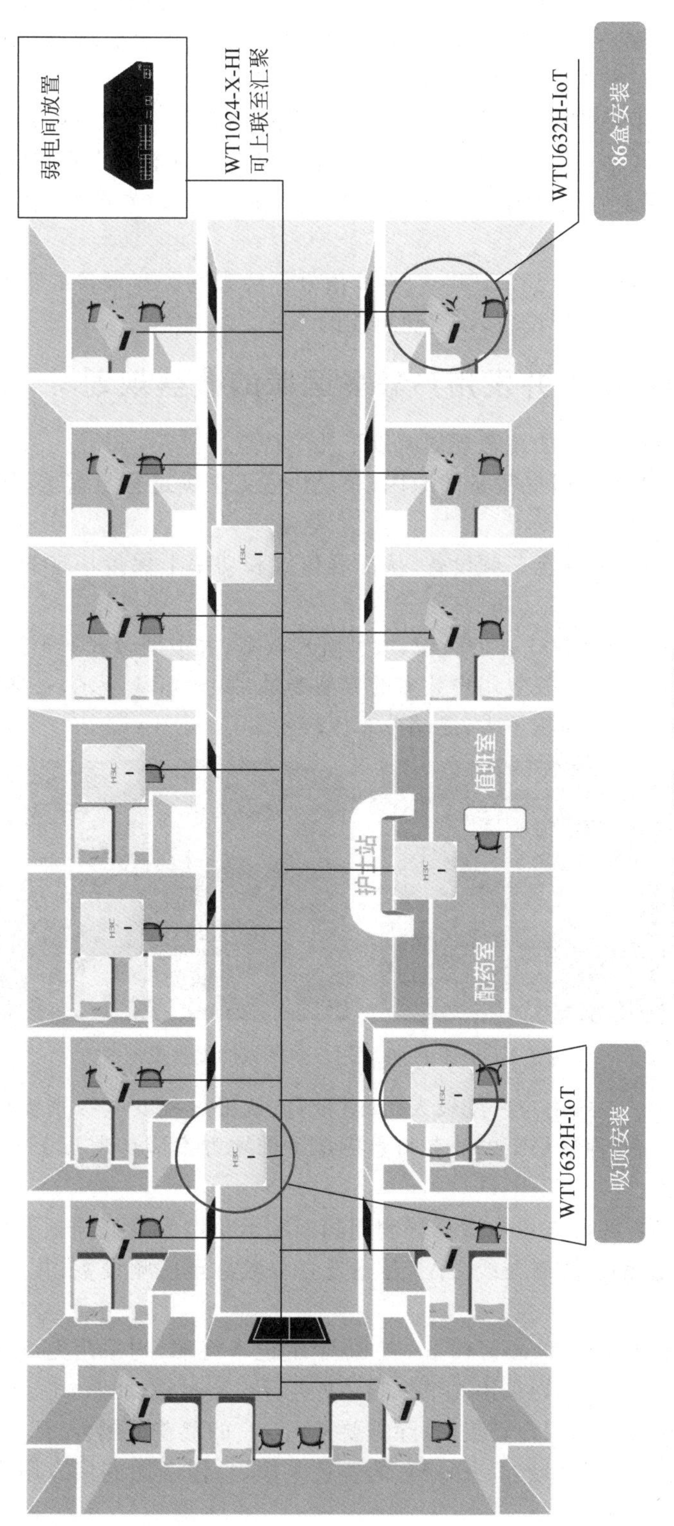
弱电间放置
WT1024-X-HI
可上联至汇聚
WTU632H-IoT
86盒安装
护士站
值班室
配药室
WTU632H-IoT
吸顶安装

图 11-3　医院—病房覆盖

该部署方案必须配合 X-share AP。该类 AP 外置 4～8 个射频口，每射频口同时发射 2.4G 和 5G 信号，通过 1/2 细馈线和 2.4 GHz/5 GHz 双频天线入室。达到一个 AP 同时覆盖 4～8 个房间的目的。最终实现的效果是通过减少实际 AP 的部署数量，来降低漫游发生的频次，减少 PDA 因漫游迟滞效应带来的丢包。

对于以护士站为中心的病房区域，除了通常采用的在走廊内 AP＋功分器覆盖方式外，还需要特别关注每个病区中个别房型特殊的病房覆盖效果。同时根据各医院住院部结构风格不同，病房内洗手间分靠走廊和靠窗台两种，对于靠走廊的房间布局，要特别注意洗手间对信号的衰减作用。

同时，尽管多种测试报告已经证明 WLAN 信号不会影响医疗设备的正常使用，但是我们仍然建议 AP 布放时远离医疗设备，以避免可能的干扰。

11.3.2 半径小且并发用户较多区域的覆盖规划

半径小、并发用户多区域的覆盖规划有以下几个特点。

(1) 此类区域由于接入用户数量的原因，单 AP 已无法满足容量需求，需要使用多个 AP 进行覆盖。

(2) AP 尽量选择双频甚至三频设备，从部署位置和功率上保持一定的物理隔离，降低干扰、提升容量。

(3) 此类区域一般有开放式办公区域、大型阶梯教室、大中型会议室等。

综合办公区属于半径小、并发用户数多的典型场景，如图 11-4 所示，一般该区域中具有隔断、承重柱，是开放区域，但面积不大，终端分布比较密集。

图 11-4 半径小、并发用户多区域的覆盖规划

综合办公区域场景一般用户密度较大，且对带宽、认证过程安全级别要求高，终端性能有差异，接入体验敏感。这种场景下的业务特点决定了部署方案应该着重于保障用户带宽需求和提升用户接入感知。

该场景下选择 AP 部署点位应该充分利用隔断和承重墙来降低同频干扰，天线部署不宜过高，可选择一定增益的窄波瓣天线。AP 尽量选择双频甚至三频设备，并通过功率控制蜂窝大小，提升 WLAN 网络接入容量。

假设某办公区域大小是 25 m×40 m，有 60 个笔记本终端，均采用无线方式上网，同时考虑到满足手机终端的上网，规划采用 3 个三频 AP 进行交叉覆盖，如图 11-5 所示。

此类综合办公区域无线用户较集中，除需要考虑 AP 的覆盖范围外，还应考虑接入用户的数量。25 m×40 m 的覆盖区域在一个 AP 的覆盖范围内，但考虑到接入用户数量较多，还需要部署 3 个甚至更多 AP。

为保证各用户的有效带宽，一般每个 AP 的接入用户数应控制在 30 个左右，此办公区域无线用户数量为 60 个左右，考虑终端的地理分布可能不均匀，以及 5G 终端的数量占比仍较

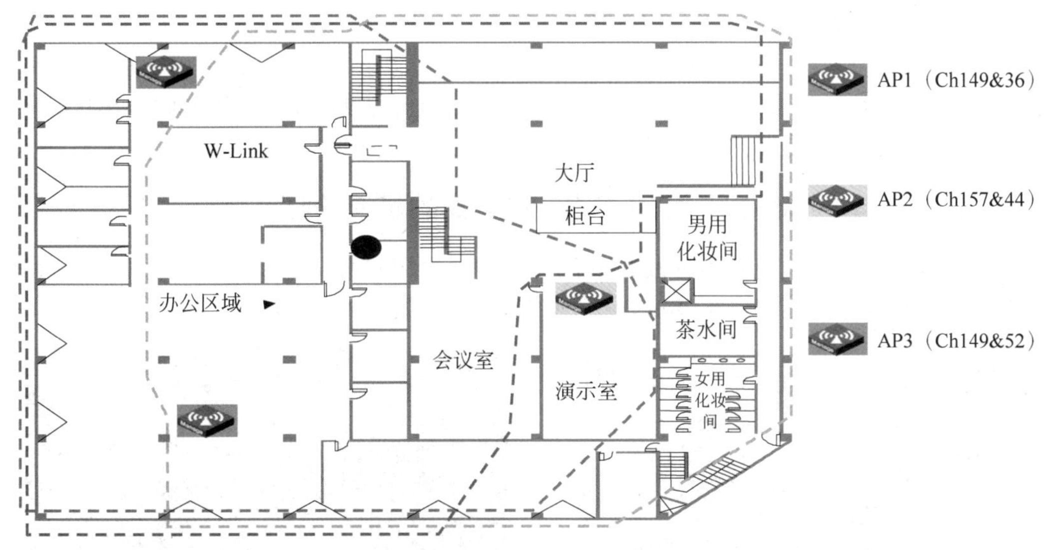

图 11-5 综合办公区域的覆盖规划

低，所以需要部署 3 个 AP。

在部署 AP 时，需要考虑 3 个 AP 间信道的划分，AP 间采用交叉信道部署以较少干扰，所以 AP1、AP2、AP3 的信道分别设置为 1、6、11。

大中型会议室也属于半径小、并发用户多的典型场景，这类场景一般为孤立全封闭空间，内部中空，面积适中，座位分布密集。用户密度较大，业务行为多呈并发集中趋势。所以该场景下的部署方案也应着眼于保障用户的带宽容量需求。

部署中多选用双频支持 5 GHz 频段设备。通过借用环境阻隔和功率控制，尽量缩小单个蜂窝大小，降低同频干扰。例如，AP 的部署高度应尽可能降低，可以直接将 AP 部署在座椅下面。

某会议室大小是 30 m×50 m，座位有 300 个左右，考虑最大并发比例，规划部署 4～5 个三频 AP 进行覆盖。

2.4 GHz 频道考虑关闭。5 GHz 频道选择 20 MHz 频宽，可以满足采用非重叠信道部署。

在 AP 的天线选择上，除了考虑增益和波束宽度这类参数外，也要考虑天线外观，满足现有场景对美观的要求。

例如，如图 11-6 所示某大型会议室大小 30 m×50 m，座位 300 个左右。考虑最大并发比例，规划部署 4～5 个双频 AP 进行覆盖。

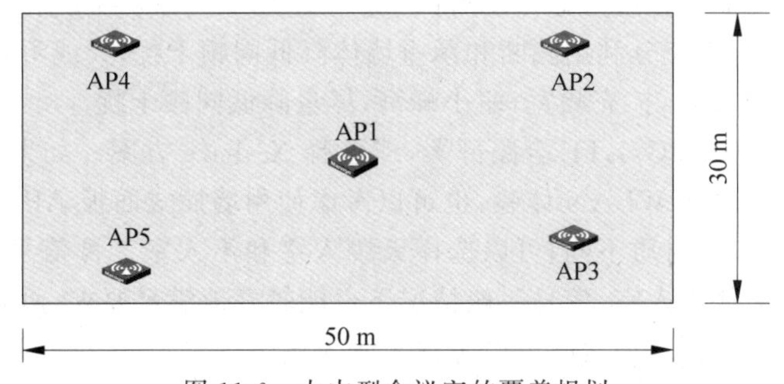

图 11-6 大中型会议室的覆盖规划

AP 位置的选择，均匀布放。AP 高度参数，如果会议室吊顶在 3 m 以内，可以选择吸顶安装；若会议室吊顶高度超过 5 m，则不建议采用吸顶方式，可以选择 AP 贴地放装在座椅下面或采用其他方式。

这样选择的主要目的是让 AP 尽可能靠近接入终端，这样 AP 便可以采用小功率、小蜂窝的方式，以控制干扰提升系统容量。否则如果 AP 离接入终端太远，则可能面临当 AP 降功率会导致接入终端信号强度不足，而不降功率又面临干扰问题的两难境地。

11.3.3 半径大且并发用户较少区域的覆盖规划

此类场景用户物理位置较为分散且单位隔离空间内用户数量较少；一般包括酒店客房、银行营业厅、村舍类民宅、农家乐及 KTV 包厢等场所，如图 11-7 所示。

图 11-7 半径大、用户少区域的覆盖规划

这类场景可以根据需要选用单频大功率设备或双频设备，并考虑采用信号延伸手段，其一为采用合路方式，其二为利用功分器和耦合器进行信号统筹分配。

此类场景用户位置较为分散，单位空间用户数量较少。包括酒店客房、银行营业大厅、村舍民宅、农家乐和 KTV 包厢等场所。此类区域可以根据房间、墙壁、立柱等分割成较小的区域，通常可采用以下 2 种方法进行覆盖。

方法 1：使用大功率 AP+信号延伸的方式完成覆盖。如室分系统合路，利用原有无线网络(如 PHS、CDMA 等)的天馈系统进行 WLAN 系统合路，以达到一个 AP 覆盖较大区域的效果。

方法 2：使用小功率、低规格的面板 AP 分别对各个房间进行覆盖，覆盖时需要注意各 AP 频点的隔离。

其中，方法 2 在系统容量上更有优势，可以应对突发高密接入需求，带宽体验更好。但需要部署更多的 AP，成本较高。

酒店客房属于综合半径大而用户数少的典型场景。该环境中有房间墙壁隔离，空间封闭，终端分散且密度不大对带宽需求一般。这种特点决定了该场景下的无线部署应聚焦于保证覆盖和施工的美观性，对业务容量考虑则相对次要。

实际勘测过程中应该充分利用隔断和承重墙体降低同频干扰，天线不宜过高，可选择窄波瓣天线。AP 采用双频设备，扩充频宽，缩小蜂窝，尽量降低同频干扰。

实际方案可以选择和 3G/LTE 合路部署，或选择 X-share 方案。如果考虑施工便捷性并兼顾容量，以保证高品质的 WLAN 体验，也可以考虑使用墙插式面板 AP 方案。

考虑不同的酒店客房材质不同，可以选择天线入室和不入室 2 种信号延伸的方式。墙体为石膏板等材质的，天线不入室、信号一般情况下也能较好地满足要求，而墙体为砖墙类实墙，特别是房间内靠门有厕所，这类房间可以考虑天线入室。

图 11-8 中根据酒店客房墙体材质，考虑了 2 种方案：AP 部署在走廊和天线入室。当墙体为石膏板材质，信号衰耗不大，天线不入室、信号一般情况下也能较好地满足要求。当墙体为砖等实体墙，特别当靠近房门有厕所的时候，这类房间要考虑天线入室。

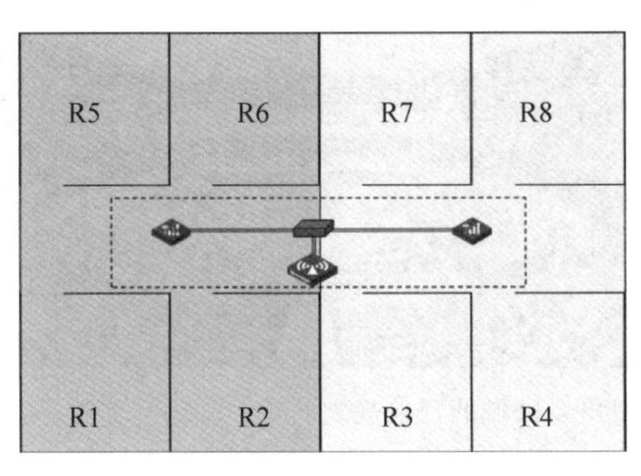

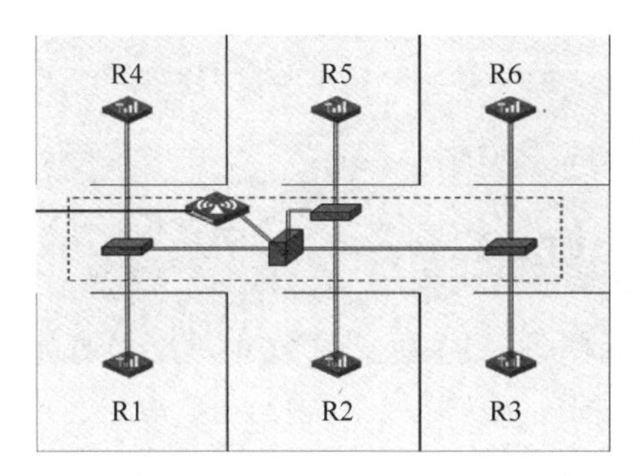

图 11-8　酒店客房的覆盖规划

当然，为了降低施工困难度，也可以选择墙插式面板 AP 入室的方案。

乡村宽带如果使用无线方案，也是属于半径大、用户少的典型场景。这类住宅一般分布较为松散，使用人员相对稀疏。但业务需求是带宽要求高、接入质量好。在部署时要兼容投资经济性和网络质量。

如图 11-9 所示，实际部署中，可以考虑场景化较强的 CPE 解决方案。即利用 CPE 类大功率终端将 AP 的信号进行大范围延伸，满足乡村民宅这类用户稀疏但对网络质量有一定要求的场景。勘测时，要综合考虑 AP 的上塔位置、高度、天线朝向等。

选择 CPE 解决方案后，勘测过程中还要注意在 AP 型号选择、天线选择、附件配置、CPE 型号确定、工程安装要求等方面做出细节记录和特殊情况备注，以便在部署实施时能够做到尽量完备。

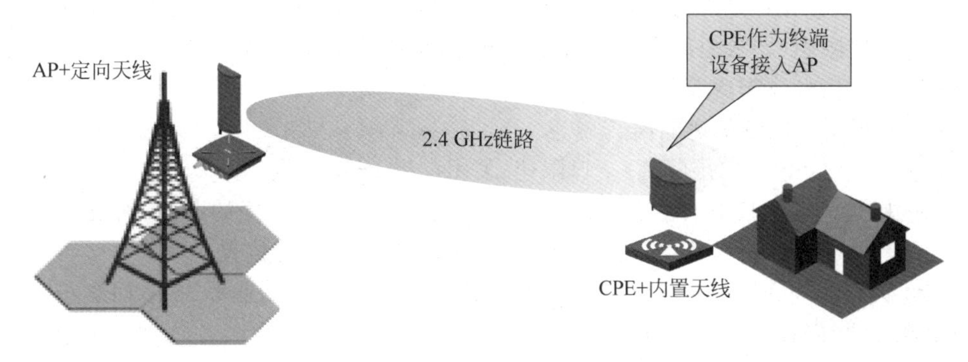

图 11-9　村舍住宅的覆盖规划

村舍场景当选择 CPE 方案后，勘测过程注意 AP 型号选择，根据 AP 的安装形态选择合适天线、CPE 型号。工程安装要求：如天线对准覆盖目标区、远离 4G 基站天线 5 m 远以上等。

11.3.4　半径大且并发用户较多区域的覆盖规划

此类区域属于典型的高密场景，一般而言，AP 频段资源无法完全满足此场景下需求。

此类区域一般包括机场、体育场馆、火车站候车大厅等，如图 11-10 所示。

半径大、并发用户多的场景属于典型的高密场景。这个场景不能认为是多个小半径小域的简单叠加，因为缺少空间隔离度带来的干扰问题是该场景需要面对的突出问题。一般而言，AP 的 2.4 GHz 频道资源无法满足该场景下的需求。

AP 应该选择高性能双频设备，部署位置需要在空间上实现一定的物理隔离。

此类覆盖半径和用户数均较大的场景区域在现实中比较难进行规划设计，且部署实施也存在较大难度，主要是由于协议本身的缘故，频段的有限资源和总线型的访问机制决定了在这

图 11-10 半径大、并发用户多区域的覆盖规划

种超高密场景下 Wi-Fi 无线网络只能提供尽力而为的网络接入服务。

此类场景一般用户密度很大、空口干扰严重、终端类型差异较大、接入体验敏感，有一定的漫游需求，这种场景下的业务特点决定了部署方案应该着重降低干扰和提升用户接入感知。

实际部署应该降低天线安装高度，利用现有环境尽量进行同频隔离，同时保障重要区域信号强度。AP 采用双频设备，缩小蜂窝，进行信道规划及优化各类参数以提高空口效率。

这类场景的用户接入密度大，且因环境开阔导致 AP 间信号可见度大，干扰一般较为严重。通过合理地选择 AP 布放方式和位置，尽量借助环境进行同频隔离，可以一定程度上提升容量，但总体无法完全保证 2.4 GHz 频道的使用效果。

部署思路如下。

(1) 采用 2.4 GHz/5 GHz 双频设备。

(2) AP 布放高度控制在 3 m 以内。

(3) AP 布放位置尽量靠近用户群：如 AP 布放在座椅休息区、周边商铺壁挂等。如果由于 AP 安装位置限制，导致距离用户群较远，可以考虑借助定向天线来增强目标区信号强度，并合理控制 AP 信号波瓣覆盖范围。

(4) 蜂窝部署＋同频信道隔离。

(5) 空口优化：包括二层隔离、空口限速、关闭广播 probe 应答等。

候机区域是机场场景下的重点覆盖区域，属于半径大、用户密集的典型，而现实中候机区域可以利用环境格局来进行天线隔离部署，如某些立柱、商铺顶等位置。

商铺和贵宾厅等区域覆盖和候机区域的应用类似，以无线上网业务为主，而这些区域的覆盖比较常规，选择好且合适的位置点安装 AP 即可。

机场室内的无线应用主要用于旅客上网。

在进行机场区域的室内覆盖时，一般使用立柱壁挂或商铺吸顶等方案，如图 11-11 所示。部分区域根据装修风格不同，可以使用吸顶天线或定向平板天线完成覆盖。一般机场的值机大厅由于龙骨较高，不便于安装吸顶天线，多依托地面上的其他结构(如罗盘箱)安装定向天线进行覆盖，而在旅客候机区，多在合适的天花板或掉片位置安装吸顶天线进行覆盖。

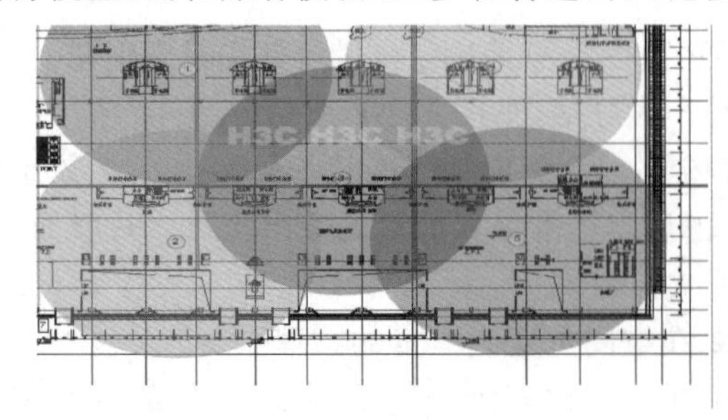

图 11-11 机场候机区域、商铺及贵宾厅等覆盖规划

如果在装修初期完成实地的勘测，要充分考虑装修效果的变化和装修建材的衰减。由于机场处于公共场所，对人流、对信号的干扰也要提前估计。

除候机区域外，机场还有一些使用无线的业务生产网，近机位和值机区域就属于这类区域，如图 11-12 所示，而远机位一般不做覆盖。

这些区域一般使用 PDA 类手持终端进行诸如旅客行李、离港查询及屏显控制等业务系统的操作。这类业务需要无线信号连续、稳定且品质良好，且整体方案可靠性高。

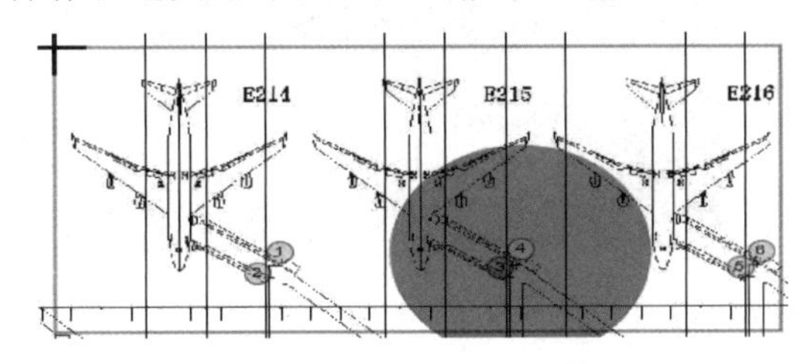

图 11-12 机场近机位、值机台等生产应用区域的覆盖规划

机场无线的另外一种应用场景在业务生产网。机场的无线网络室外覆盖主要是近机位的旅客行李系统等应用，覆盖区域主要集中在廊桥和近机位行李卸货区，使用的无线终端通常为 PDA 等。而对于室外远机位的覆盖，由于机场环境的复杂性，不建议推荐此类方案。

对于室外近机位区域一般可通过在航站楼某位置安装室外 AP+定向天线的方式进行覆盖。定向天线保持一定的下倾角度，对准需要覆盖的区域，通常可覆盖 100～200 m 的距离。

火车站候车大厅是典型的高密覆盖场景，空口可见性高、隐藏节点多、竞争冲突严重，主要难点在干扰和覆盖控制方面。

该场景下无线部署主要遵循"小微蜂窝"原则，尽量减少每个 AP 的覆盖区域。利用已有的障碍物、降低功率、降低 AP 安装高度，以及考虑采用合适的天线实现 AP 间隔离。

另外，在提高 AP 空间隔离度的同时，也要考虑提高区域内用户之间的隔离度，使一片区域内的终端数量有限，从而提高竞争效率，减少资源浪费。可以考虑通过改变环境空间布局予以改善，特别是在新建网络时，可以想方法设置一些隔断或障碍物，分割用户群体。

增强 AP 和终端之间的信号强度，信号更强有利于抵抗噪声和弱 Wi-Fi 信号的干扰影响。信号强度是第一位的，尤其在这种易形成干扰的场景下，提高信噪比有利于用户速率的提升和信道的竞争。可以考虑将 AP 部署在用户位置附近，如座位下、商铺里面等，提高用户感知。

在频谱资源扩充方面，需要考虑双频部署，使支持 5G 的用户能够尽量接入干扰较小的 5 GHz 频段。目前不仅大部分笔记本都支持 5G，而且许多高端智能手机也已经开始支持，所以 5G 频段的使用率已经越来越高。部署实施时，可以考虑关闭 2.4 GHz 频段来引导用户端尽量接入 5 GHz 频段。

空旷环境下的另外一个部署要点是让 AP 尽量贴近用户群和终端区域。一是可以在保证 AP 发射功率不变的前提下提高信号的接收强度和接收质量，二是 AP 贴近用户群时，可以降低对其他区域越区覆盖干扰。在具体操作上面，可以将 AP 部署在用户位置附近，如等待区座位下、商铺里面吸顶或商铺墙面上壁挂安装。

频谱资源方面需要尽量使用双频产品，和支持 5 GHz 频段的方案。可以大幅降低信道复用度，从而控制干扰，提升系统容量。

体育场馆有很多功能区，包括记者席、新闻发布中心、VIP 包房、普通席观众等属于典型高密场景。其中观众席是半径大且用户数多的典型区域，空间开阔，用户端位置密集，空口可见性高，干扰隐患重。

体育场馆中呈封闭圆周类型的比较常见，如图 11-13 所示，其无线覆盖方式和火车站场景类似，AP 选择双频部署，尽量缩小微蜂窝，利用现有环境格局条件及选择合适天线进行同信道隔离，提高用户端的信号感知，可考虑在座位下部署 AP 的非常规方法。

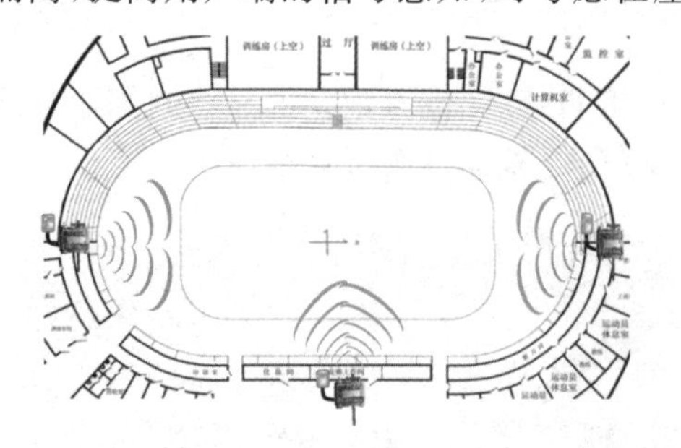

图 11-13 体育场馆的覆盖规划(1/2)

许多体育场馆属于半开放或全开放、单侧或双侧观众席类型，这类场馆的覆盖可以采用定向天线进行定向覆盖，天线附着位置可选择某些立柱、天顶支架等，如图 11-14 所示。

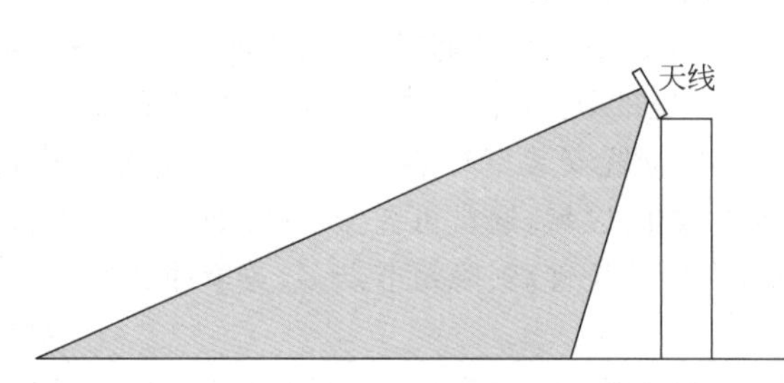

图 11-14 体育场馆的覆盖规划(2/2)

体育场馆中的主席台、记者席、裁判席等属于无线敏感区，也是覆盖的重点，这类区域一般和观众席处于一个空间内，基本无物理隔断。这类重点区域需要进行针对性方案，可采用定向天线聚焦、专用 AP 部署，以及规划专用频段或信道的方式进行优化适配。

11.4 室内无线勘测方法及注意事项

11.4.1 无线勘测方法概述

无线勘测是指勘测人员到现场进行实地勘察和测试，通过物理工具和设备或者实践经验进行现场 AP 定点、部署方式及工程辅材选择等内容的确定。

无线网络勘测必须亲临现场进行，即使对于颇有无线勘测经验的工程人员也不例外，任何不到现场只在图纸上进行定点标注的勘测行为都是不合理的，相关设计结果也是不可靠的，会存在较大设计风险。

实地勘测一般可以有两种形式：一是使用实际设备进行模拟测试；二是通过实地了解物理环境，结合经验进行综合评估测算。

勘测需要关注设计与实际部署位置之间的差距，这需要在勘测过程中特别注意。

勘测落地的结果可以借助软件形成美观性、实用性和指导性兼具的报告。

选择室内最易出现信号死角或盲区的位置，放置勘测 AP，进行信号临界值测定。如以－70 dBm 为信号临界值进行测试，可评估出以 AP 为圆心的一个圆，圆周是信号为－70 dBm 的点位置。

在一个倒L形的开放式办公区域要求无线信号全覆盖、无盲区,信号强度的临界标准为－70 dBm。首先将AP1部署在此办公区域上方最角落的位置,如图11-15所示,然后以AP1为起始点逐渐往中间区域移动,并通过信号测试软件找到AP1信号－70 dBm的覆盖标准临界位置。

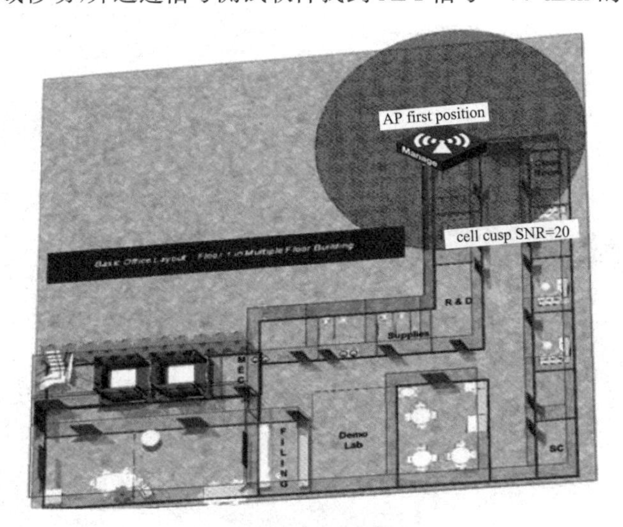

图11-15　室内勘测信号临界定点法(1/4)

在临界圆周位置上选择一个定点作为AP部署位置,如图11-16所示,利用圆半径等同原理,部署点AP的信号在之前勘测的死角或盲区处就可以有最低临界值的信号保证,同时又避免了信号向外的泄漏浪费,实现规划经济性。

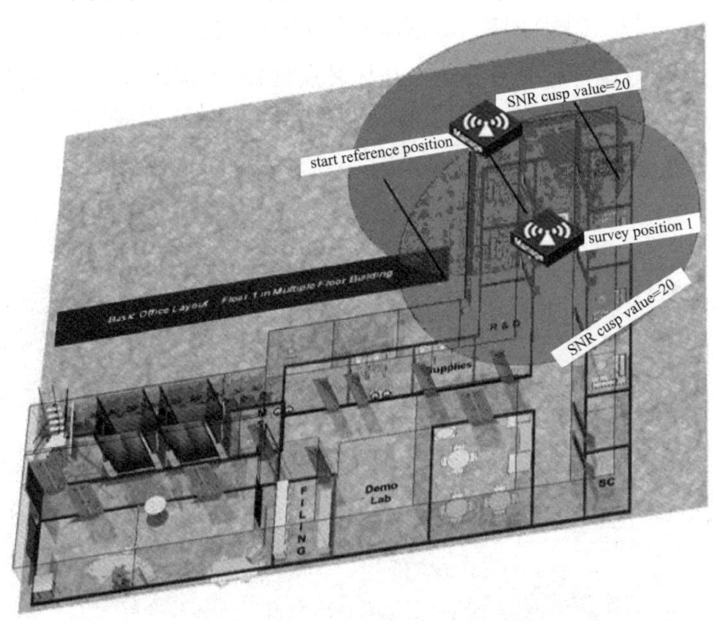

图11-16　室内勘测信号临界定点法(2/4)

根据逆向思维的方式,利用信号测试软件找到的信号强度值为－70 dBm的覆盖标准临界位置才应该是AP1的实际部署位置。这样就可以保证目标区域最角落位置的信号强度正好满足信号覆盖的强度标准。

以同样的方法在另外的一个死角或盲区位置进行信号临界值测定。

同理,首先可将AP2部署在此办公区域下方最角落的位置,如图11-17所示,然后以AP2

为起始点逐渐往中间区域移动,并通过信号测试软件找到 AP2 信号强度为－70 dBm 的覆盖标准临界位置。

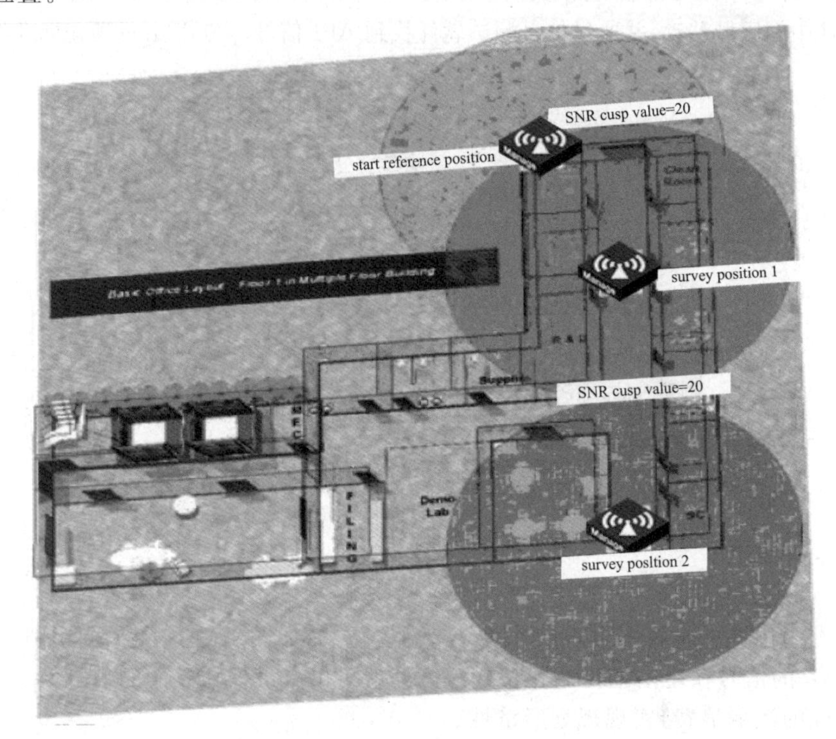

图 11-17 室内勘测信号临界定点法(3/4)

同样道理,选择信号临界位置处作为 AP 部署点位置,既保证覆盖,又避免浪费。

这种勘测定点方法通过测试信号覆盖临界值,勾画出覆盖"步履",且"步步为营",逐步实现目标区域的全覆盖,如图 11-18 所示。

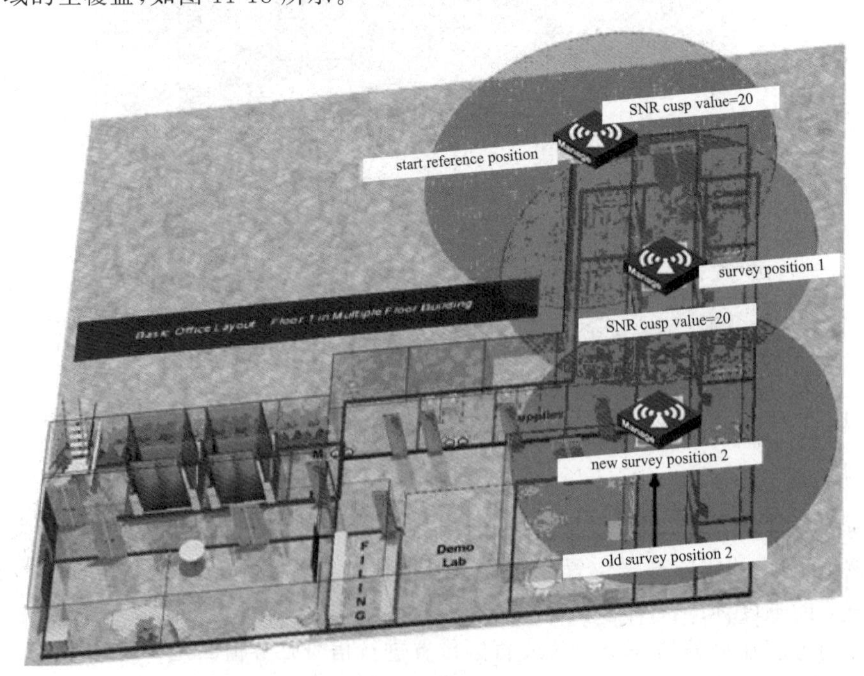

图 11-18 室内勘测信号临界定点法(4/4)

此临界位置也是AP2的实际部署位置，以保证下方角落的覆盖效果可满足信号强度标准。可见，通过此方式可以很好地解决信号覆盖盲区与死角的问题，可以在无线网络的实际勘测中采用。

但在实际情况中，按照临界点选出的部署位置并不一定适合AP的安装，如数据线、供电等因素的限制，因此，还需要综合多方面因素决定AP实际部署时最为合适的安装位置。

11.4.2　无线勘测注意事项

图11-19表明，勘测时AP的部署位置与工程实施中AP实际的部署位置可能存在一定的区别。为保证勘测数据的准确性，勘测时AP的部署位置应尽可能地与实际安装位置保持一致。

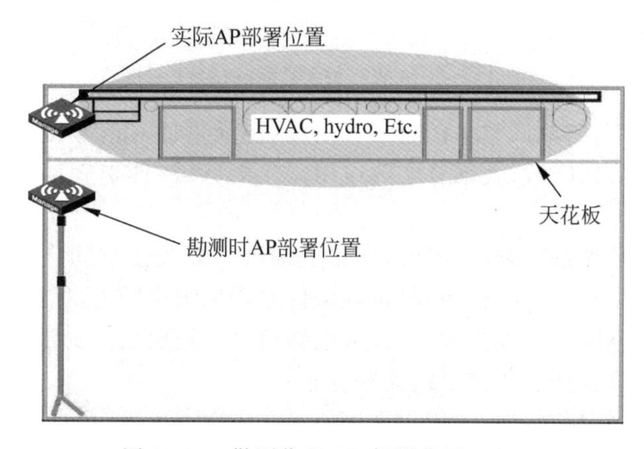

图11-19　勘测位置VS部署位置(1/2)

特别是当采用AP直接放入天花板内的部署方案时，天花板内各种管道、金属龙骨，以及可能的铝合金扣板都会对实际的信号覆盖效果带来较大的影响，而往往在勘测时难以部署在实际的安装位置，从而忽视了这些因素的影响。所以，为了获得和勘测效果一致的无线覆盖效果，一般建议采用AP+吸顶天线的方式进行覆盖。

一般情况下，当采用AP+吸顶天线方式部署的时候，从美观性、维护性及覆盖性来看都会取得较好的平衡，但是，有几个问题必须重视。

(1) 如果覆盖区域的障碍物对射频信号的吸收、折射、散射、反射的影响较大，将会大幅降低信号质量。

(2) 通常情况下，可以考虑通过降低功率和调整信道来减少可能的同频、邻频干扰，实现"微蜂窝"的组网架构。

(3) 应尽量避免楼层中承重柱、支撑结构等对射频信号的传播带来不利的影响。

在进行无线网络勘测时，需要保证覆盖范围是具有实际应用需求的区域，当信号的覆盖受到障碍物的影响而导致实际应用需求区域无法满足基本覆盖，则需要及时地调整部署方案。

在实际勘测时，AP放置的位置比较理想化，仅仅需要通过基本的勘测获得样板区域的覆盖指标。而当进入实际部署阶段时，为了避免可能的障碍物的影响，需要调整个别安装位置以获得最佳覆盖效果。

例如，图11-20中走廊两边的房间为信号覆盖的目标区域，而勘测时AP的部署位置由于受到承重柱的影响使下面的房间成为信号覆盖的盲区，因此，在实际的工程部署中需要考虑调整AP位置，解决以上问题。

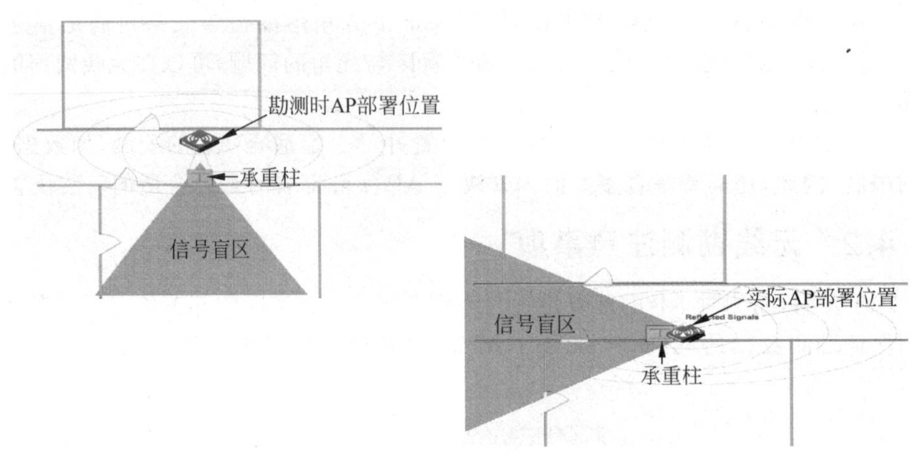

图 11-20 勘测位置 VS 部署位置(2/2)

在实际工程部署中,简单调整 AP 的部署位置,使承重柱对信号覆盖的效果影响最小,所产生的信号盲区为非目标区域,大部分实际应用需求的区域(即走廊两侧的房间)都可以得到很好的信号覆盖效果。

无线信号的空间传播是三维的,因此,在站点勘测时要关注空间环境的格局状况,同时设计方案要考虑到信号在空间上的传播,尽量降低信号在三维空间上的可见性。

在降低信号三维空间可见性方面,可以从控制信号在楼层之间的泄漏入手,在部署位置和天线选择等方面尽量降低楼层间信号的无序分布。

在进行室内部署时,在满足一定用户密度的无线应用需求下,要尽可能地减少三维空间中的信号可见数量,包括上下楼层的信道规划要通盘考虑。

例如,在图 11-21 中的应用场景中,房间与房间之间的隔断墙的衰减是 4 dB,木制门的衰减是 3 dB,走廊和房间之间的承重墙的衰减达到 18 dB。针对这种空间环境,即使减少 AP2 的功率,也能获得较好的房间覆盖效果。因此,在满足用户密度的情况下,应该减少 AP2 的功率,降低各 AP 之间的可见度,使无线终端在三维空间可看到的信号数量尽可能最少。

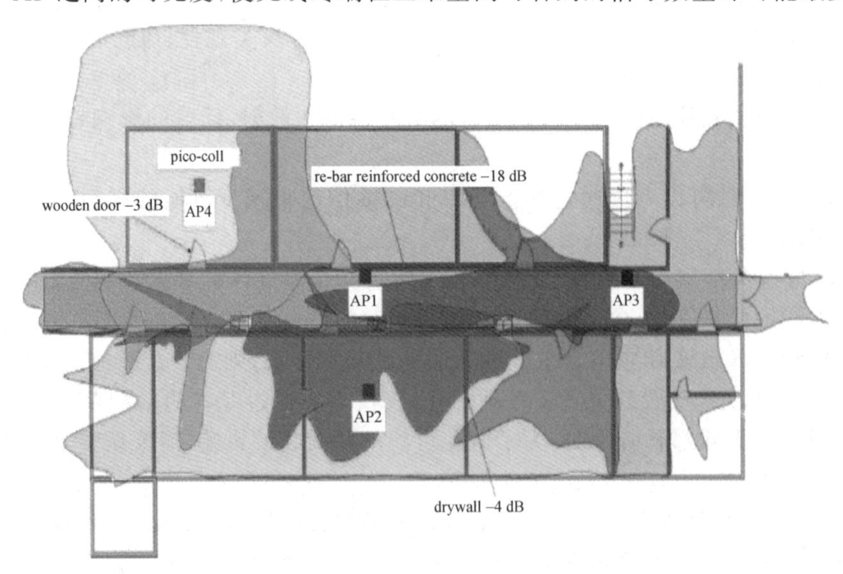

图 11-21 勘测注意事项—考虑信号在空间上的传播影响

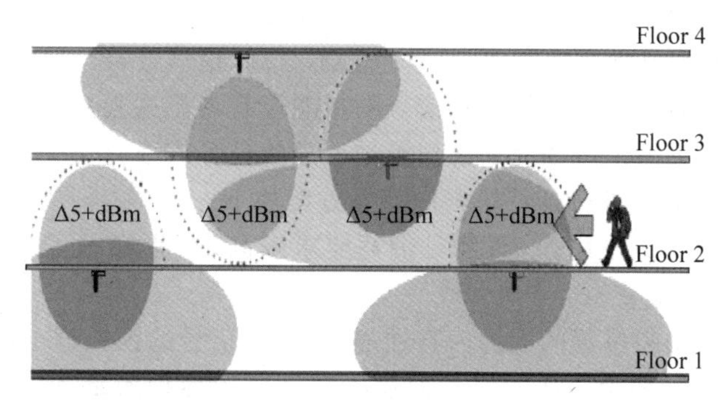

图　11-21(续)

11.4.3　无线勘测需遵循的优化理念

勘测工作属于项目前期性质内容，属于网络前期规划设计阶段的工作，如果勘测工作能够以最优化的理念进行，可以最大化保证项目实施的质量和投资效益。

勘测工作不仅需要关注客观因素，如建筑物格局、材质、安装位置、供电、天线、AP类型等，而且更加需要注重主观的因素，如客户对于环境的美观考量、对于安装位置的个性要求、对于天线的选择需求，以及一些非常定制化的上网需求等。

勘测时融入WLAN优化的理念，不仅可以保障项目能够高品质的完成，而且有利于降低项目后期的维护成本，同时也可以最大化提高网络满足未来业务成长性的需求。

场景描述如下。

(1) 2个十字交叉走廊分4个办公室；工程部办公人员较为固定。

(2) 走廊有休闲茶歇座位区域；沿走廊两侧摆放有很多陶瓷饰品及盆栽。

(3) 市场部、销售部办公人员较少，有移动办公需求。

如部署某无线网络时，其勘测到的场景如图11-22所示。

(1) 2个十字交叉的走廊分4个办公室，将3个不同部门分割开。

(2) 工程部会经常有大量的用户存在，他们对带宽要求较高。

(3) 市场部和销售部办公人员较少，他们对带宽要求不高，但2个部门之间经常相互移动办公。

(4) 每个房间靠近2个走廊交叉区域的位置为承重墙，同时在走廊外也摆放了许多工艺品，此区域对射频信号衰减较大。

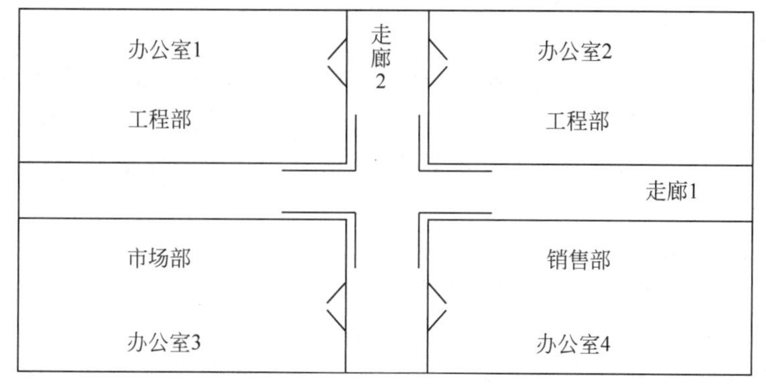

图11-22　渗透优化理念的无线勘测设计示例(1/3)

单纯使用自动化规划软件进行部署计算内容如下。

(1) 软件计算考量基本客观因素,部署位置不合理,信号会有盲区。

(2) 走廊陶瓷饰品及盆栽等物体对信号的影响没有考量进去。

(3) 部署设计无法满足市场和销售部漫游移动的信号需求。

采用常规的覆盖需求进行计算给出的部署方案如下。

由于工程部经常有大量用户,而且对带宽要求较高,因此每一间办公室都安装一台 AP,壁挂在墙壁上,使用自带 2 dBi 全向天线。

工程部两个 AP 安装位置的墙面为普通隔断墙,对信号的损耗较小,因此,市场部、销售部的大部分区域也可被这两个 AP 的信号覆盖。在市场部与销售部的办公室之间部署第 3 个 AP 解决信号覆盖的盲区问题即可,如图 11-23 所示。

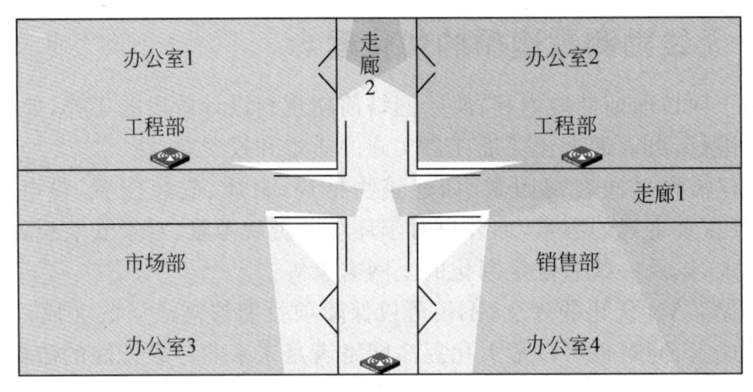

图 11-23 渗透优化理念的无线勘测设计示例(2/3)

以上部署方案也能满足大部分的上网需求,但存在的问题如下。

(1) 没有从用户应用、用户密度、工作流程等方面综合考虑。

(2) 部分区域还有信号覆盖盲区。

(3) 在需要经常移动的市场部和销售部的办公区域,用户移动时会发生多次不同信号覆盖区域间的切换。

(4) 在走廊 1 移动的用户只能通过泄露信号覆盖,信号质量较差。

采用优化理念设计思路进行改良内容如下。

(1) 工程部办公人员多,每个办公室放一个 AP,置于承重墙处。

(2) 市场部和销售部之间的 AP 放置在两办公室的门口处。

(3) 在走廊 1 的一端采用高增益定向天线覆盖。

融入优化理念设计的改良部署方案。

如图 11-24 所示由于工程部经常有大量用户,而且对带宽要求较高,所以每一间办公室都安装一台 AP,而 AP 安装位置移至承重墙角落处,采用定向平板天线覆盖各自的办公室,这样可以保证每个 AP 的信号都集中在各自房间内,同时利用承重墙对信号的较大损耗以防止信号泄露到房间以外。

在市场部和销售部之间的 AP 放置在两办公室的门口处,这样 1 台 AP 可覆盖两间办公室的区域,移动办公的无线用户不会再出现跨小区域切换的情况。

在走廊 1 的一端采用高增益定向天线覆盖走廊 1。

通过比较可以看出,优化后的方案更符合无线网络勘测设计的基本原则(空间信号之间的可见度较小),更加贴近用户的实际需求和应用模型。而除了对 AP 部署位置的简单调整外,常用的无线网络部署优化手段还有:信道设置、功率调整、天线的选择(全向、定向、杆

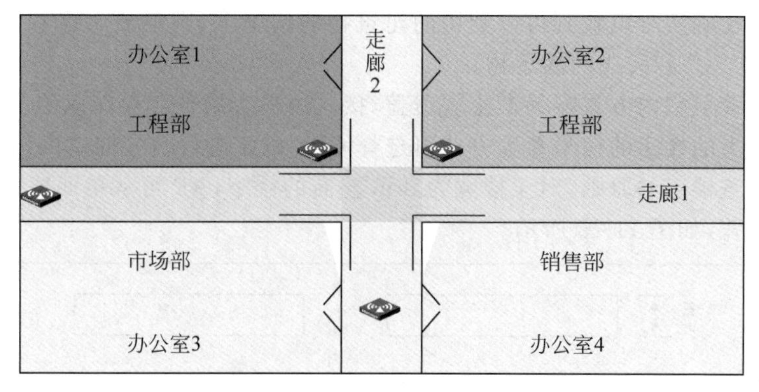

图 11-24　渗透优化理念的无线勘测设计示例(3/3)

状、平板、八木、吸顶等)。

11.5　室外勘测设计原则及注意事项

11.5.1　室外勘测设计原则

在 WLAN 室外覆盖规划时,首先考虑到的是 AP 跟无线终端之间信号的交互,满足信号覆盖强度是第一位的。因此,保证 AP 有效地覆盖用户区域是 AP 安装必须考虑的因素。例如,在利用 WA2220X-AGP 进行室外覆盖,当使用 11 dBi 2.4 GHz 室外定向天线时,在空旷区域的覆盖距离建议考虑在 400 m 左右,在半开阔环境中能够达到约 300 m。当达到极限距离时,速率将降为 1 Mbps 左右。同时,为保证用户带宽,对 WA2220X-AGP 而言,建议每个 AP 下的用户数量不超过 20 个。

在进行天线选择时,需要尽量考虑信号分布的均匀,对于重点区域和信号碰撞点,需要考虑调整天线方位角和下倾角。

天线安装的位置应确保天线主波束方向正对覆盖目标区域,保证良好的覆盖效果。

相同频点的 AP 的覆盖方向尽可能错开,避免同频干扰。

被覆盖的区域应该尽可能靠近 AP 的天线,被覆盖区域与 AP 的天线尽可能直视。

对室外覆盖室内的情况,从室外透过封闭的混凝土墙后的无线信号几乎不可用,需要借助中继设备将信号延伸至室内,如采用 CPE 解决方案。

将全向天线安装在需要覆盖区域的靠中间位置,以覆盖周围的室外空间。这种方式适用于无具体目标的泛化覆盖需求。

将定向天线架在高处并保持一定的下倾角,进行室外空间的覆盖,适用于聚焦目标覆盖。此覆盖方式是室外空间覆盖中比较常用的方式,如广场、道路区域的覆盖,这种覆盖有以下特点。

(1) AP+定向天线在空旷区域的覆盖半径较大,一般可达 200 m。

(2) 根据覆盖区域的形状选择合适增益的天线和安装位置,并通过控制天线安装高度和下倾角控制覆盖范围,避免越区覆盖产生干扰。

通过在本楼安装高增益、较大水平波束宽度的定向天线实现对对面建筑 WLAN 覆盖的方案,较适合于楼层较少,楼体不宽的小区单元。低楼层可能会存在少量覆盖弱的死角,可通过调整天线下倾角、方位角的方式加以改善。天线的最佳安装位置一般是楼层的中间位置。

将天线上倾的定向覆盖,这种室外覆盖室内的方式适用于一些只需局部覆盖的高层建筑

(如宾馆等)。或在确实难以找到可以利用的建筑物的情况下,则需要考虑利用小区内的路灯柱,或另加抱杆作 AP 和天线的固定物。

后两种室外覆盖室内方式容易产生弱覆盖,接入用户容量也会存在瓶颈。不推荐采用。

纵向深度不大的楼宇的信号覆盖方式可选择 CPE 设备进行信号向室内延伸

根据室外覆盖楼宇的原则,对于楼宽为 8 m 左右的楼宇,AP 可从单面覆盖,AP 的信号透过门窗来完成覆盖,如图 11-25 所示。

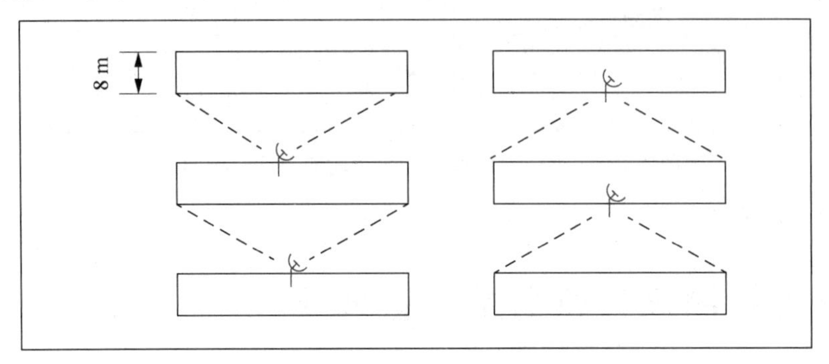

图 11-25 由室外覆盖楼宇室内原则(1/2)

这种方式适用于接入用户量不大的场景,并存在弱覆盖风险。当信号覆盖不足时,可以考虑通过 CPE 设备进行信号延伸。

纵向深度较大的楼宇的信号覆盖方式可选择 CPE 设备进行信号向室内延伸。

根据室外覆盖楼宇的原则,对于楼宽为 12 m 左右的楼宇,AP 已很难以单面覆盖达到很好的覆盖效果,需要考虑从楼的两边向本楼进行覆盖,如图 11-26 所示。

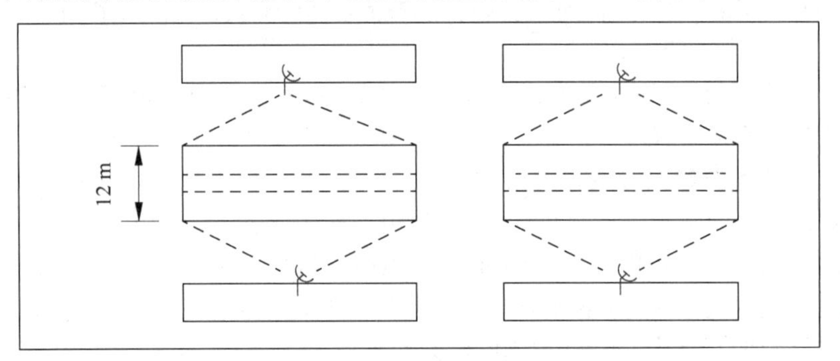

图 11-26 由室外覆盖楼宇室内原则(2/2)

这种方式适用于接入用户量不大的场景,并存在弱覆盖风险。当信号覆盖不足时,可以考虑通过 CPE 设备进行信号延伸。

11.5.2 室外勘测注意事项

在 WLAN 室外勘测中可关注以下注意事项。

(1) 需要协调人员进行实地站点勘察测试,不能仅从图纸上给出覆盖方案。

(2) 勘测主体内容与室内勘测类同,即需要进行 AP 位置、AP 数量及类型、供电方式、天线类型、天线安装位置等主要内容的确定。

(3) 除了以上信息外,相关工程附件(抱杆、套件、电源线、套管、网线和馈线等)也需要相应匹配到位。

11.6　室外桥接应用勘测设计原则及注意事项

11.6.1　室外桥接勘测设计原则

无线室外桥接应用的勘测同样是指勘测人员到现场进行实地勘察和测试，通过物理工具和设备进行现场AP位置选定、距离测定、天线确定及工程附件配置等工作。

室外桥接应用一般采用5 GHz频段，2.4 GHz频段因为干扰原因一般不采用。

无线桥接是通过建立AP之间的WDS链路实现远距离无线通信，首要保证链路的稳定性，其次是链路带宽。通过选用不同增益的天线实现不同距离的无线桥接方案，原则上推荐点对点桥接组网，不推荐点对多点模式，也不推荐级联桥接模式。

桥接的工程部署质量对效果影响重大，直接关系无线桥接的信号强度、稳定性和可靠性，如设备固定牢固、天线对准、防水防雷、接地等。

11.6.2　室外桥接勘测注意事项

如图11-27所示，点对点的长距离无线网传输必须保证两点之间可视。而造成不可视的原因除了障碍物(如山脉、建筑物、树木等)，还必须考虑地球曲率、地理特征的影响。

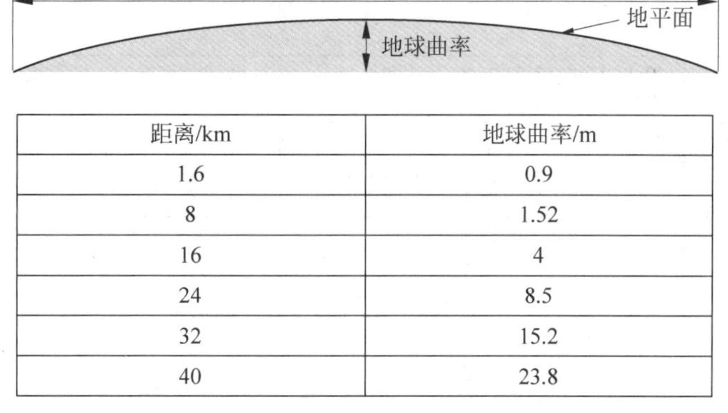

距离/km	地球曲率/m
1.6	0.9
8	1.52
16	4
24	8.5
32	15.2
40	23.8

图11-27　视距问题

因此，在进行远距离无线通信的勘测时，地球曲率的影响是必须考虑的，如当两人相距9 km时，将不能相视，无线信号也无法传输。

菲涅尔区(Fresnel zone)如图11-28所示，是指在视距的路径中形成的一个椭圆区域。它随着可视距离和信号频率的改变而改变。

在无线信号的远距离传输中，菲涅尔区是一个重要的概念。

无线信号沿直线传播，但在传播时会散开，而波束之间的必需净空称为菲涅尔区。菲涅尔区的大小是路径长度的函数，路径越长，则菲涅尔区越宽。在菲涅尔区中的任何障碍物都有可能影响网络的通信，最好给予清除，保证60%的菲涅尔区被视为有效。一般可以根据经验值确定菲涅尔区的范围。

在室外桥接的勘测时，主要考虑因素是无线视距问题。在站点上应该能看到对端的天线，中间不能有障碍物，如树木、建筑物、丘陵、山脉等地貌及地区曲率的影响。此外菲涅尔区也是一个要考虑的重要因素。

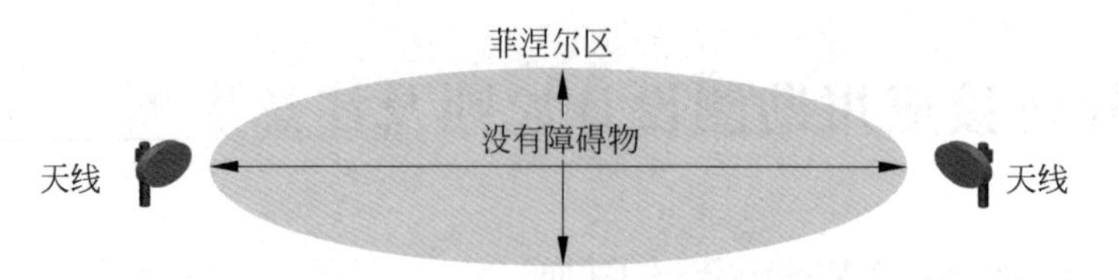

距离/km	2.4 GHz电磁波的60%菲涅尔区域/m
1.6	3
8	9.2
16	13.4
24	16.8
32	19.2
40	22

图 11-28 菲涅尔区

为了保证通信的效果，确定天线的高度，首先要得到菲涅尔区宽度的半值（2.4 GHz 为 60%），然后与地球曲率相加，如图 11-29 所示。

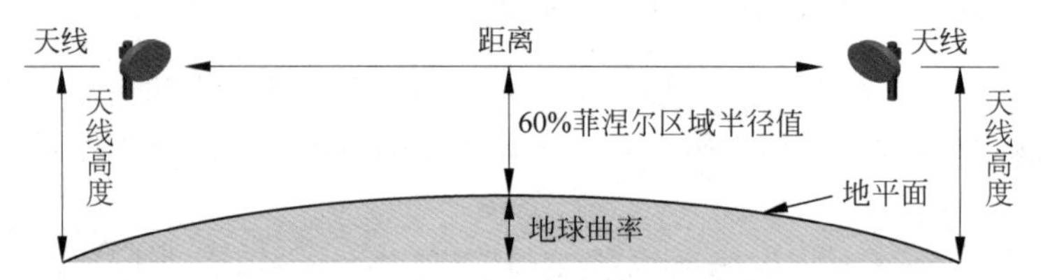

距离/km	2.4 GHz电磁波的60%菲涅尔区域/m	地球曲率/m	天线高度/m
1.6	3	0.9	3.9
8	9.2	1.52	10.72
16	13.4	4	17.4
24	16.8	8.5	25.3
32	19.2	15.2	34.4
40	22	23.8	45.8

图 11-29 天线高度

一般情况下，解决视距问题和菲涅尔区域问题可以通过以下方法。

（1）提升天线的高度。

（2）选择高性能天线，可以解决“部分不可视”问题。

（3）清除菲涅尔区内的障碍物，如砍掉树木。

（4）选择一台良好的中继设备。

显然提升天线高度是最为简单有效的方法。

无线室外桥接勘测的主观内容是进行客户需求的细化和确认，以及理清责任界面。而客观内容则更多的是需要进行实地测试，以确保实际的环境满足无线桥接应用的信号强度和稳定性要求。

无线网桥点对点进行测试时，需要选用适用于桥接距离（主要是天线增益）和工作频段要求的天线。勘测时可以携带多款不同增益的天线，通过对比测试选择出最为合适的。

无线 AP 桥接测试时，需要两 AP 点间信号主波瓣最大化重叠，同时注意避开菲涅尔区的阻挡物。类似土木工程中“桥梁”建设，两端要衔接到位，否则无法保证桥的可靠稳定性。对于距离比较远的桥接，肉眼无法准确观测对方的朝向和方位，可以通过先固定另外一端，通过设备上的桥接信号强度指示灯进行天线方位角微调。之后再同样原理校准对端 AP 和天线。同时，也可以通过一些辅助手段协助完成此项工作，如通过望远镜校准，或通过 GPS、测高仪等设备计算方位角。

为了避开地面上的阻挡物，一般桥接设备都需要安装在高塔或楼顶上，设备需要固定牢固，并考虑避雷安装。

11.7 室外覆盖典型场景分析

校园室外区域(广场、草坪、湖边等)覆盖如图 11-30 所示，一般采用具备一定垂直角的定向板状天线，通过楼顶、墙面的安装，通过一定的下倾角进行覆盖(直线距离 100～200 m)，同时需要避免大树等障碍物的遮挡。

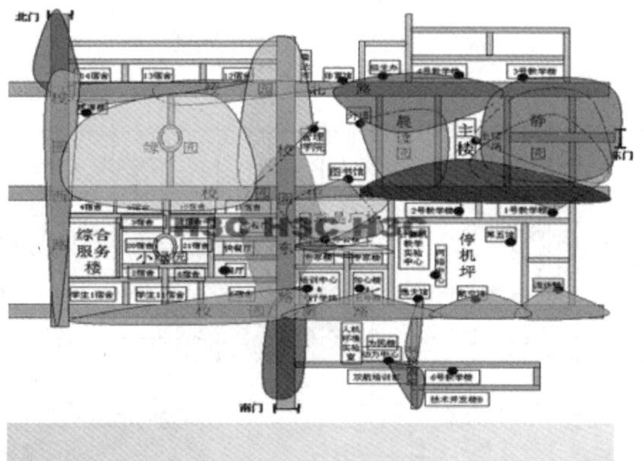

图 11-30 学校—室外场所覆盖

校园室外覆盖勘测需要和客户确定好电源、数据线、地线的连接方式及抱杆、避雷设施的安装方式等，一定要严格遵守室外设备的安装规范，以保证无线覆盖的效果。

对于极个别过于厚重的建筑物，可以考虑从对端建筑物进行室外覆盖来改进本楼的无线覆盖效果，以使用户在窗台附近的上网感受更好一些。

机场的无线网络室外覆盖主要是近机位的旅客行李系统等应用，如图 11-31 所示，覆盖区域主要集中在廊桥和近机位行李卸货区，使用的无线终端通常为 PDA 等。而对于室外远机位的覆盖，由于机场环境的复杂性，不建议推荐此类方案。

对于室外近机位区域一般可通过在航站楼某位置安装室外 AP＋定向天线的方式进行覆盖，如图 11-32 所示。定向天线保持一定的下倾角度，对准需要覆盖的区域，通常可有效覆盖 100～200 m 的距离。

室外长距离网桥在能源采矿行业的应用，如图 11-33 所示。如在戈壁滩油田采油机比较分散，有监控和通信需要时，采用有线部署成本非常高。采用 WDS 网桥可以解决这一问题，通过在各分支油站通过搭建无线桥接网络，可以连接到总部或集中站点，实现监控数据的回传或满足一般通信应用。

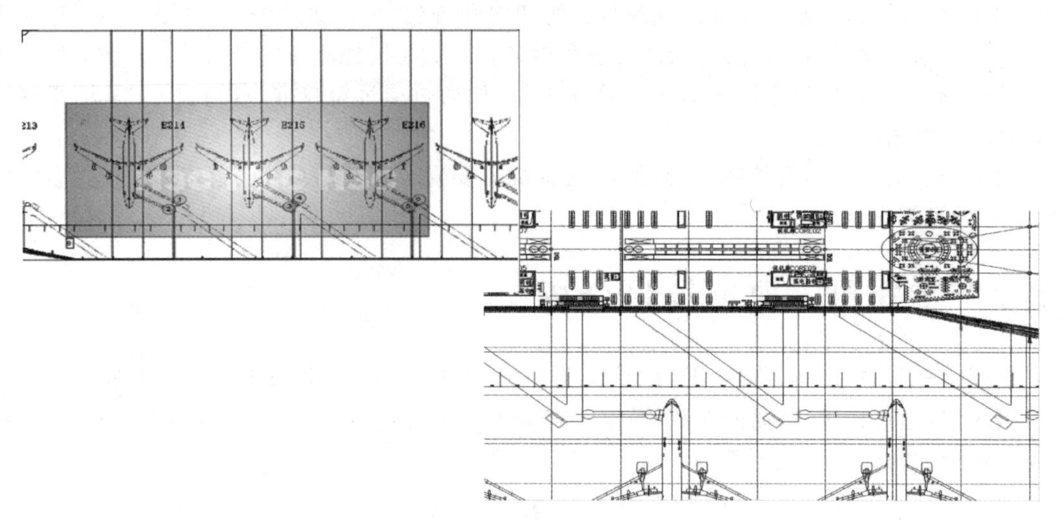

图 11-31 机场—近机位覆盖(1/2)

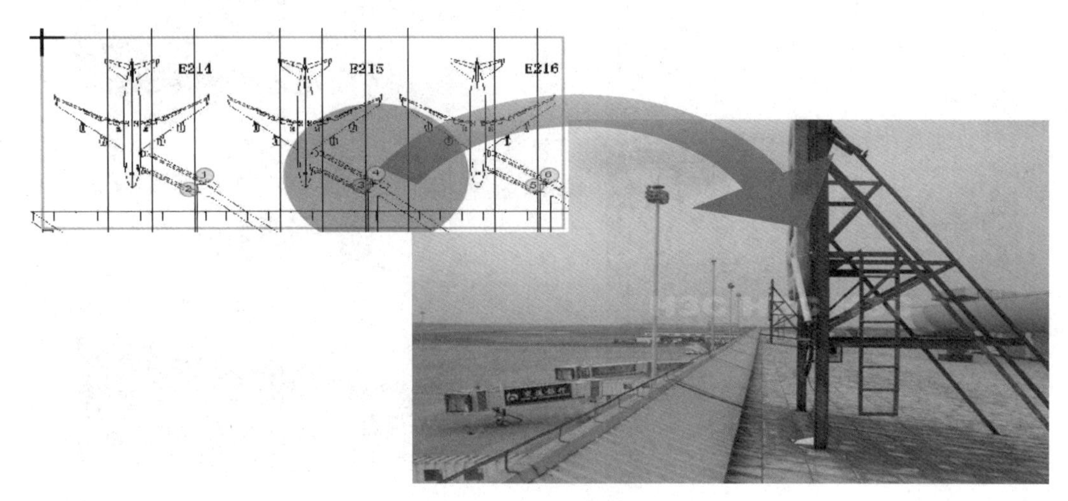

图 11-32 机场—近机位覆盖(2/2)

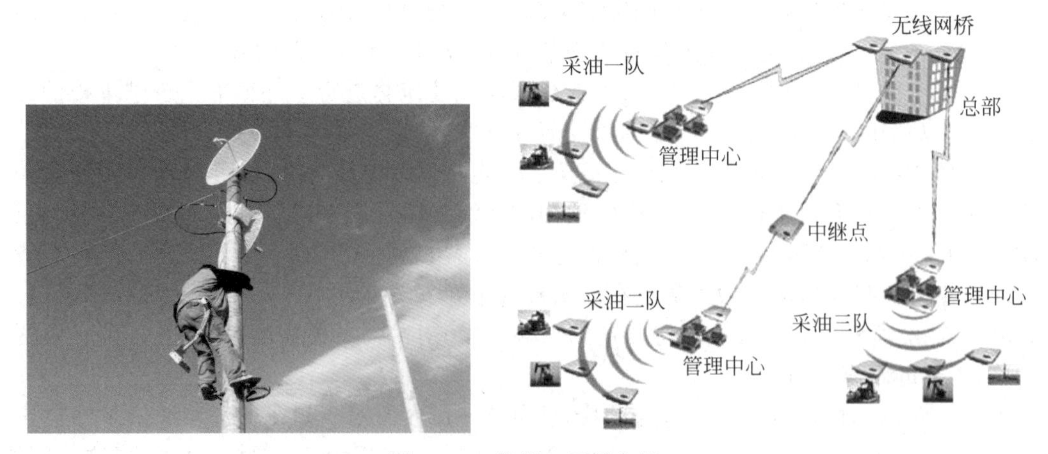

图 11-33 能源—网桥应用

交通和公共事业也有无线桥接的应用，如图11-34和图11-35所示。如在电子路考系统中，可以通过WDS来完成较分散的监控站点和传感器数据的回传。

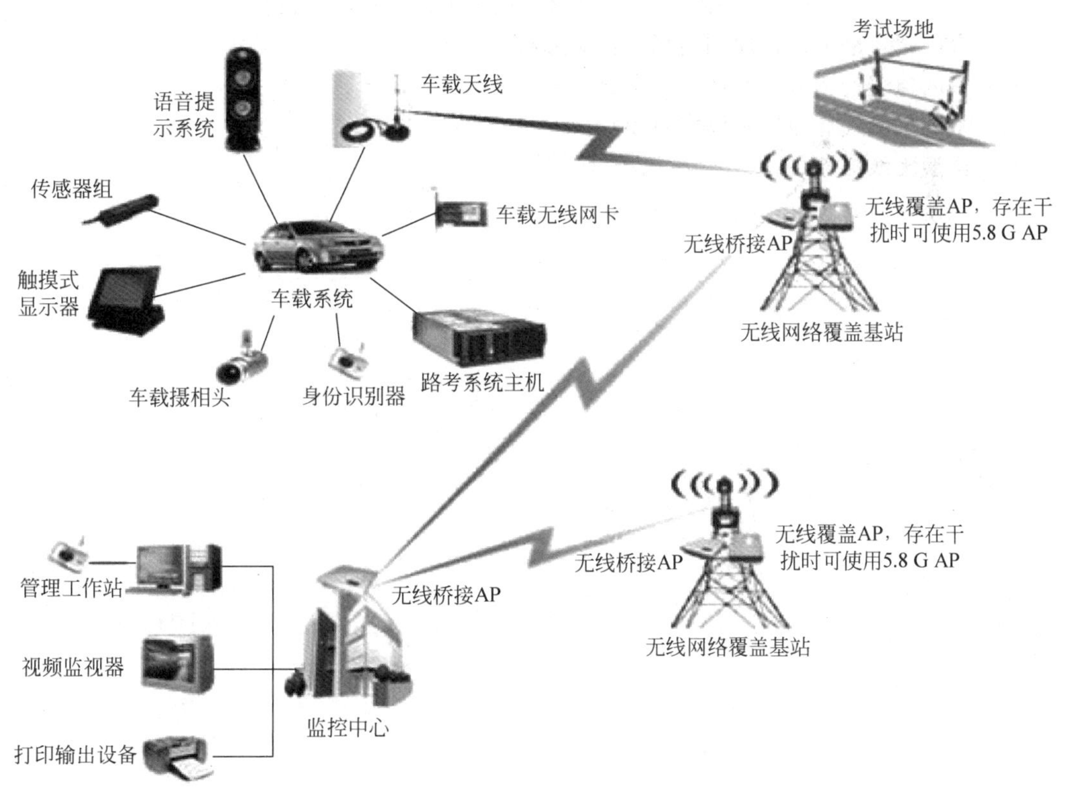

图11-34　交通—电子路考系统

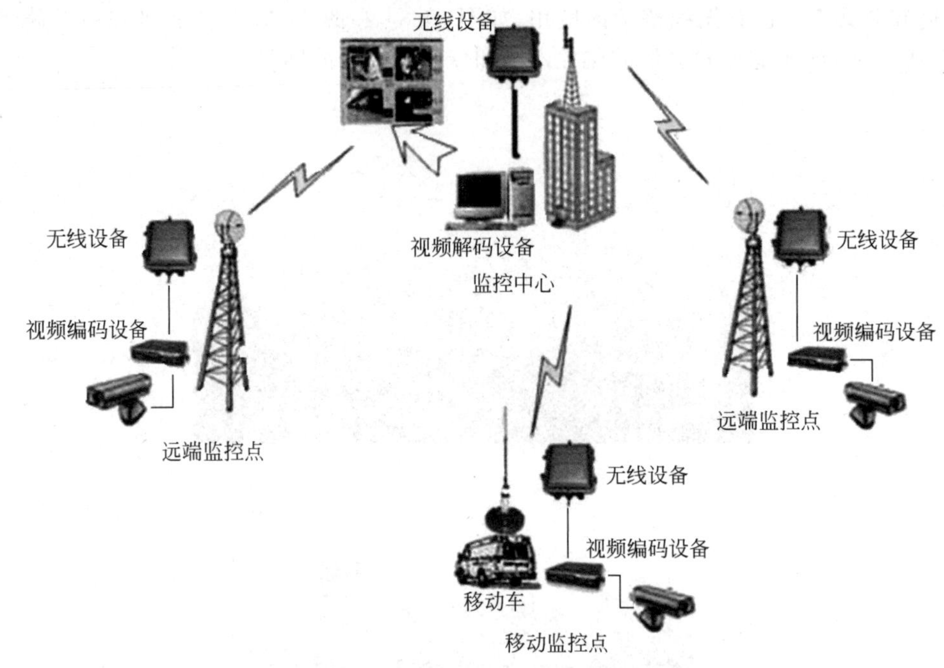

图 11-35 公共事业—无线视频监控

11.8 小结

(1) 室内覆盖勘测设计原则与场景典型分析。

(2) 室内覆盖勘测方法及注意事项。

(3) 室外勘测设计原则及注意事项。

(4) 典型无线覆盖场景：学校、机场、医院等。

第12章

WLAN网络应用解决方案介绍

随着接入需求的增长,WLAN 特性变得越来越丰富,各行业对 WLAN 的应用需求也越来越清晰,将 WLAN 特性与行业的需求结合整理为解决方案,既可以满足客户的需求,也可以提高企业在行业的竞争能力。本章将给大家介绍常用的无线解决方案,提高 WLAN 在行业部署的效率。

12.1 课程目标

(1) 了解无线解决方案的整体价值。

(2) 了解常见企业无线解决方案。

(3) 了解轨道交通无线解决方案。

(4) 了解教育场景无线解决方案。

(5) 了解医疗行业无线解决方案。

(6) 了解智能运维无线解决方案。

12.2 WLAN 解决方案概述

随着智能终端的普及,越来越多的终端应用依赖于网络承载,WLAN 网络通过高带宽、多样化的安全方案得到用户认可,同时为不同行业提供接入网络。为了提供更好的接入网络,H3C WLAN 通过工程部署及软件优化总结出相应的行业解决方案,WLAN 解决方案发布需要如下流程。

(1) 全面了解客户业务需求。

(2) 分析业务需求,罗列技术参数。

(3) 选取产品相关技术,验证客户需求。

(4) 整理产品技术,输出解决方案文档。

目前,H3C 在行业中已具备的成熟的 WLAN 解决方案如下。

(1) 常见企业无线解决方案。

(2) 轨道交通无线解决方案。

(3) 教育行业无线解决方案。

(4) 医疗行业无线解决方案。

(5) 智能运维无线解决方案。

在项目交付时，面临的挑战是在不同项目的交付过程中遇到相同问题需要反复投入，实施人员的技术水平及实施能力的差异导致了交付质量参差不齐，既没有统一标准也没有统一的规范来确保项目交付的质量。

WLAN 解决方案的意义如下。

(1) 标准化交付流程，减少相同工作重复投入。

(2) 规范化实施流程，较少实施人员交付难度。

(3) 提高交付质量，实践经验完善解决方案。

(4) 提升 H3C 体系，增加与渠道的黏合度。

(5) 提高客户满意度，增加客户对公司品牌的认可度。

(6) 提升行业竞争力，配合市场占领行业制高点。

WLAN 解决方案价值如下。

(1) 减少相同工作重复投入成本。

(2) 减少原厂人力投入，缩减实施成本。

(3) 标准化实施流程，减少客户与代理商人力投入。

(4) 实现客户需求，增加客户收益。

(5) 提高渠道在行业的实施技术能力。

(6) 增加渠道在行业的收益。

(7) 提升公司品牌价值。

12.3 常见企业无线解决方案

如图 12-1 所示，无线企业园区解决方案在部署区域上包含室内、室外场景，因此，H3C 全场景的 Wi-Fi 6 产品系列能够满足企业园区的所有业务模型，提供针对场景的对应化的具体产品，并且提升到 Wi-Fi 6 协议能够满足高并发、高吞吐、高效率的业务需求。

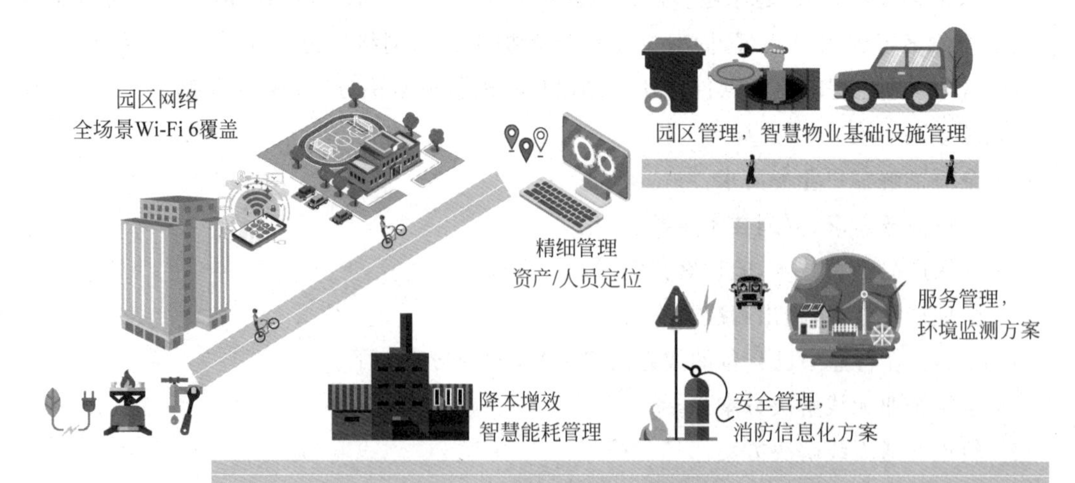

图 12-1 无线园区设计建议

另外，无线企业园区解决方案在管理模式上不仅有 Wi-Fi 覆盖的需求，还希望有以下几方面需求。

(1) 精细化的资产/人员定位。

(2) 园区管理：智能物业基础设施管理。

(3) 环境管理：对环境有检测能力。

(4) 安全管理：需要安全信息化方案。

(5) 降本增效：智慧化体现能耗管理。

想要实现这些需求，离不开物联网模块的参与和物联网平台的展示。H3C 的 Wi-Fi 6 产品恰好都具备了 IoT 接入的能力，也就是在 AP 部署的点位可以再扩展衍生出物联网的各种应用，满足上述的需求。Wi-Fi 6 AP 与物联网的融合是对上述需求的一个完美答案。选择多射频 AP 作为接入单元，保障极佳体验及长期的技术领先性。

如图 12-2 所示，基于丰富的 Wi-Fi 6 产品款型在面对上述部署场景下都能有针对性的产品建议。

办公区

(a)

生产车间

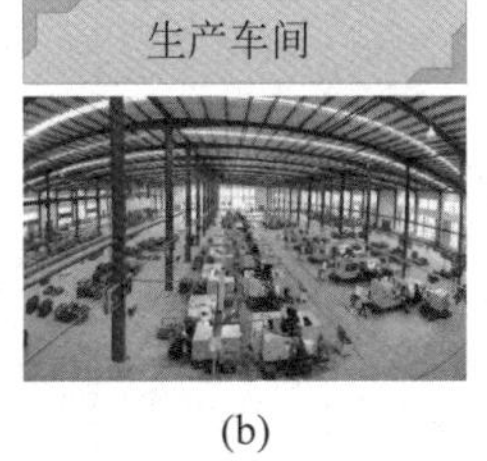

(b)

室外

(c)

宿舍

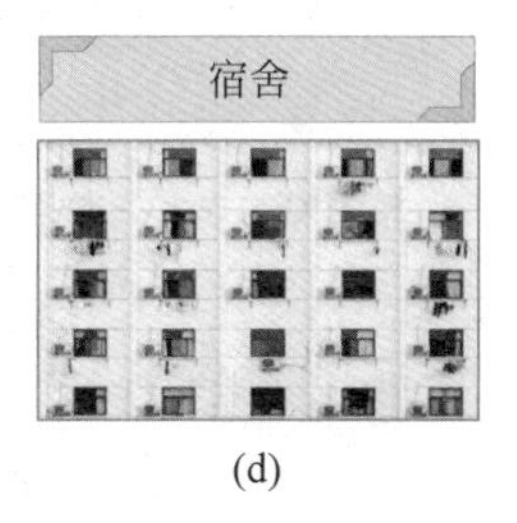

(d)

图 12-2　Wi-Fi 6 选择建议：全射频全场景

针对办公区考虑每平方米超过 1.5 个终端并发，所以，考虑高密款型的 AP 作为接入。

针对生产车间的防水、防尘并且温度要求苛刻，所以，建议考虑室外环境的 AP 作为接入。

针对室外场景下，终端接入中等，但是有防护等级需求，建议采用球 AP 作为接入。

针对宿舍区域，要求不能过度覆盖，所以，建议采用面板款型入室安装。

12.3.1　开放型办公室、会议室场景覆盖

室内场景通常可以分为两种场景。

(1) 普通办公、会议室等场景。特点是开放或半开放区域，并发用户数大多中等偏上，小于 60 个终端。所以，在选型上建议选择普通防装款型的 Wi-Fi 6 AP，AP 与 AP 的间距可以控制在 15 m 之内。

(2) 高密办公、汇报厅等场景。特点是终端密度高，并发接入用户大于 60 个。所以，在选型上建议选择高密款型 AP(3 射频为特点)，AP 和 AP 的间距可以控制在 12 m 之内。

12.3.2　生产车间、室外场景无线覆盖

室外场景和生产车间的场景特点如下。

(1) 室外防水防尘要求高。

(2) 无线覆盖范围广泛。

(3) 树木、建筑、钢架结构对信号有影响。

(4) 光纤部署困难,成本高,视频监控等也需要无线回传。

因此,针对性的室外款型 AP 在设计上就是工业级室外覆盖,防水防尘防护等级为 IP68,内置智能天线+GPS 北斗定位。具备物联网扩展功能,可以自定义扩展蓝牙或 RFID 等方式。

12.3.3 中小企业网络建设选择

中小企业网络建设选择如图 12-3 所示。

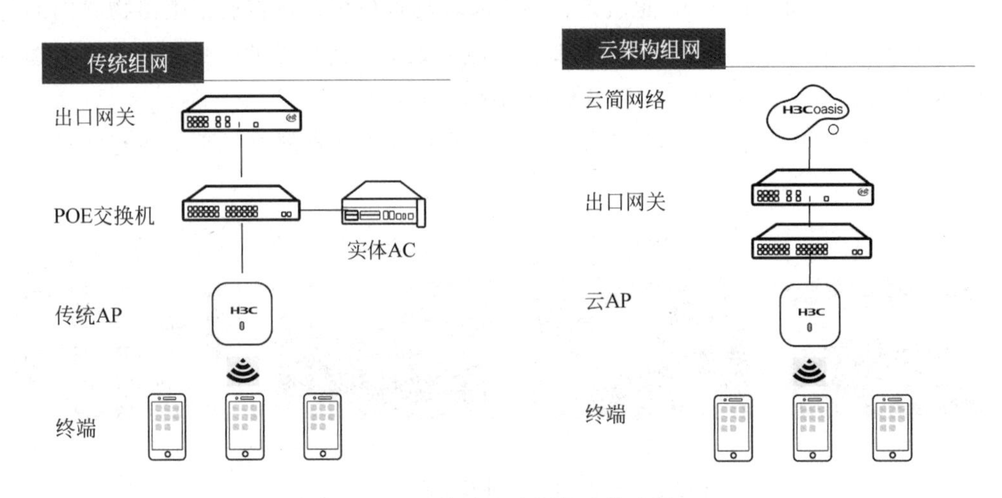

图 12-3 中小企业网络建设选择

12.4 轨道交通无线解决方案

轨道交通传输系统包括地面有线网络系统、车地传输系统、车载网络系统,为了保障业务稳定,在列车高速(80 km/h)运行的情况下,车地传输系统需要保证链路稳定性,同时提供稳定的链路带宽,确保链路业务质量。

现阶段地铁行业通信系统 WLAN 车地无线主要应用在 PIS 系统(乘客信息系统)。

如图 12-4 所示,方案中在列车的车头尾部署无线 AP 设备,以 fat AP 模式工作在主备模式下。

链路切换依靠 H3C 特有的 MESH+MLSP 算法协议控制由车载 AP 自主判断完成,轨旁 AP 推荐以 150 m(直线段)部署间隔进行布放,与车载 AP 设备建立无线连接,并且突破性地开放了 auto 信道模式来解决停车库覆盖干扰严重的问题。

轨道交通列车正常的运行时速为 80 km/h,在高速移动过程中建立可靠的链路并提供稳定的链路带宽存在以下难点。

(1) 动态建立传输链路。

(2) 高速移动中保证传输链路可靠性。

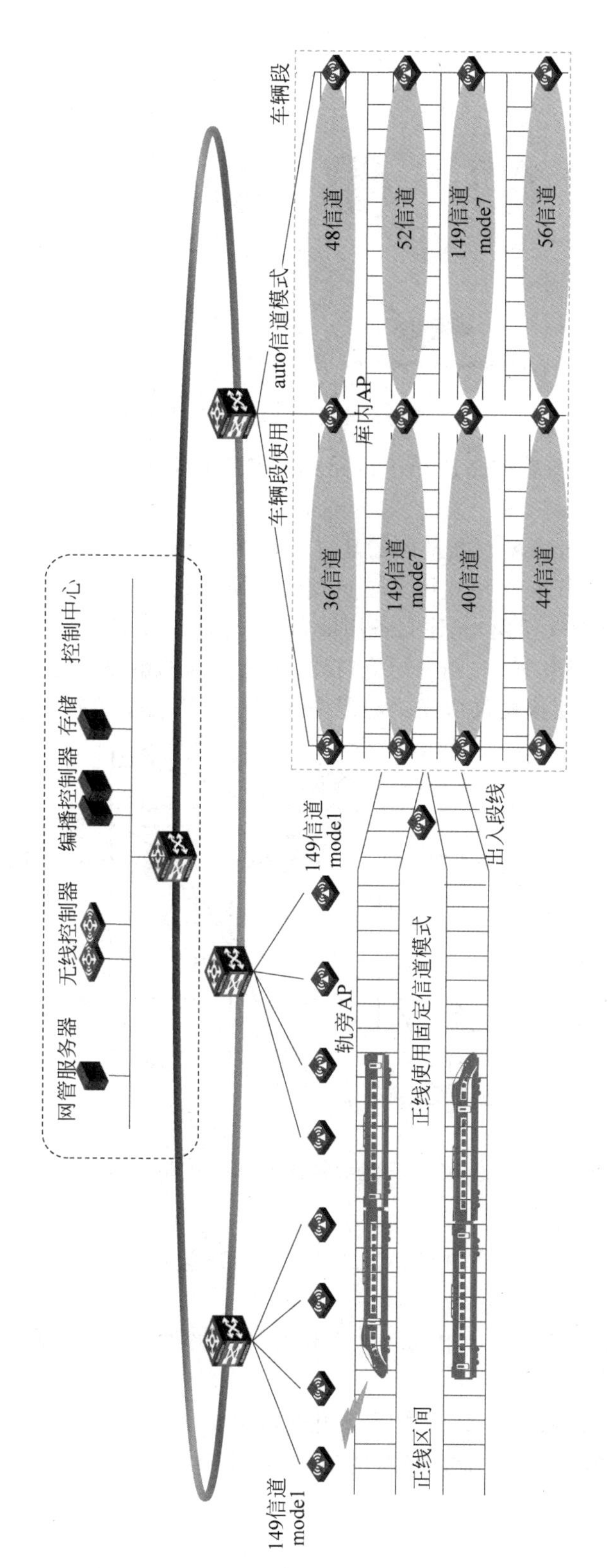

图 12-4 轨道交通车地无线双模网络架构

（3）高速移动中保证传输带宽稳定性。

H3C 根据轨道交通链路行业特性，选取合适的产品技术（MESH），如图 12-5 所示，并在原有的基础上扩展技术特性，整合成为轨道交通方案，并具备以下优势。

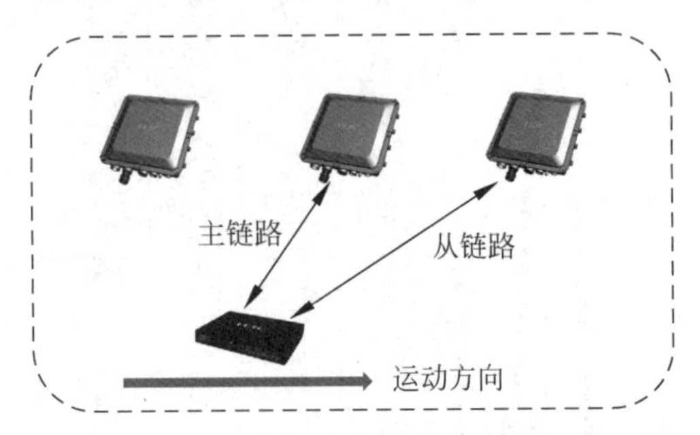

图 12-5 车地无线场景的关键技术-MESH 组网

（1）MESH 组网肯定伴随着链路选择主链路到备链路的切换，MESH 组网允许车载 AP 建立多条链路。

（2）根据轨旁 AP 的信号强度判断链路的建立和切换。

（3）MESH 组网相较于 client 模式可实现更短的切换时延。

（4）MESH 网络切换为软切换，先建立备用链路，再进行链路的切换。

（5）client 网络切换为硬切换，先断开原有链路，再建立新的链路。

如图 12-6 所示，MLSP 切换协议依靠一套严格的切换逻辑用于控制，能够做到如下保障。

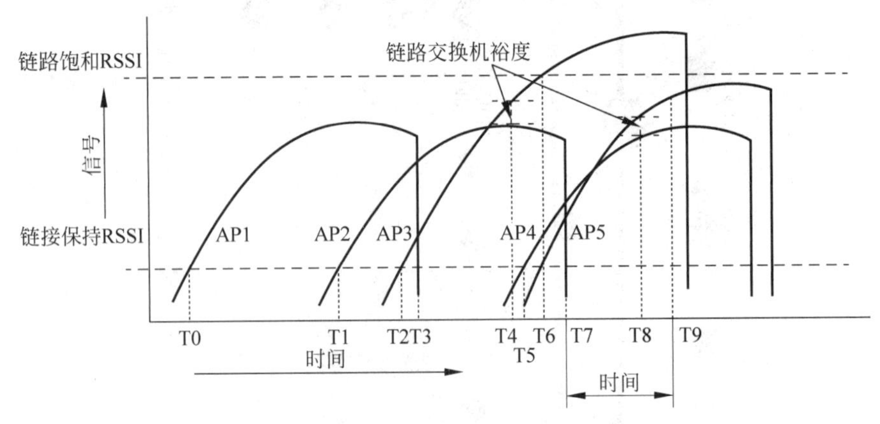

图 12-6 车地无线场景的关键技术-MLSP 切换协议

（1）保障链路切换时延小于 15 ms。

（2）在芯片组由于高功率导致饱和的情况下，MLSP 仍能正常工作。

（3）链路切换过程中，报文不丢失。

（4）私有协议可以保障同构设备组网时达到较好的切换效果，但目前仍存在异构组网的需求。

如图 12-7 所示，WLAN 技术本身更加适合用于轨道交通快速运动切换的场景。多普勒频移的效应并不明显。经过实际测试能够满足 160 km/h 动车环境的业务要求，也是目前业界唯一一家完成 260 km/h 模拟环境的测试。

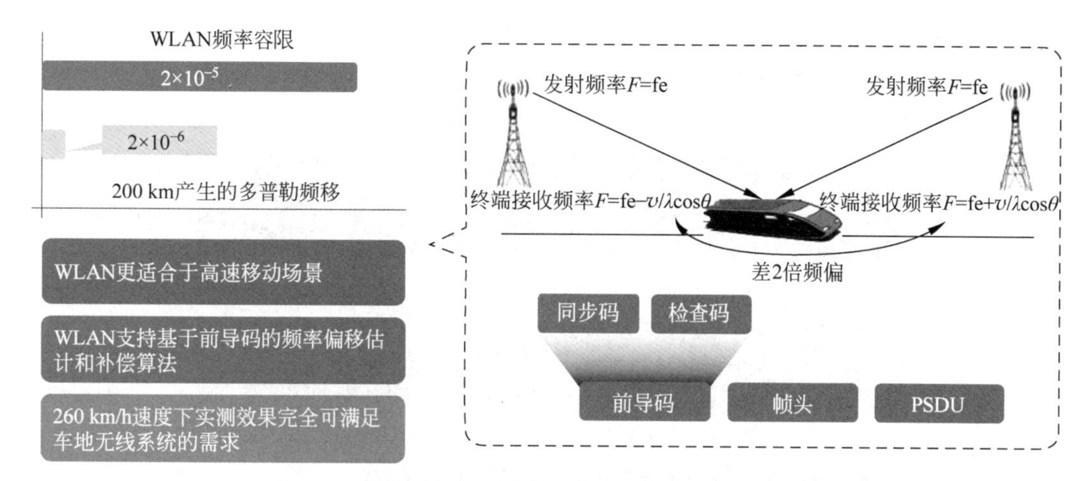

图 12-7　车地无线场景的关键技术-WLAN 高速适应性

12.5　教育行业无线解决方案

2003 年，第一款 WA1208E 投入使用校园无线网。

2006 年，发布首款无线控制器 WX5002，拉开校园大规模无线覆盖的序幕，帮助清华大学建设无线网络。

2009 年，发布了 WA43 系列的 Wi-Fi 4 AP，推进了当时的校园信息化建设，同年 H3C 首获中国区 WLAN 企业市场份额第一。

2013 年发布的 Wi-Fi 5 系列 AP 全面提升了校园无线网体验，覆盖了大部分的 985/211 高校。

2016 年，发布的云简平台配合 Wi-Fi 6 AP 注重无线智能运维领域。构建无线生态，高度聚焦校园客户业务功能云简平台，帮助清华大学、山东大学、北京师范大学构建物联校园。

2020 年，全场景 Wi-Fi 6 AP 发布，H3C Wi-Fi 6 产品服务于清华大学、浙江大学、同济大学等著名大学，同年发布的 Wi-Fi 6、5G 移动通信及物联网全融合解决方案，深化教育信息化的建设变革。

无线网络面临的挑战如下。

(1) 连接终端爆棚。

① 各类新式智能终端设备，如投影仪、打印机、VR 设备等均需要连接无线网络。

② 过去 5 年里，单位区域内终端连接数量增加一倍。

(2) 应用带宽激增。

① 云课堂、无线录播等高带宽新兴业务正逐渐兴起。

② 随着短视频等业务的兴起，人们从原来的网络下载转变为内容上传，由“观看”转变为“分享”。

(3) 网络运维缺失。

① 无线网络使用效果严重依赖网络建设后期的专业优化，导致信号覆盖、信号干扰的问题时常发生。

② 故障发生后缺少专业的查障手段，遇到投诉只能等待救援。

(4) 无线网络增值价值。

① 无线网络建设那么多年，无线网络还能做什么。

② 无线网络拿到那么多数据，这些数据能做什么。

③ 物联网已经成为未来的大趋势，无线能否和物联网结合。

如图 12-8 所示，校园无线物联融合网络强调 one platform 和 one net 理念。

图 12-8 校园无线物联融合网络设计理念

one platform 是指物联网业务统一管理。

(1) 数据统一采集。物联网平台，南向接口接受底层设备、无线、物联网终端不同格式的数据，屏蔽南向复杂的网络细节，向北输出标准化数据。

(2) 业务统一管理。平台具备物联网、无线、有线业务的融合管理能力。通过北向统一数据接口，消除业务孤岛，为校园大数据分析平台夯实数据基础。

one net 是指人与物融合一网承载。

(1) 人联网全场景覆盖。深入融合的有线、无线、物联网网络，切实满足各类场景人联网需求，让网络无边界、无死角。

(2) 物联网全场覆盖。通过场景化 Wi-Fi 产品和 IoT 芯片内嵌及外扩等多种方式融合部署，降低网络建设及部署成本。

一网一平台实现业务上的 3 个统一：无线和物联网统一建设、南向接口和北向接口统一标准、无线和物联网统一管理。

(1) 无线和物联网统一建设。无线和物联网络统一融合建设，保留多形态物联网络扩展能力，降低建设成本。

(2) 南向接口和北向接口统一标准。针对不同协议的物联网络及智能化终端，统一标准，南北向建立统一化数据接口标准，打破多系统数据壁垒。

(3) 无线和物联网统一管理。无线及物联网络实现统一建设、统一管理、统一运维，业务和管理相分离，降低管理成本。

如图 12-9 所示，校园的典型使用场景如下。

(1) 教学区：高并发接入，活跃度高，但是业务流量较低。

(2) 办公区：普通并发接入，活跃度高，总体业务流量高。

(3) 实验区：普通并发接入，终端活跃度低，业务流量低。

(4) 图书馆：终端活跃度高，总体业务流量高。

教学区

办公区

实验室

图书馆

图 12-9 教学办公区无线覆盖

针对这些业务特点需要部署对应的 AP 产品和有效的运维工具。

宿舍是对无线产品综合能力要求最高的场景。

在建设无线宿舍时，传统的走廊部署 AP 的方式不能满足信号覆盖、密集终端接入的问题，因此发展为宿舍内部布置 AP。

同时，宿舍场景需要考虑后续物联网建设需求。如何做到既能提供优质无线服务，又有极高的性价比，成为宿舍场景无线接入的主要议题。

(1) 面对信号覆盖困难：宿舍墙体采用混凝土，墙体厚，信号衰减严重，墙体内存在钢筋或金属网，信号屏蔽。

(2) 终端并发量大：每间宿舍人数在 4～6 人之间，个别宿舍高达 8 人，人均持有 2 个终端：笔记本电脑、手机。

(3) 网络高峰时间长：网络高峰期在 19:00—23:00，在线用户数多，业务并发压力极大。

(4) 网络开销大等因素：高清视频点播业务要求 6 Mbps 带宽，视频通话要求 4 Mbps 带宽，200 ms 延迟，大型网游要求 2 Mbps 带宽，50 ms 延迟。

H3C 独具创造力的终结者方案，采用本体静音设计，入室 AP 采用面板 AP，既能提供无线覆盖、双频 Wi-Fi 6、组合频率 1.7 Gbps、1GE 上行、4GE 下行，极致无线体验，也能提供有线使用。一个宿舍房间提供一个面板 AP 就能部署完美，并且减少房间之间的串扰，如图 12-10 所示。

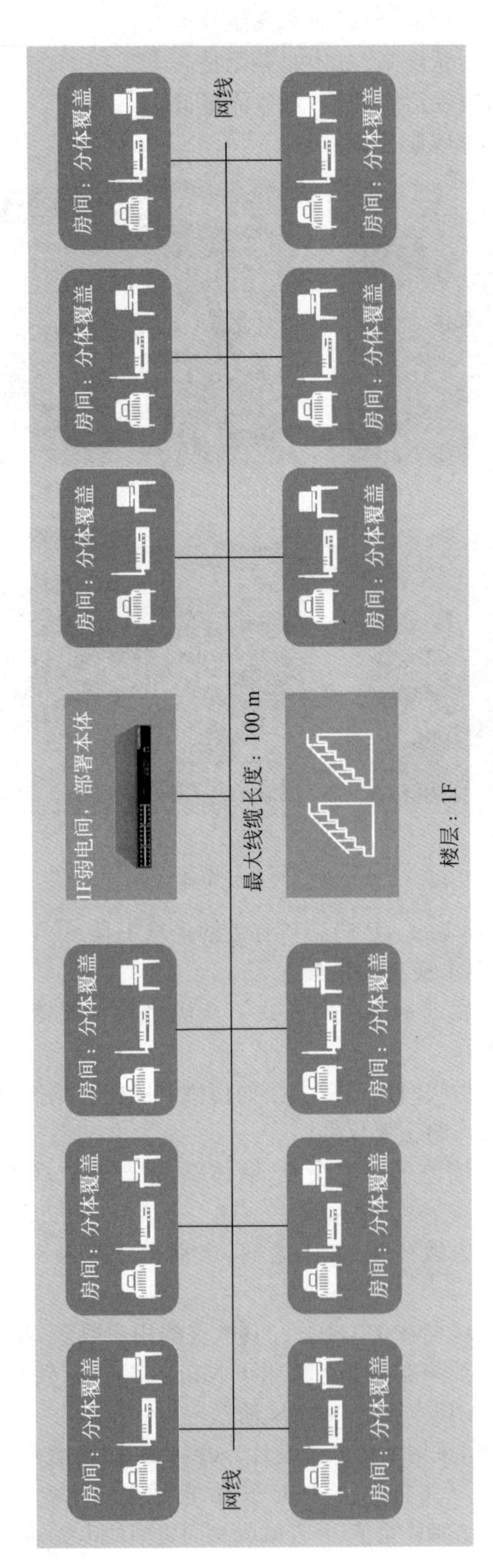

图 12-10 终结者方案：宿舍无线的最佳选择

12.6 医疗行业无线解决方案

随着电子病历在医院推广与普及，医疗影像和心电图等也逐步变为数字化图像，数字化价值体现于医生/护士在诊断和查房时能够随时调阅病人相关病历。移动查房系统以医院信息系统为支撑，以 WLAN 为基础，以移动查房车或手持便携终端为工具，实现电子病历移动化，信息数据移动化，将电子病历从桌面应用时代推向移动应用时代。

在医院 HIS 系统中，医生、护士、病患各自有不同的无线接入业务需求。

(1) 医生：①医嘱录入；②诊断录入；③核对病人信息；④调用 PACS 信息；⑤书写病历。

(2) 护士：①病人信息录入；②条码识别；③医嘱执行；④生命体征录入；⑤移动护士站。

(3) 病患：①无线输液；②无线监控；③病历查询；④自助服务；⑤婴儿防盗。

H3C 医疗无线物联网整体优势从如下几个方面体现。

(1) 医疗场景化产品丰富：全射频全场景 Wi-Fi 6，最高性价比的投资；86 mm×86 mm 超薄面板与球形的极致美学。

(2) 高带宽全频零漫游：2.4 GHz/5 GHz 全频零漫游，保证业务不中断，无线带宽性能优势明显。

(3) 物联网扩展最强：物联网扩展可通过 AP 内置、外接、串联多种形式满足医院不同业务需求。

(4) 管理运维业务一体化：业界最早实现无线网络设备+物联网终端统一管理的厂商。

(5) 案例多交付成熟：全国三甲医院案例丰富，市场份额遥遥领先，技术成熟，运行可靠。

(6) 开放合作伙伴多：业界专业级医疗合作伙伴最多，且是无线物联网医疗方案融合度最深厂商。

如图 12-11 所示，针对医院的不同功能区域，会选择以下不同的产品。

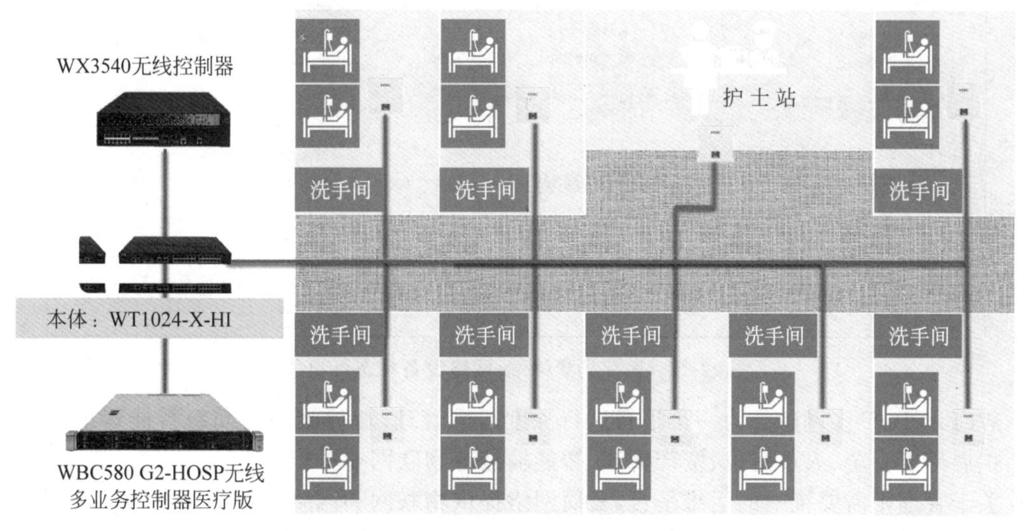

图 12-11 移动医护高带宽全频零漫游

(1) 住院部提供终结者产品，类似校园的宿舍提供入室安装面板；多房间零漫游场景，终结者产品 WT1024-X-HI、WTU632H-IOT。

(2) 门诊大厅提供高密款型 AP 和普通款型 AP；公共场景、物联网产品、高密 WA6636；普密 WA6322。

(3) 办公楼提供普通款型和面板类型；面板 WA6322H、普密产品(非物联)WA6320-SI。

(4) 医院园区室外提供球 AP 室外综合覆盖，室外产品 WA6630X。

医院 HIS 系统的移动查房系统使用移动查房车或手持终端连接无线网络实现查房业务，医生或护士在不同病房之间移动使用，在移动过程中要求终端连接网络稳定，业务使用不受影响。

但是使用时，在网络中发现存在以下问题。

(1) 无线信号覆盖不足。

(2) 无线终端回传信号弱。

(3) 无线终端漫游丢包严重。

(4) 无线终端接收信号衰减严重。

(5) 医疗软件闪退、延时、断开重连接。

所以，在部署时，产品硬件一定要满足无缝覆盖的硬性指标，入室安装 WTU6320H-IOT 款型，全球唯一 Wi-Fi 6 86 mm×86 mm 物联网面板 AP，专为医疗场景打造，一套网线，一次施工，有接口就可以部署物联网，满足信号的同时也能为后续提供物联网的扩展。在软件上采用 802.11 KVR 漫游引导和快速切换来实现零漫游方案的实现。IoT 最多可扩展 10 个模块 RFID/ZigBee/BLE/UWB 随便换。

如图 12-12 所示，Wi-Fi 6 全频零漫游入室 AP 形态产品，业界领先，保证移动医护业务体验，本体双电源、扩展槽位，物联网扩展能力。

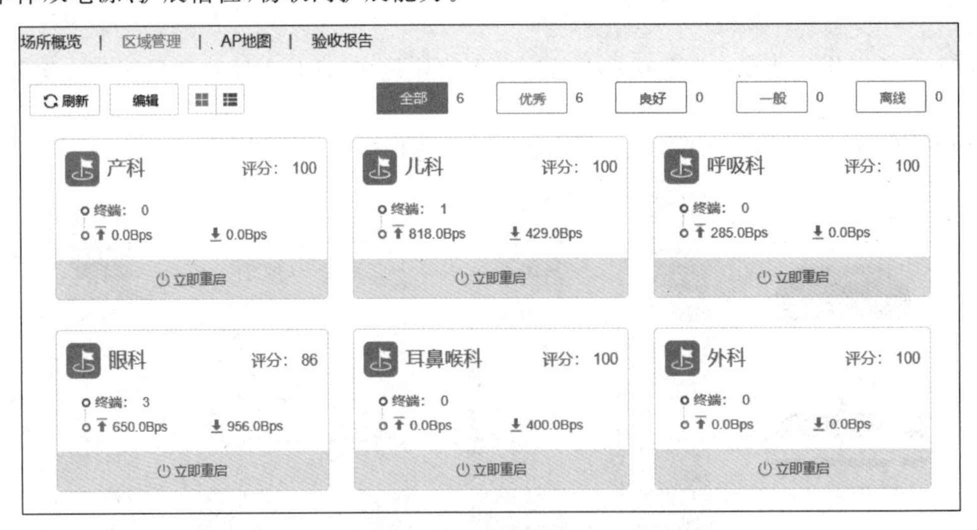

图 12-12 医疗场景终端/网络设备状态可视化

Wi-Fi+IOT 多网融合为一个平台进行深度运维管理，业界唯一房间级智能运维，同时可灵活扩展母婴安全、人员定位、资产管理、智能输液等物联网业务。

关于管理则需要统一的运维平台，云简网络提供物联网和网络设备的深度运维管理，可以针对病房提供业务部署。同时按照扩展的业务需求完成物联网对于人员定位、资产管理、智能输液等业务的开展。

医院综合业务在使用上提出了内网和外网隔离的需求，H3C 提供了对应的内外网无线解决方案，通过 AP 虚拟功能实现内网 AC、外网 AC 同时管理。通过物理的双上行链路来实现物理上的隔绝，达到一套 AP 部署完成内网双网的配置落地，如图 12-13 所示。

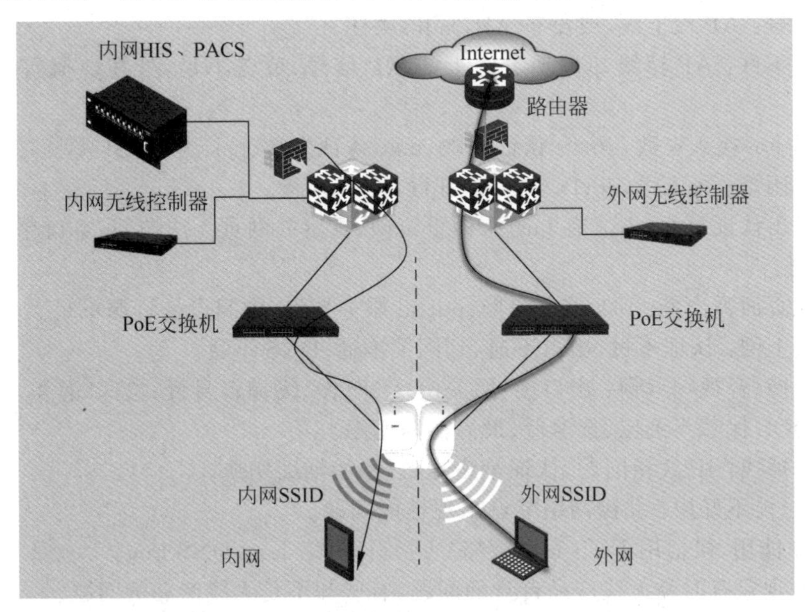

图 12-13 立体化无线边缘安全助力医院内外网隔离

Wi-Fi 6 时代，WPA3、WIPS 加持提供更全面安全保障。AP 的控制报文和数据报文完全分离，从端口到有线，隧道加密，内外网完全隔离。安全态势感知/防火墙 IPS 等安全设备与无线系统联动，下发联动动作给 AC，危险终端被禁止接入网络，所有安全风险被阻挡在无线网络外。

12.7 智能运维无线解决方案

运维工程师在实际部署和维护无线网络时，经常会遇到如下问题。

(1) 隐患无法提前感知、问题闪现不易复现、数据量太大无法精准定位、命令行太复杂、专业工具太多。

(2) 各处报来投诉，分支机构外地局点故障、优化的工作量很多，同时企业领导 VIP 发生了不能上网的问题。

因此，如何将运维做得又快又准又省心成为 H3C 无线追求的一个方向。

用户在使用过程中经常会遇到没信号、信号差、联上了没网、上网速度很慢、无线总掉线、认证页面打不开、业务应用卡顿等问题。

因此，H3C 无线也在思考如何将产品更快、更好地部署，减少这些投诉报文、体验感差的声音。

无线运维面临的挑战，总结起来有以下几个变化的因素。

(1) 无线环境变化：干扰、负载、流量无固定模型，终端种类多、质量参差不齐。

(2) Wi-Fi 承载应用变化：刷网页（低带宽、延迟不敏感）到超高清（高带宽）、语音视频（低时延）。

(3) 用户规模变化：上网到无线办公、无线生产，可以没有有线，但一定要有无线。

(4) 用户心理预期也在变化：能用就行到任何时刻都要好用。

这些变化的因素使无线运维注定成为一条艰巨漫长且非走不可的道路。

问题现象可能对应的原因如下。

(1) 没信号：AP 没上线，或没布 AP，radio 关闭。

(2) 信号不好：AP 掉线却发现了边上的 AP 信号，覆盖不足，处在金属等环境中，漫游黏滞。

(3) 连不上：接入失败，dot1x 认证失败、mac 认证失败、psk 失败、IP 获取失败。

(4) 连接困难：接入慢，dot1x/mac 认证慢、IP 获取慢。

(5) 弹不出认证页面：bas 有 bug 未做重定向，重定向网页无法访问，空口繁忙，终端操作系统自身问题。

(6) 认证页面弹出慢：bas 重定向慢、portal 服务器慢，中间设备资源不足。

(7) 无法上网：认证不过，出口不通、到网关不通、DNS 不通。

(8) 上网慢、音视频卡顿：出口慢、网关慢、DNS 慢、终端自身慢；空口饱和，丢包高、重传高、时延高、QOS 保障不到位、选速低、最高协商速率。

(9) 经常掉线：IP 续租问题，认证策略导致，漫游辅助切换。

(10) 有时候不好用：关键网络节点出现性能问题。

(11) QQ 能用，微信用不了(安全策略)，运营商网络 bug，DNS bug。

上述故障现象有时是无线产品自身的问题，有些却不是无线产品的问题。

因此，无线运维需要关注如下几点。

(1) 历史可追溯：①任何关键点信息不可缺失，接入、认证、IP、漫游等；②看不见的要能看见，如 AP 与终端之间的无线链路；③丰富的、多维度的数据，网络设备数据、探针数据(APP、doctor AP)；④易用性，以使用者为中心，符合用户的习惯和需求。

(2) 经验的应用：①长期积累的维护经验作为知识图谱诊断常见的网络问题；②丰富的运维手段，每个特性、模块都需要有自己的维护数据；③产品自身问题、环境问题、是否可闭环均要呈现。

(3) 智能化：①自动解决问题，降低运维人员的工作量；②自动调校网络，提升网络性能，提升用户体验。

H3C 提供的无线运维在整个项目的生命周期都有覆盖，如图 12-14 所示，从最早的项目工勘实施验收到后续的巡检和运维。

所有传统方式下的手动人工操作，都逐渐转变为云端统一管理呈现。

云工勘：平面图导入或绘制；遮挡物材料选择；AP 点位、天线方向部署分析；信号仿真模拟、覆盖分析；AP 计算器。

云验收：10＋年专业无线部署；内置验收标准；信号覆盖验收；网络带宽验收；漫游验收。

丰富的云端业务：批量集中部署/管理；远程管理维护；设备终端信息报表；VIP 保障；终端仿冒检查。

AI 运维：基线自主学习；网络故障主动感知；AI 故障分析；AI 渐进优化。

工勘也能具备云工勘方案，释放工程师的压力，输出专业的工勘方案。

如故障诊断，传统的靠人工分析，遇到高手可能解决，遇不到高手只能继续等待。而 AI 排障结合了 H3C 多年的无线维护经验，提供了多种处理思路，提供最快、最便捷的处理效率。

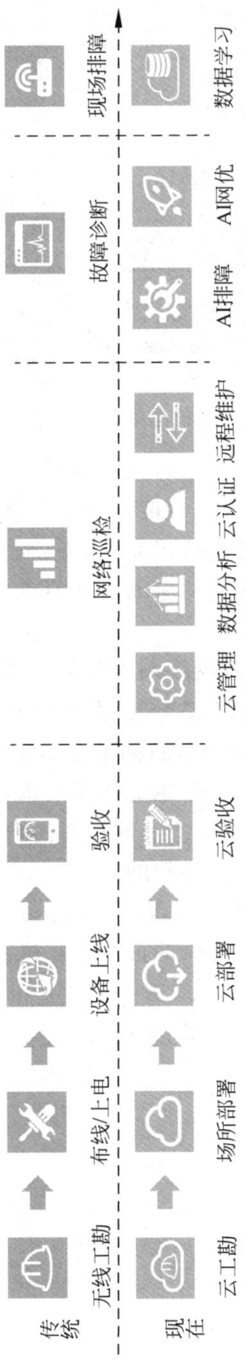

传统

无线工勘 → 布线/上电 → 设备上线 → 验收 | 网络巡检 | 故障诊断 | 现场排障

现在

云工勘 → 场所部署 → 云部署 → 云验收 | 云管理 数据分析 云认证 远程维护 | AI排障 AI网优 | 数据学习

图 12-14 泛无线运维贯穿整个项目生命周期

H3C 无线智能运维具备的功能如图 12-15 所示，各个模块都有着非常强大的功能集合。

图 12-15 智能运维功能一览

此处将介绍智能运维的一个典型案例。××大学反馈终端体验不佳，其中某同学反馈终端连接 802.1x 异常，连接成功之后也会下线，但能正常连接其他信号。面对该问题，可以通过智能运维来排查。第一步，先查看终端的连接记录，通过 MAC 地址账号名索引即可；第二步，通过专家模式查看终端的日志信息，找到对应的时间节点。查看到用户反馈的时间段可以正常关联网络，但是随后终端主动下线了。

通过继续查看终端的深度报文解析，发现终端关联信号之后开始获取地址流程，这个流程花了 6206 ms，将近 6 s 的时间，比正常的终端要久，而耗时长的主要原因是终端自己发起的 discovery 很慢，只要终端发起 discovery 之后，后面就会快速完成。但是终端连接其他 open 的 SSID 是正常的，终端自己的 dhcp discovery 也能快速发出，对比其他终端都正常。所以，在判断逻辑上，问题可能与终端自身的关联性很大。通过对用户手机安装过的一些 APP 进行逐一卸载测试后，最终确定了问题是某款 APP 导致的。

这个问题看似简单，但是回想一下，在以往没有智能运维的时候，该如何排查这个问题。无线不好用真的只是无线本身的问题吗。背后的报文交互机制是否都正常呢。我们有理有据有勇气怀疑其他吗。

所以，无线何以运维，唯智能运维才是上策。

12.8 小结

(1) WLAN 解决方案概述。

(2) 常见企业无线解决方案。

(3) 轨道交通应用解决方案。

(4) 教育行业无线解决方案。

(5) 医疗行业无线解决方案。

(6) 智能运维无线解决方案。

第13章

WLAN产品工程安装及实施规范指导

无线网络与有线网络相比，在工程安装方面有很多不同。特别是在进行 AP 设备的安装时，更会涉及一些在有线网络中不曾出现的安装组件，如天馈防雷器、射频负载等。本课程在了解 H3C 无线产品及其安装组件的基础上，还提供最好的工程安装建议。

13.1 课程目标

(1) 了解 WLAN 产品安装组件。
(2) 掌握 WLAN 产品工程基本的规范。
(3) 掌握典型场景，如轨道交通、医疗行业及无线定位市场的工程部署规范。

13.2 WLAN 产品安装组件介绍

射频电缆：用于连接 AP 和天线，包括 2 种不同长度的 SMA 转 N 头电缆；3 种不同长度的 N 转 N 头电缆；一种超柔转接电缆。

N 型接头连接器：用于 AP、电缆、天馈防雷器等 N 型接口设备的硬性互连，包括一种双阴 N 头连接器，一种双阳 N 头连接器。

网口防雷器：室外应用时，用于保护 AP 和交换机免遭感应雷损伤，包括一种对交换机侧防护且支持 PoE 供电的 PoE-MH 模块，和一个对 AP 侧防护的网口防雷单元。建议在多雷雨地区必配。

接地线：用于给室外机箱、网口和天馈防雷器提供接地。

天馈防雷器：室外应用时，天线感应的雷击能量，可以被串联在天线和设备间的天馈防雷器通过接地线泄放到地上，从而对 AP 设备起到保护作用。户外应用时，建议必配该器件，并保证可靠接地。

绝缘胶带和防水胶带：户外应用时，电缆、天馈防雷器、天线的接头处，先用绝缘胶带缠裹，再用防水胶带缠裹，保证绝缘和防水，使系统可以长期可靠地运行下去。

射频电缆、N 型接头连接器、网口防雷器、天馈防雷器、防水绝缘胶带都是 WLAN 工程中不可或缺的组件，具体使用方法将在下面的内容中详细讲述。

电源适配器：用于 AP 设备的本地供电，或者与 PoE-MH 网口防雷器配合使用为远端的 AP 设备供电。如需在低温环境下使用请选用一次电源 −30℃～55℃-90VAC～264VAC-48V/0.52A；常温下可选用一次电源 0℃-40℃-100V～240V-48V/0.5A-AC 电源线可拆卸（电源线设备自带）。

射频匹配负载：当 AP 的分集天线接口有不使用的时候，或者在做分布式系统时，功分器的端口没有使用，这种情况下，需要用射频负载拧到接口上，防止射频干扰对系统产生影响。

包括一种反极性 SMA 接头负载，和一种 N 型接头负载，特征阻抗均为 50 Ω。

防水接头光纤套件：WA2200 室外型 AP 设备支持光口，该套件的防水接头一端连接到 AP 上，起连接和防水作用，另一端需要光纤与远端设备连接，该套件有硬质光纤护套，可有效保护光纤。

功分器：用于部署分布式系统，可将 AP 输出的功率等分到远端的天线。包括一分二、一分三、一分四共 3 种规格，可以组合使用。

13.2.1 馈线及附件

N 型接头是射频接头的一种，此类接头尺寸较大、连接可靠、插损小、射频指标有保证，可以防水，一般室外型的 AP 和天线都用这种接口。接头分公头和母头 2 种，两者配合使用，其中公头内为针型，母头内为孔型，如图 13-1 和图 13-2 所示。

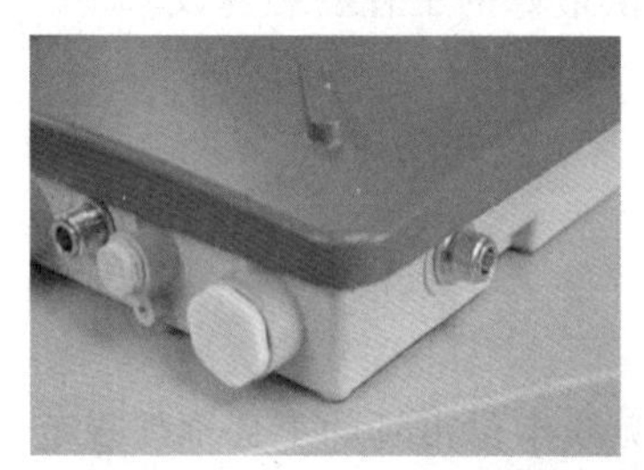

图 13-1 室外型 AP 的 N 型接头(母头)

图 13-2 射频转接电缆的 N 型接头(公头)

如图 13-3 和图 13-4 所示，N 型射频同轴连接器是国际上最通用的射频同轴连接器之一，它具有抗震抗冲击能力强、可靠性高、机械和电气性能优良等特点，H3C 室外型 AP 采用 N 型连接器。

图 13-3 双阴 N 型转接头——用于连接两根射频电缆

图 13-4 双阳 N 型转接头——用于连接 AP 和天线，提供硬性连接

SMA 型接头是射频接头的一种，此类接头尺寸较小、成本低，一般室内型的 AP 多采用此类型接口。SMA 接头分正极性和反极性两类，正极性是 SMA 公头＋内螺纹，SMA 母头＋外螺纹；而反极性则是 SMA 公头＋外螺纹，SMA 母头＋内螺纹，如图 13-5～图 13-8 所示。

图 13-5 WA2110-AG 上的反极性 SMA 接头(中间有针为公头)

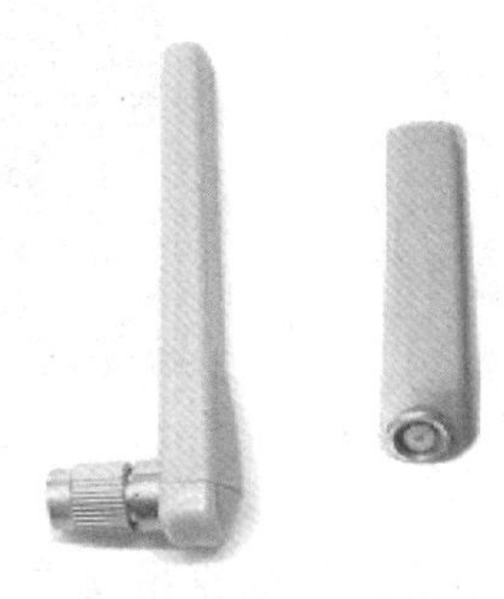

图 13-6 WA2110-AG 天线的反极性 SMA 接头(中间有孔为母头)

图 13-7 WA1208E 上的反极性 SMA 接头(中间有针为公头)

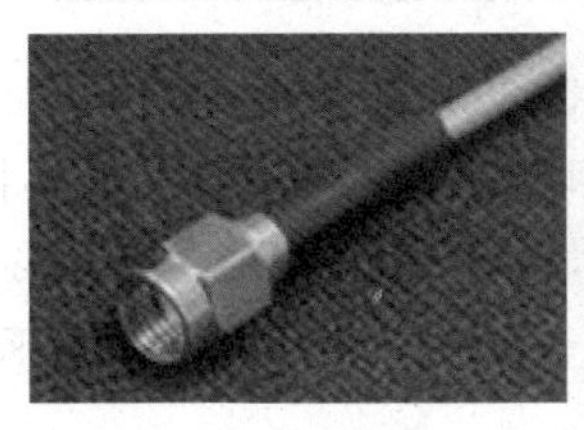

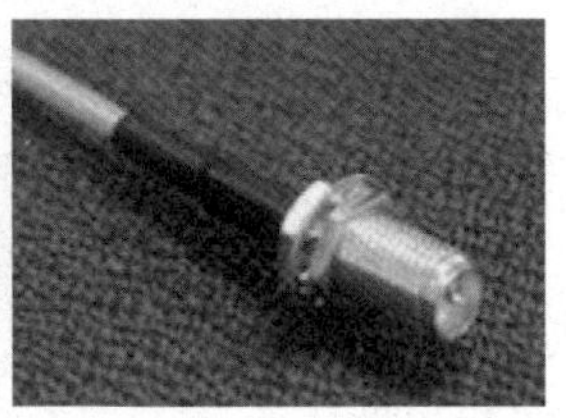

图 13-8 超柔转接电缆的反极性 SMA 接头,用于连接 AP 和硬质的射频电缆

出于对健康因素的考虑,WLAN 室内应尽量避免使用高增益天线。因此,H3C 室内型 AP 都采用反极性 SMA 公头,配合这种接口的天线用户不容易在市场上买到,可在一定程度上防止了用户擅自更换高增益天线。

如图 13-9 所示,SMA 射频电缆较粗硬质黑色电缆,损耗小,用于连接 AP 和天线,有 1.83 m 和 6.1 m 两种尺寸可以选择,产品编码分别是 040A08Y 和 040A090。

SMA 反极性公接头转 SMA 反极性母接头超柔电缆,与较粗硬质黑色电缆配合使用,用于室外机箱,提供柔性的转接,长度为 36 cm,产品编码为 040A091。

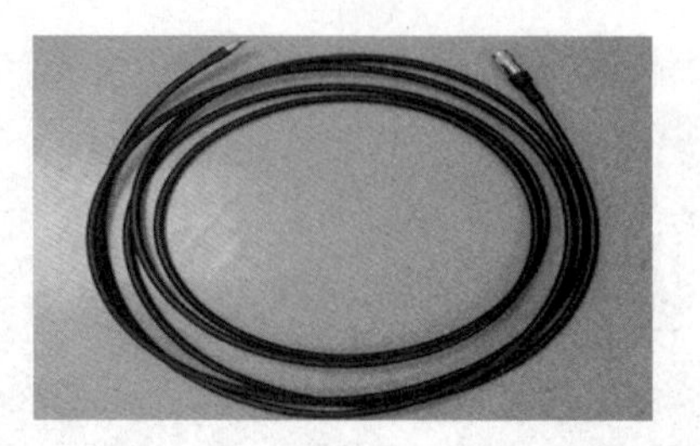

图 13-9 SMA 射频电缆

SMA 反极性母接头转 N 型公接头柔性电缆，功能与上面电缆相同，主要用在短距离的转接，长度 20 cm，产品编码为 040A04X，如图 13-10 和图 13-11 所示。

图 13-10 反极性 SMA 母接头

图 13-11 N 型公接头

如表 13-1 所示，N 转 N 电缆选用低插损的较粗硬质黑色电缆，损耗小，用于连接带 N 型接头的室外型 AP 和室外天线，或者用于与 N 型双阴连接器配合延长馈线，有 1.83 m、4.5 m、10 m 3 种长度可以选择，直接采购此类电缆可省去现场加工 N 型转接电缆的麻烦。

表 13-1 N 型射频电缆

编 码	描 述	对 外 型 号
0404A08V	单根电缆-射频电缆-1.83 m-N50 直公-(COAX-RG8/U)-N50 直公	CAB-RF-1.83 m-(2 * NSM+RG8/U)
0404A08W	单根电缆-射频电缆-4.5 m-N50 直公-(COAX-RG8/U)-N50 直公	CAB-RF-4.5 m-(2 * NSM+RG8/U)
0404A08X	单根电缆-射频电缆-10 m-N50 直公-(COAX-RG8/U)-N50 直公	CAB-RF-10 m-(2 * NSM+RG8/U)

常用的射频电缆有 1/2″超柔馈线、1/2″馈线、7/8″馈线等，如表 13-2 所示。不同的电缆粗细不同，引入的损耗也不同。如果在不同楼层间传送信号时，为了减小损耗，通常采用较粗的 1/2″馈线或 7/8″馈线电缆；如果在同一楼层间，损耗不那么重要时，可以采用较细的 1/2″超柔馈线。另外还要考虑成本和施工方便性等因素。较粗的电缆引入的损耗较小，但是成本较高、弯曲半径较大，施工也较不方便。

表 13-2 射频电缆规格

性能规格		1/2″超柔馈线	1/2″馈线	7/8″馈线
一次最小弯曲半径		≤40 mm	≤80 mm	≤125 mm
损耗	900 MHz	<12 dB/100 m	<8 dB/100 m	<5 dB/100 m
	1900 MHz	<17.5 dB/100 m	<11 dB/100 m	<6.5 dB/100 m
	2400 MHz	<19.2 dB/100 m	<12.1 dB/100 m	<6.95 dB/100 m
特性阻抗	50 Ω			
工作温度	−30±60℃			
其他要求	需具有阻燃性			

13.2.2 天馈防雷器

当天线安装在室外时，除了可能被雷电直击以外，天线还能感应到部分雷击能量，这部分能量也会对 AP 造成损坏，被称感应雷。使用被串联在天线和设备间的天馈防雷器，如图 13-12 和表 13-3 所示，可以将直击雷或感应雷的能量通过接地线泄放到地上，从而对 AP 设备起到保护作用。新华三技术有限公司现提供双频天馈防雷器，同时支持 2.4 GHz 和 5.8 GHz 频段。

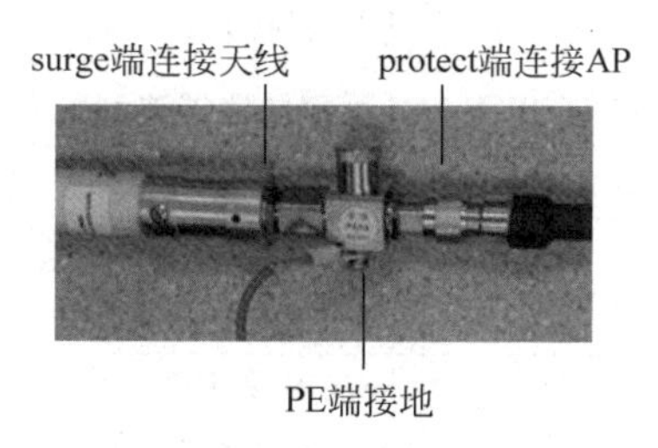

图 13-12 天馈防雷器

表 13-3 天馈防雷器参数

配置	编码	对外型号	描述	配置说明
天馈防雷器	1902A002	MHT6000-N-1	天馈避雷器-10 KA-20 V-2.4～6.0 GHz-100 W-N-F/N-M	802.11 a/g 天馈避雷器

13.2.3 网口防雷器

如图 13-13 和表 13-4 所示，PoE-MH 网口防雷器放在近端，用于保护交换机侧端口免被雷电损伤，同时也可以与电源适配器配合为远端 AP 提供 PoE 供电功能，通过以太网线的 1236 数据线进行供电。当 AP 使用本地供电时，可以不使用电源适配器，如图 13-14 和表 13-5 所示。

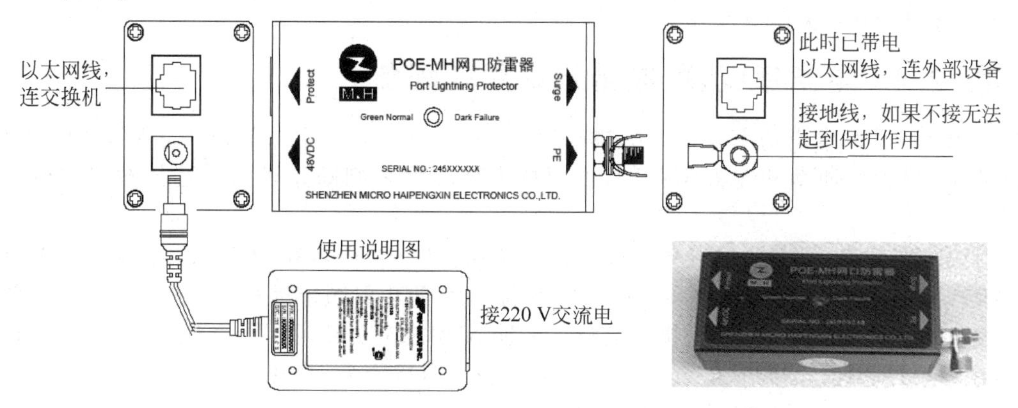

图 13-13 网口防雷器使用说明

表 13-4 网口防雷器参数

配置	编码	对外型号	描述	配置说明
PoE-MH 网口防雷器	1902A001	PoE-MH	信号避雷器-2.5 KA@8/20 us-300 V @line-earth-10/100 m PoE	用于交换机侧防雷

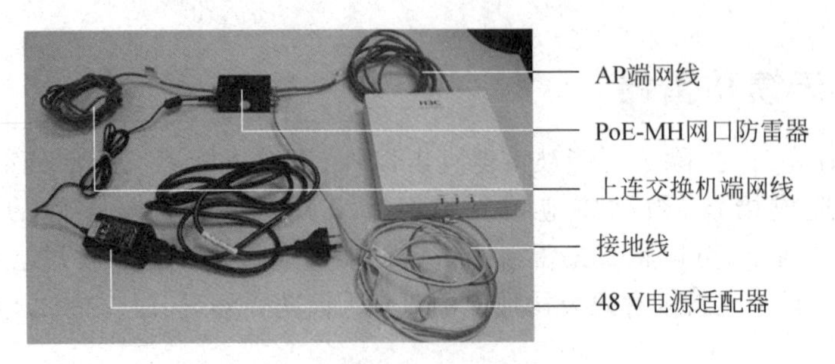

图 13-14 PoE-MH 网口防雷器典型配置

表 13-5 PoE-MH 网口防雷器典型配置表

配 置	编 码	对外型号	描 述	配置说明
PoE-MH 网口防雷器	1902A000	PoE-MH	信号避雷器-2.5 KA@8/20 us-300 V @line-earth-10/100 m PoE	用于交换机侧防雷
48 V 电源适配器	02130577	FSP025-1AD207A	一次电源-100 V-240 V-48 V/0.5 A-AC 电源线可拆卸	可根据需要选宽温型
接地线	4041307	CAB-PGND-Pwr-3 m	外部电源线-机箱 PGND-3.00 m-3.3 mm^2-黄绿-(OT6-4)	用于天馈避雷器接地

安装步骤如下。

(1) 将电源适配器插入 PoE-MH 左侧的 48 VDC 端口。

(2) 用以太网线将交换机端口和 PoE-MH 的 protect 端口进行连接。

(3) 将接地线连接到 PoE-MH 的 PE 端拧紧，并将接地线可靠接地。

(4) 用以太网线将 PoE-MH 的 surge 端与室外的 AP 以太口进行连接。

注意：

(1) 如果交换机不支持 PoE 功能的配置，需要使用电源适配器配合为远端 AP 进行 PoE 供电。

(2) 如果交换机支持 PoE 功能，则 PoE-MH 不需要电源适配器。

(3) 室外 AP 以太端口本身支持网口防雷。

13.2.4 电源适配器、胶带及射频匹配负载

电源适配器的输出功率为 48×0.52＝24.96 W。与 PoE 供电盒配合时可保证 AP 的远程供电功率，分为普通型和宽温型两种，可根据安装环境来判断是否需要选择宽温的电源适配器。

射频匹配负载：当 AP 的分集天线接口不使用的时候，或者在做分布式系统时功分器某端口没有使用情况下，需要用射频负载拧到该端口上，防止射频干扰对系统产生影响。射频匹配负载包括一种反极性 SMA 型接头负载和一种 N 型接头负载，如图 13-15 和图 13-16 所示，分别用于 SMA 型射频接口和 N 型射频接口上，特征阻抗均为 50 Ω。

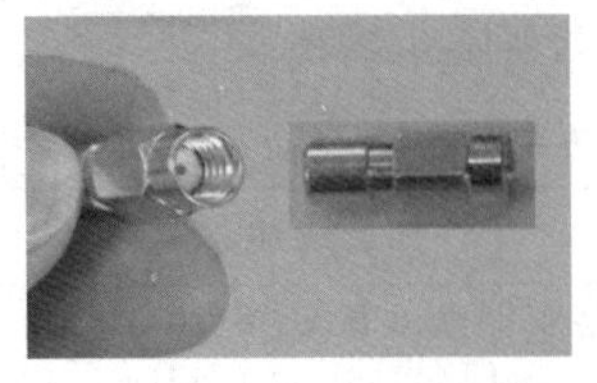

图 13-15 SMA 型接头负载

图 13-16 N 型接头负载

13.2.5 室内、室外 AP 安装实例

吸顶天线配置如图 13-17 和表 13-6 所示，其注意事项如下。

(1) 射频电缆连接到 AP 左侧的主天线接口。

(2) 射频负载连接到 AP 右侧的辅天线接口(射频负载是需要添加的，否则会引入干扰)。

(3) 这种配置适合 AP 与天线位置较远的情况，SMA 型转 N 型的硬质黑色射频电缆有 2 种长度(1.83 m 和 6.1 m)，可根据需要进行选择。

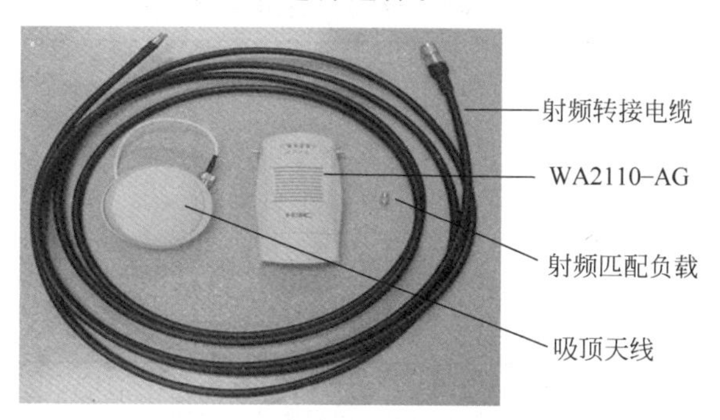

图 13-17 WA2110-AG 吸顶天线典型配置

表 13-6 WA2110-AG 吸顶天线典型配置表

设备名称	编码	对外型号	说明
射频转接电缆	0404A08Y	CAB-RF-1.83 m-(N+RG8+SMA)	1.83 m SMA 转 N 头电缆
	0404A090	CAB-RF-6.1 m-(N+RG8+SMA)	6.1 m SMA 转 N 头电缆
WA2110-AG	0235A22W	EWP-WA2110-AG	WA2110-AG 主机
射频匹配负载	2711A000	PSMA-50KR	堵住辅天线接口防止干扰
吸顶天线			

如图 13-18 所示，当室外型 AP 使用光纤接口作为数据链路，而采用 PoE 供电方式时，以太网电口则作为纯 PoE 供电口使用。以太网线连接到 PoE-MH 模块，通过电源适配器给 PoE-MH 模块供电，PoE-MH 模块的接地端需要接地，以保护供电的安全。

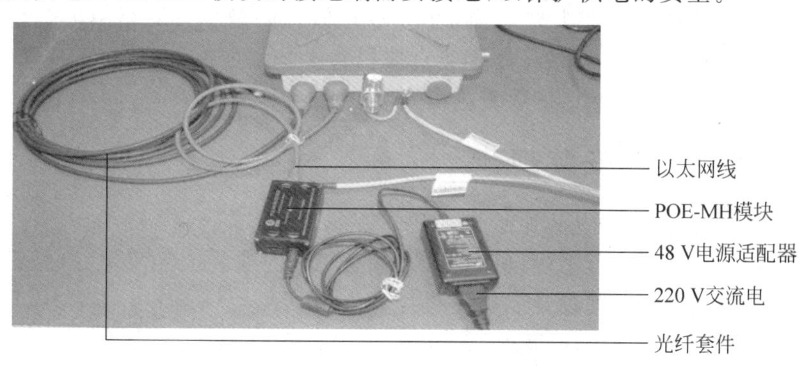

图 13-18 室外 AP PoE 供电连接

13.3 WLAN产品工程基础规范指导

13.3.1 AP安装环境要求

AP设备的安装环境必须满足AP工作温度与工作湿度的要求。如表13-7中，WA2110-AG的工作温度范围要求为0～45℃，工作湿度要求为10%～95%。

表13-7 AP安装环境要求

参数	WA1208E-GP	WA2110-AG	WA2210-AG WA2220-AG	WA2210X-GE WA2220X-AGE
工作温度	0～45℃(无加热板) －40～45℃(有加热板)	0～45℃	0～45℃	－30～55℃
工作湿度	10%～95%	10%～95%	10%～95%	10%～95%

各具体AP设备的安装工程规范也可参见产品安装手册。

13.3.2 室内AP安装规范

AP安装于室内时，必须遵从以下原则。

(1) AP安装位置必须符合工程设计要求，如有AP的安装位置需要变更，必须征得设计单位和建设单位的同意，并办理设计变更手续。

(2) 安装位置的井道、楼板、墙壁等不得渗水，灰尘小且通风良好。

(3) 安装位置必须保证没有强电、强磁和强腐蚀性设备，AP应至少离开此类设备2～3 m以避免干扰。

(4) 安装位置温度、湿度不能超过主机工作温度、湿度的范围。

(5) 安装位置要有良好的照明条件以便于设备维护检修。

(6) AP安装时必须牢固固定，不允许悬空放置。

(7) AP的安装位置必须有足够的空间以便于设备散热、调试和维护。

(8) AP及天线要远离3G/4G/LTE的天线，距离至少3 m。

(9) 当AP安装在弱电井内时，应做好防尘、防水和防盗等安全措施，并保持通风良好、工作环境清洁；当AP壁挂安装在大楼墙面上时，必须做好防盗措施；当AP安装在天花板上时，必须用固定架固定住，不允许悬空放置或直接扔在天花板上面，安装位置应靠近检修口，如果天花板高度高于6 m，一般不宜采用天花板安装方式。

13.3.3 室外AP安装规范

AP安装于室外时，必须遵从以下原则。

(1) AP安装位置必须符合工程设计要求。如有AP的安装位置需要变更，必须征得设计单位和建设单位的同意，并办理设计变更手续。

(2) 室外施工场所应易于固定器件，无阻挡。

(3) 室外硬件安装涉及的建筑墙体坚固完整。

(4) 室外设备安装必须做好防雷、防水处理。室外施工需具有附加的防雷装置，如避雷针、地桩、地网、接地排等。AP表面要垂直于水平面，未接线的出线孔应用防水塞封堵，各接头处应做好严格的防水密封措施。

(5) AP如放置于防水箱内，箱体必须固定牢固，保持垂直。箱体要保持通风以利于设备的散热。箱体可以安装在楼顶墙体的内立面上，起到遮光挡雨的作用。进入防水箱的全部线缆需做防水弯，或采用下走线方式。防水箱也可抱箍固定在用于安装天线的抱杆上。

(6) AP及天线要远离3G/4G/LTE的天线，距离至少3 m。

13.3.4 AP电源安装规范

AP供电采用PoE和本地供电2种方式，优先采用本地供电；若本地供电存在困难，可以采用带PoE功能的以太网交换机进行供电；大功率AP应采用本地供电。

(1) PoE供电。如果上层交换机为以太网供电交换机，则不需增加PoE供电模块，直接用网线对AP设备进行远端供电；如果上层交换机为普通交换机，则需增加PoE供电模块，对AP进行供电，原则上不允许串接PoE供电器。

(2) 本地供电。AP采用交流供电，电源要求为220 V±10 V，50 Hz±2.5 Hz波形失真小于5%。对不满足要求的电源，应增加稳压设备。本地供电交流电源插座应采用有保护地线(PE)的单相三线电源插座，且保护地线(PE)可靠接地。

13.3.5 PoE模块安装规范

如图13-19所示，PoE供电模块在安装时，必须遵从以下原则。

(1) PoE供电模块安装在机房时，应固定牢固，不允许悬空放置或直接将PoE供电模块直接堆叠在交换机上，并保持通风良好，可散热。

(2) PoE供电模块须接地。

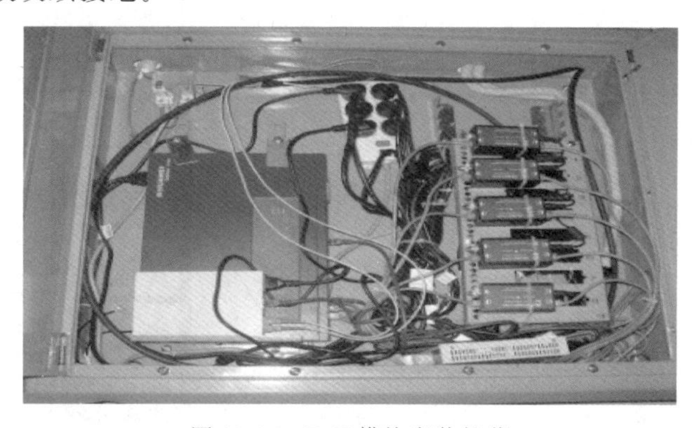

图13-19 PoE模块安装规范

13.3.6 天线安装规范

如图13-20所示，安装天线时应遵循以下原则。

(1) 各类型天线支架应结实牢固，支撑杆要保持垂直，横担要保持水平，天线实际安装位置、型号应符合工程设计方案要求。

(2) 天线支架安装位置如果高于楼顶，必须安装避雷针，避雷针长度应符合避雷要求，并可靠接地；天线顶端要低于避雷针，且处于45°避雷保护角范围之内。天线支架安装位置如果在建筑物屋檐下或外墙低矮处时，天线支架不必安装避雷针。

(3) 室外天线必须安装天馈防雷器。

图 13-20 天线安装规范

(4) 定向天线的方位角和俯仰角可以根据覆盖目标进行微调，以满足信号覆盖的要求。

安装全向室外天线需要注意以下事项。

(1) 全向室外天线抱杆直径要求 35～50 mm，一般采用直径为 50 mm 的圆钢制作天线抱杆。

(2) 在天线抱杆上安装全向室外天线后需要保证天线抱杆顶端与天线下部的抱箍部分平齐，如图 13-21(a)图所示。

(3) 安装完成后天线高度需满足信号覆盖需求，并且天线顶端需处于避雷针 45°防雷保护角之内。

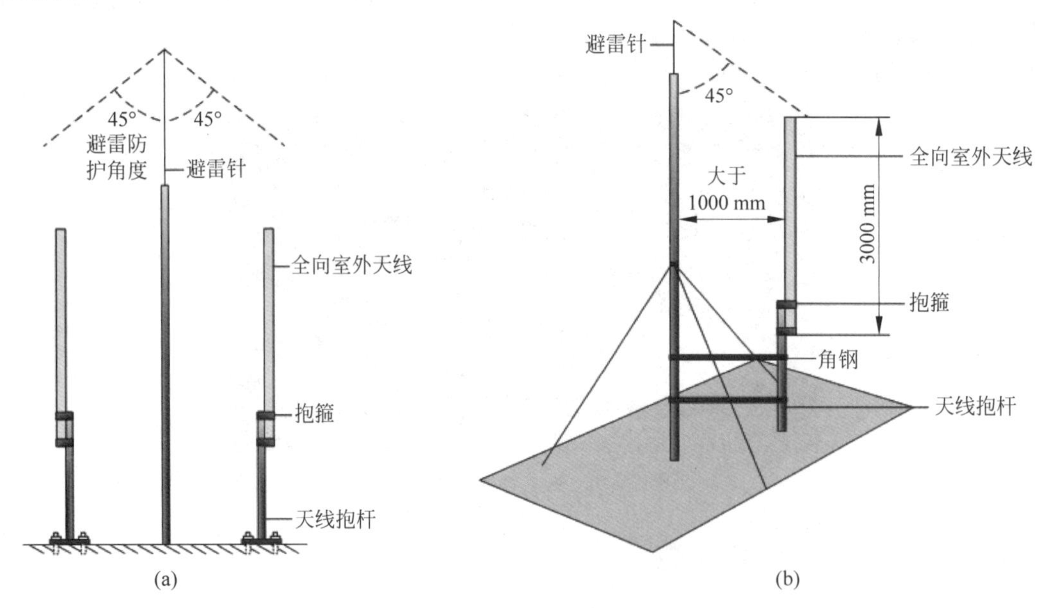

图 13-21 室外全向天线抱杆安装

安装全向天线时，一般不允许直接在天线抱杆上焊接避雷针(全向天线体的水平方向 1 m 范围内不允许有金属体存在)，而是在两根全向天线抱杆中间位置单独设置一根避雷针，避雷针的高度要使全向天线顶端处在其防护角之内。

由于环境限制使避雷针无法单独制作时，可以采用如图 13-21(b)图所示的方法进行安装，但要求避雷针距天线抱杆 1 m 以上。图 13-21(b)中的角钢用于固定天线抱杆，图示没有采用将天线抱杆固定在水泥墩上的方法，而是将角钢的一端焊接到避雷针的柱子上，另一端焊接到天线抱杆上来固定天线抱杆。

在进行多个AP的安装时，各个AP的天线之间应该保持一定距离的间隔，以避免邻道干扰。

如图13-22所示，在壁挂墙壁的安装形态下，不同AP的天线位于上下两层，且上下层天线之间垂直距离应隔开4 m之上；在路灯型安装形态下，一根灯杆安装2台AP，4副天线，考虑到安装位置的限制，各AP天线间应保持垂直距离不低于2 m，可将机箱位于两AP天线之间以增大天线间的距离。

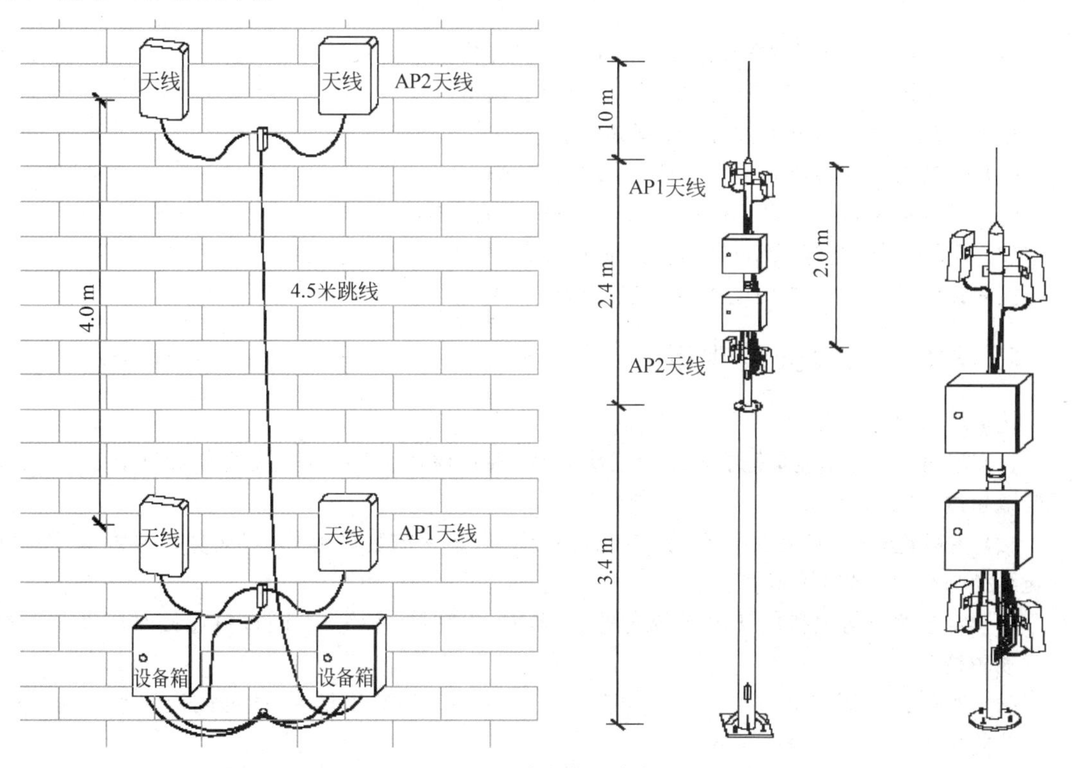

图13-22 天线安装注意事项

13.3.7 馈线安装规范

如图13-23所示，馈线安装时应遵守以下规范。

(1) 馈线必须按照设计方案(文件)的要求布放，要求走线牢固、美观，不得有交叉、扭曲、裂损情况。

(2) 馈线的套管均推荐使用铁管、普利卡管、PVC管。

(3) 加套PVC管或(铁管)的馈线水平/垂直走线固定间距为1 m，未加套管的馈线水平/垂直走线固定间距为0.8 m，推荐使用镀锌铁管，拐弯处可以使用普利卡管。

(4) 馈线转弯半径：7/8馈线大于120 mm，1/2馈线大于70 mm，8D馈线大于50 mm；

(5) 室外馈线加套PVC管，水平布线的PVC管每6 m必须在PVC管下方切口，以作漏水口。

(6) 馈线避免与消防管道及强电高压管道一起布放走线，确保无强电、强磁的干扰。

馈线接头与AP、天馈防雷器、天线、耦合器等连接口连接时要求如下。

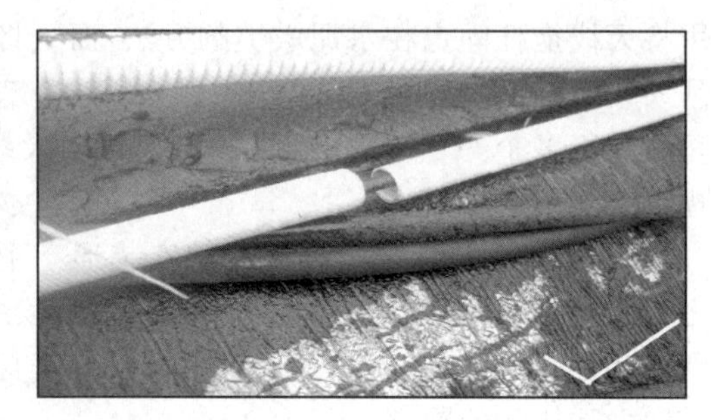

图 13-23 馈线安装规范

(1) 距离馈线接头必须保持 50 mm 长的馈线为直出，方可转弯。

(2) 必须连接可靠，接头进丝顺畅，不得野蛮强扭。

室外馈线接头必须进行密封，步骤如下。

(1) 用电工(绝缘)胶布包裹接头金属部分打底。

(2) 用防水胶布包裹电工(绝缘)胶布，并保证完全密封。

(3) 再用电工(绝缘)胶布严密包裹防水胶布。

室内馈线接头只需要用电工胶布包裹做防尘处理。

13.3.8 接地安装规范

接地安装规范如下。

(1) 室内 AP 应接地，室外 AP、天馈防雷器、PoE 模块必须接地，接地电阻小于 5 Ω，接地线严禁超过 30 m。

(2) 多股地线(一般不使用单芯)与地排连接时，必须加装接地端子(铜鼻)，接线端子尺寸应与线径吻合，压(焊)接牢固。

(3) 接地端子与地排的接触部分应平整、紧固，无锈蚀、氧化，不同材料连接时应涂凡士林或黄油防锈。

(4) 加套 PVC 管的地线固定原则与射频走线相同。加装线槽时，线槽固定间距为 0.3 m。地线的曲率半径应大于 130 mm。

13.3.9 上行链路走线规范

上行链路走线规范如下。

(1) 室外信号线走线，必须套铁管，并将铁管两端接地，严禁套 PVC 管。

(2) 室外信号线套铁管，水平/垂直布线的固定间距为 1 m，室内信号线可套 PVC 管，固定间距为 1 m，线槽走线的固定间距为 0.3 m。

(3) 信号线如遇穿墙走线，穿墙部分必须加套铁管加以保护，穿墙孔必须用防火泥加以密封。

(4) 室外信号线进入室内前必须做一个滴水弯，以防止雨水沿线缆进入室内。

如图 13-24 所示，线槽及走线管安装规范如下。

(1) 线槽安装位置合理，布放牢固、美观。

(2) 切割走线槽时切口要垂直整齐，端头作为封堵，使用阴阳角连接槽。

(3) 所有走线管走线要整齐美观地布放在线槽内或固定在墙体上，切口整齐并做钝化处理，防止割伤线缆。

（4）套管转弯处使用转弯接头，接口处使用专用连接器。

图 13-24 线槽及走线管安装规范

13.3.10 标签使用规范

如图 13-25 所示，标签使用规范如下。

（1）WLAN 系统中每一个设备及电源开关箱都要贴上明显的标签，方便日后的管理和维护。

（2）标签粘贴在设备、器材正面可视的地方，标签的标注应工整、清晰。

（3）每个设备和每根电缆的两端都要贴上标签，根据设计文件的标识注明设备的名称、编号和电缆的走向。

（4）馈线的标签尽量用扎带牢固地固定在馈线上，不宜直接贴在馈线上。

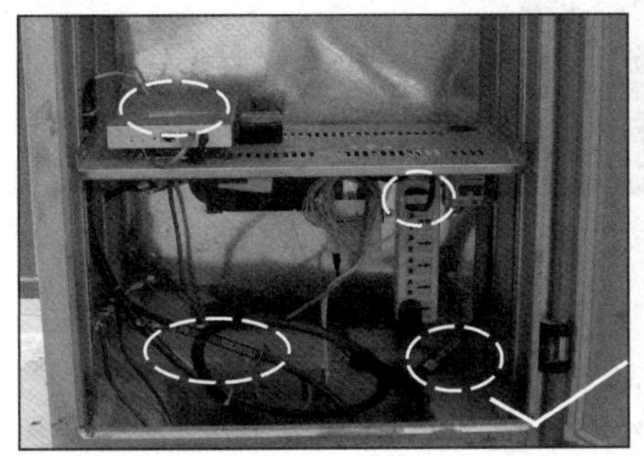

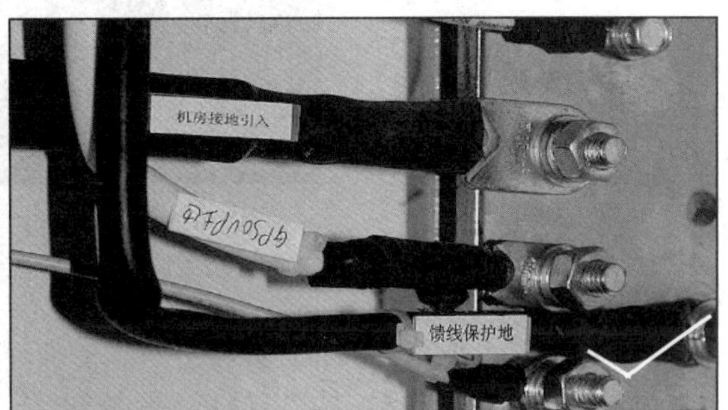

图 13-25 标签使用规范

13.4 轨道交通无线部署工程规范指导

13.4.1 轨旁 AP 安装规范及实例

轨旁 AP 沿轨道部署，安装在隧道或高架桥上，安装时会将 AP、功分器、变压器等设备放置在防水箱内，如图 13-26 所示，防水箱内安装部署应该注意以下几点。

（1）AP、功分器、变压器等设备放置在防水箱内，箱体及各设备做好固定、散热、防水等处理。

（2）防水箱内线缆长度适宜，相同线缆使用扎带固定，并用标签标识。

（3）不同线缆通过各自指定路径走线，走线尽量简单明了。

如图 13-27 所示，轨旁机箱又称防水箱，保护安装在箱体内部的 AP、功分器、变压器等设备器件，对防水、防潮、防尘和防震有很好的效果，轨旁机箱在安装的时候需要注意以下几点。

（1）机箱安装方式：贴壁式、支架式。

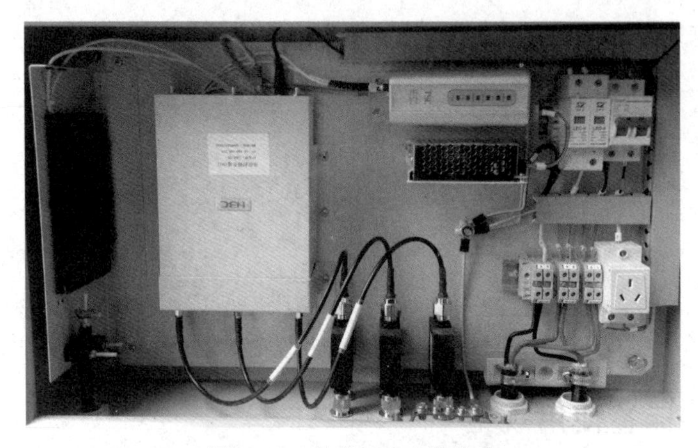

图 13-26 轨旁 AP 安装规范

图 13-27 轨旁机箱安装规范

(2) 机箱平整、牢固安装。

(3) 不同线缆走线清晰,标签明确。

(4) 安装位置避开高温、易燃、易爆、易潮、电压不稳环境。

(5) 天线避雷针角度小于 30°,并引入接地线,线缆长度不超过 30 m。

13.4.2 车载 AP 安装规范及实例

如图 13-28 所示,车载 AP 安装在列车通信机架上,列车机架设备繁多环境复杂,同时列车运行过程有震动,安装车载 AP 时需要注意以下几点。

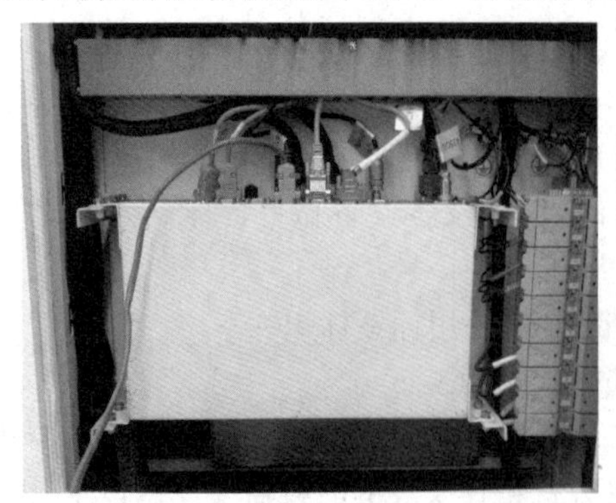

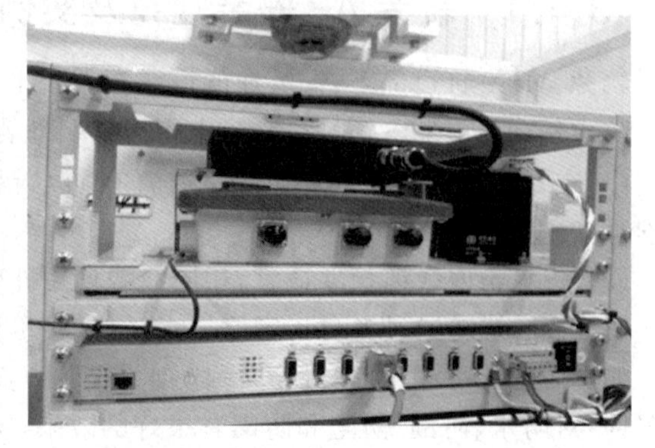

图 13-28 车载 AP 安装规范

(1) 车载 AP 与车载机架使用挂耳固定牢固。

(2) 线缆与设备连接准确,拧紧线缆连接螺丝,固定线缆与设备之间的连接。

(3) 线缆统一使用扎带固定,使用标签清晰标识,并通过指定路线走线。

(4) 馈线走线应避开强电、强磁设备。

13.4.3　轨旁天线安装规范及实例

如图 13-29 所示,AP 的外置天线负责转换电磁波信号和电信号,轨旁 AP 天线沿轨道安装,通过电磁波信号与车载 AP 建立 MESH 链路,轨道内有多个系统安装,为了保证系统信号稳定应注意以下安装条件。

(1) 天线与轨道平行安装,天线安装高度与车载天线一致。

(2) 相邻 AP 天线上下错开安装,或相距 4 m,避免信号串扰。

(3) 天线安装位置避开强电、强磁线缆或设备。

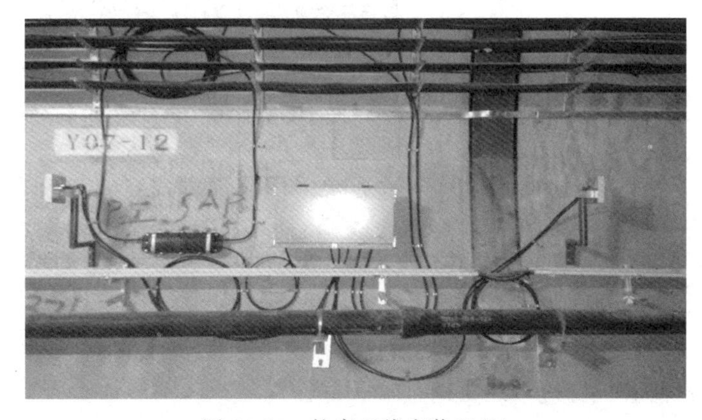

图 13-29　轨旁天线安装(1/3)

如图 13-30 所示,电磁波通过周期性正弦波形传递,移动过程中遇到障碍物会降低电磁波能量直到消耗殆尽,为了保证弯道区域及上下坡区域信号,安装应注意以下几点。

(1) 弯道区域天线方向角适当向内侧倾斜,天线安装密度适当增加。

(2) 上下坡区域天线下倾角湿度向坡度方向调整,根据勘测数据调整。

图 13-30　轨旁天线安装(2/3)

高架区域天线安装裸露在室外,如图 13-31 所示,根据安装规范,做好防水防尘等安全防护处理。

(1) 馈线与功分器做好防水、防尘处理。

(2) 线缆通过扎带固定。

(3) 功分器做好接地处理。

图 13-31 轨旁天线安装(3/3)

13.5 医疗行业无线部署工程规范指导

如图 13-32 所示,医疗行业无线 AP 部署通常采用吸顶方式安装,AP 合理安装有利于医疗终端高效通信及快速漫游,实现医生和护士查房、检查、用药等业务需求,AP 在走廊部署安装应注意以下几点。

(1) 走廊 AP 吸顶安装,H3C logo 向下,平整固定安装。

(2) AP 尽量安装在天花板外面,金属类天花板对信号衰减严重。

(3) AP 及天线安装位置避开运营商信号天线。

图 13-32 AP 吸顶式安装(1/3)

如图 13-33 所示,在病房内放桩式安装 AP,可以有效保证医疗终端在病房内业务信号需求,同时可以减少同频 AP 之间相互干扰,可以很好地提高医疗业务使用体验,安装应注意在房间内居中安装,信号兼顾邻居房间。

如图 13-34 所示,护士站和配药室是医疗终端使用高频区域,护士在两个区域录入病人药品信息,因此,对于信号和使用要求相对较高,Wi-Fi 使用效果将影响护士业务效率,为了保障好的使用效果,安装部署时应注意以下几点。

(1) AP 在护士站位置部署兼顾走廊与配药室等房间。

(2) 配药室信号不佳建议单独布放 AP。

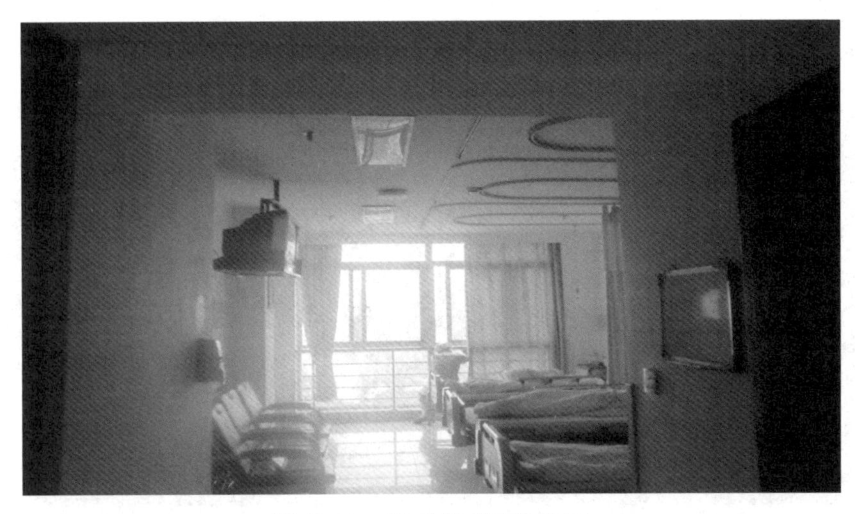

图 13-33 AP 放桩式安装(2/3)

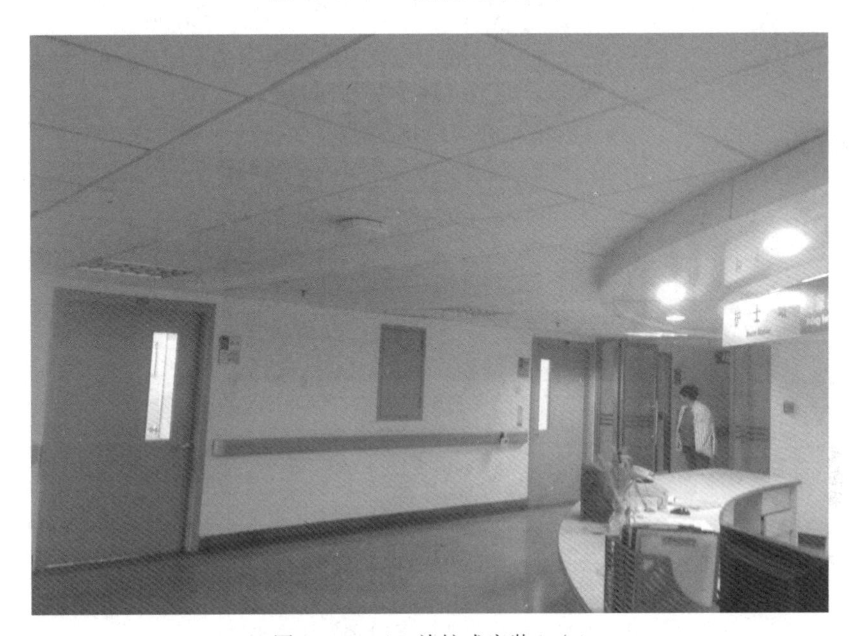

图 13-34 AP 放桩式安装(3/3)

现代化医院结构复杂、墙壁多。不同的科室或具有不同的功能房间,墙壁的衰减程度可能不同。普通的走廊放装存在信号穿透衰减过大的问题。因此,引入了 X 分部署方案,如图 13-35 所示,即通过主线、天线入室到每个房间,保证信号均匀覆盖。

X 分方案在部署时要求 AP 馈线到天线安装位置长度不超过 10 m,馈线过长会导致衰减过大,从而导致无法满足覆盖需求。X 分方案在部署时,可能会存在 AP 的馈线口不需要工作的情况。例如,走廊两侧 6 个房间,但有 8 个馈线口,则只用其中 6 个馈线口接天线即可,剩余 2 个不工作的馈线口一定要用负载堵头将馈线口堵住,避免造成射频信号不稳定的情况。

如图 13-36 所示,由于 X 分部署的细馈线信号衰耗也较大,为保证医疗 PDA 接收信号强度不小于−65 dBm,在部署中需要特别注意如下事项。

(1) AP、馈线、天线连接可靠,无松动。

(2) X 分馈线弯曲半径大于 50 cm,不急折。

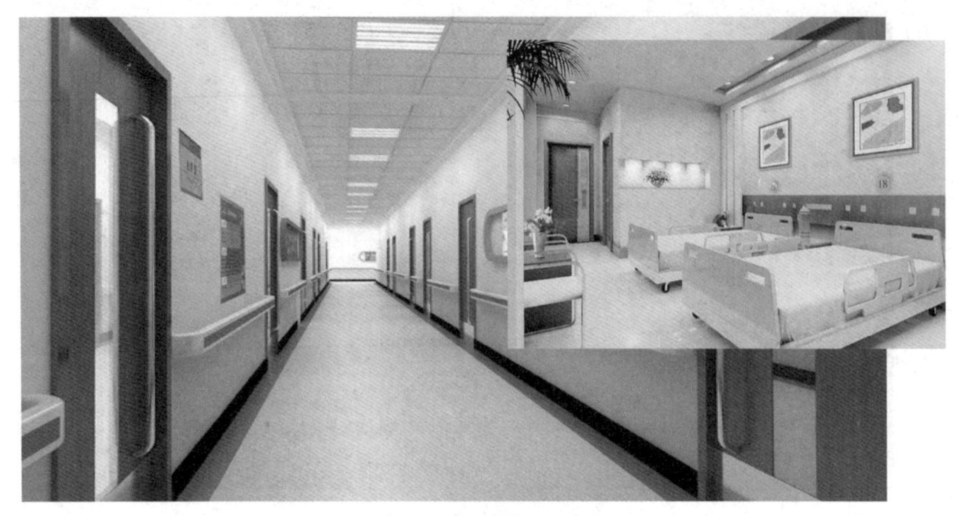

图 13-35 X分部署方案

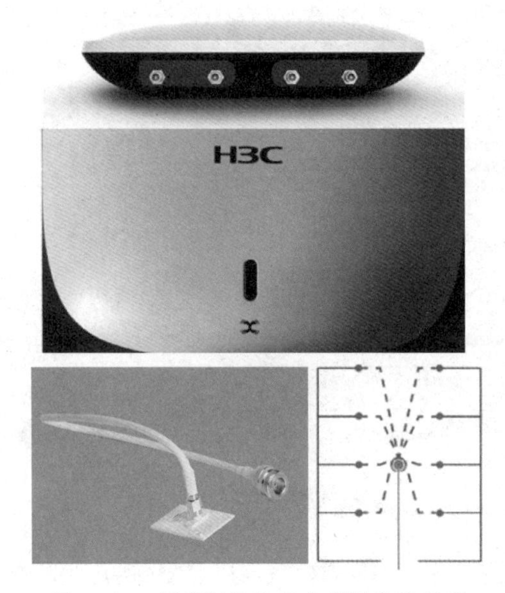

图 13-36 医疗行业的X分部署注意事项

(3) 天线位置与覆盖目标区直视可见,无金属板、厚墙等阻隔。

(4) AP闲置射频口接匹配负载。

(5) X分馈线不要串接,长度建议不超过 10 m。

13.6 无线定位应用工程部署规范指导

无线定位通过多个AP接收终端报文定位终端位置,AP安装位置及天线位置将影响报文接收及定位精度,在安装的时候应注意以下几点。

(1) 定位AP首选外置天线,天线使用全向棒状天线,方向角建议与水平方向成45°。

(2) 停车场、桥架等特殊位置,注意门梁下沿对无线信号的遮挡影响,如图 13-37 所示。

吸顶天线安装时应注意以下几点,如图 13-38 所示。

(1) 商场、商铺等区域,客户注重AP安装美观,建议天线外露AP安装在天花板内。

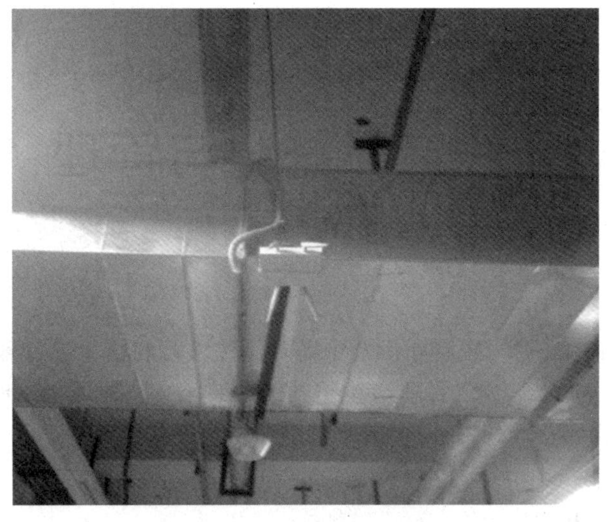

图 13-37 辫状天线外露安装

图 13-38 吸顶天线安装

(2) AP 及天线安装位置避开运营商 3G/4G 天线位置,天线周围不要有强电和强磁设备。

(3) AP 放置天花板内,logo 向下正放,如果是金属天花板,建议吸顶方式安装。

13.7 小结

本章图文并茂地介绍了 H3C WLAN 产品及安装组件,同时介绍了产品在不同场景下的安装规范,使大家了解 H3C WLAN 的安装方法和工艺,为大家今后的工程安装提供指导。

第14章

无线产品排障与管理

无线网络同有线网络一样，在实际运营中需要倾注人力和精力进行管理与维护，以保证网络稳定的运行。了解 WLAN 网络管理与维护的工作内容，掌握问题处理流程及常见问题的处理方法，可以提高 WLAN 网络排障与管理的效率。

14.1 课程目标

(1) 掌握 WLAN 网络故障排查思路。
(2) 掌握 WLAN 网络故障排除方法。
(3) 了解无线智能运维。
(4) 了解无线终端常用属性。

14.2 故障排除的一般方法

14.2.1 网络故障的一般解决步骤

对于如何排除网络故障，建议采用系统化故障排除思想。故障排除系统化是合理地、一步一步找出故障原因，并解决故障的总体原则。它的基本思路是系统的，将可能的故障原因构成的一个大集合缩减（或隔离）成几个小子集，从而使问题的复杂度迅速下降。

故障排除时，有序的思路有助于解决遇到的任何困难，图 14-1 中给出了一个一般网络故障排除流程。

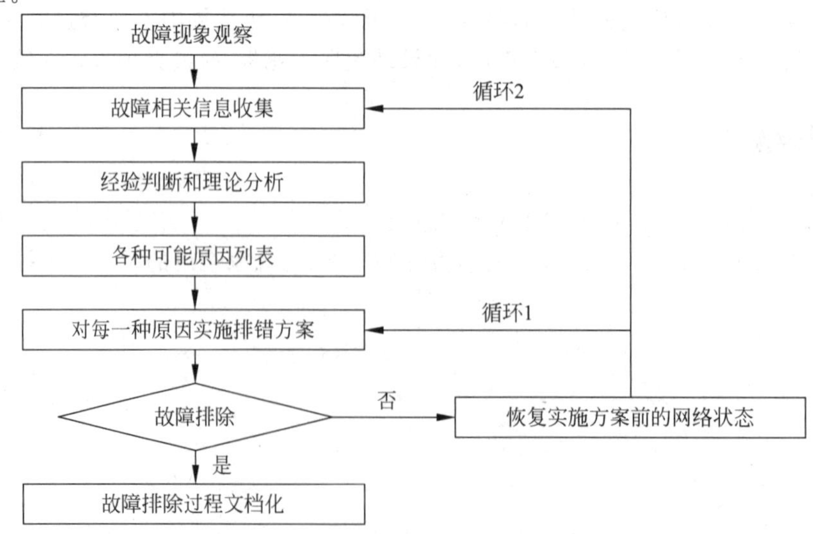

图 14-1　网络故障的一般解决步骤

注意：该流程是网络维护人员能够采用的排错模型中的一种，如果你根据自己的经验和实践总结了另外的排错模型，并证明它是行之有效的，可以继续使用该模型；网络故障解决的处理流程是可以变化的，但故障排除有序化的思维方式是不可变化的。

14.2.2 故障排除的常用方法

基本上所有的网络技术模型都是分层的。当网络的所有底层结构工作正常时，它的高层结构才能工作正常。层次化的网络故障分析方法有利于快速并准确地进行故障定位。

OSI参考模型为网络工程师提供了通用的语言，它定义了网络的7层结构，从低到高依次为物理层、数据链路层、网络层、传输层、会话层、表示层、应用层。任何一种网络协议都可通过OSI模型参考找到对应的映射关系。图14-2显示了TCP/IP协议层及它们与OSI参考模型的关系。

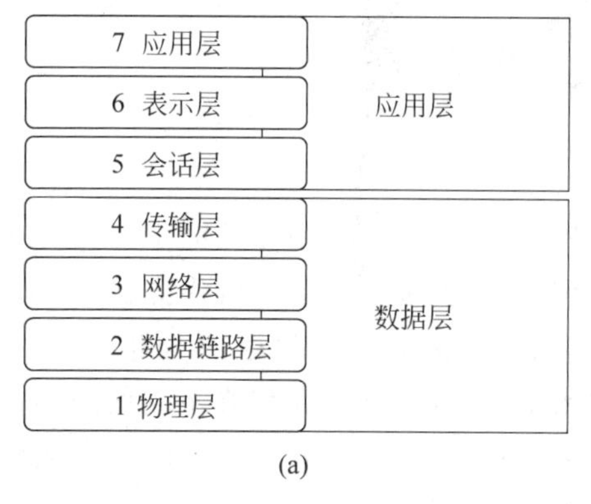

(a)

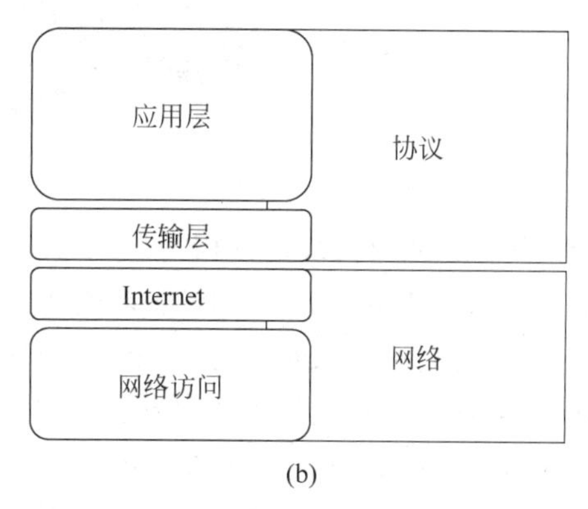

(b)

图14-2 故障排除常用方法
(a) OSI模型；(b) TCP/IP模型

OSI模型已经渗透到网络排障与管理的方方面面，通常按照OSI模型可以清晰地描述相关网络问题，有效地以一种结构化的方式排除故障。

在OSI模型7层结构中，各层的关注点各不相同，物理层负责通过某种介质提供到另一设备的物理连接及二进制比特流的传输；数据链路层负责提供介质访问、链路管理等；网络层负责选择寻址和路由；传输层负责建立主机端到端的连接；会话层负责建立、维护和管理会话；表示层负责处理数据格式、加密等；应用层负责提供应用程序间的通信。

下面将列出WLAN网络中各层容易出现问题的一些关注点。

(1) 物理层：电源问题、接地问题、物理连接、天线安装、线缆质量、传输距离、干扰等。

(2) 数据链路层：SSID、开放/共享认证方式、WEP加密、VLAN、Ad Hoc模式等。

(3) 网络层：默认网关、路由、IP地址及子网掩码等。

(4) 分块故障排除法。

H3C系列网络设备的配置文件及其中无线系列产品提供了分块的组织结构，如H3C无线系列控制器的配置文件包含VLAN、本地管理账号、无线服务模板、接口管理(VLAN接口、无线接口)、IP地址及路由等部分。这种模块化的配置管理方式本身就为故障定位提供了一个原始的框架，当出现一个故障现象时，可以把它归入到上述的某一部分或几部分中，从而可以有效地缩减故障范围，提高问题定位效率。

替换法是检查硬件是否存在问题最常用的方法。例如，当怀疑网线故障时，可使用一根确定完好的网线替换测试；当怀疑设备的某接口有问题时，更换其他接口进行连接。在现场定位条件有限的情况下，替换法可以简单方便地协助定位硬件问题。

14.2.3 故障排除对网络维护人员的技能要求

如图 14-3 所示，WLAN 网络故障的定位与排除对网络维护人员的技能提出了以下要求。

图 14-3 故障排除对网络维护人员的技能要求

(1) 精通数通及无线射频相关知识与技能。熟悉与 WLAN 网络相关的 IP 网络知识，如 IP 地址、VLAN、DHCP 协议、路由原理等。能够使用网络的一些基本操作方法，如 ping 操作、tracert 操作、debugging 调试、抓包分析等，进行网络连通性问题的分析定位。对于 WLAN 网络理论及相关射频知识有着深刻的理解和认识，了解无线网络在不同使用环境下的工作状态，能够使用常用工具(如 Network Stumbler、Air magnet、airopeek 等)收集无线网络相关数据，如无线信号强度、信噪比、发射功率等，协助问题定位。

(2) 遵守 WLAN 网络工程实施和维护的规范性要求。WLAN 项目的实施与维护是一项系统的工程，需要规范有条理地进行。按照工程进展的不同环节的规范要求，按部就班地实施才能保证工程质量和网络使用的效果。而设备的维护更是一个长期的工作，需要持续并有条不紊地关注。维护的工作规范性对于设备管理与问题定位有着非常重要的作用。

(3) 熟悉 WLAN 网络运行状态及信息监控。复杂问题的定位与排错不仅在于技术人员的专业技能，更在于技术人员对所要排错网络的熟悉程度。只有充分了解自己的网络，才能够迅速、有效地与网络管理涉及的关键人员及受故障影响的人员进行沟通；只有充分了解自己的网络，才能够对网络的变动做出明智的决策，才能够尽快地排除故障。

(4) 能够引导客户详细描述故障现象与相关信息。在多数情况下，网络维护人员和管理人员会收到用户的求助。用户反馈了一个故障，但又没有该故障产生原因的任何信息。例如，客户报告：PC 无法访问 FTP 服务器，但并没有报告具体原因。此时，网络维护和管理人员必须以系统的、渐进的、有序的一系列提问来引导客户，以得到所有的相关信息。

网络维护与管理人员定位网络故障的过程，实质上是一个不断提出问题的过程(问客户或问自己)。提问的顺序通常为谁提出了问题，是什么问题，何时产生的，何处出现的，并且这些问题是可以循环提出的，当提出一个问题的时候，必须能够根据用户对该问题的回答继续提问，直到对故障相关的信息有了准确地了解并满意为止。

(5) 及时进行故障排除的文档记录和经验总结。网络管理和维护人员必须养成及时进行故障排除文档记录和经验总结的习惯。在发现异常情况时，应有序地记录设备软件版本、当前运行配置等信息，一方面是网络维护工作的基本要求，另一方面也是提高自身排错技能的需要。

14.3　常用的问题诊断命令

H3C 的 COMWARE 平台提供了一套完整的命令集,可以用于监控网络互联环境的工作状况和解决基本的网络故障。主要包括 ping 命令、tracert 命令、display 命令和 debugging 命令。

1. ping 命令

(1) 原理：ping 这个词源于声呐定位操作,指来自声呐设备的脉冲信号。ping 命令的思想与雷达发出一个短促的雷达波,通过收集回波来判断目标很相似;即源站点向目的站点发出一个 ICMP echo request 报文,目的站点收到该报文后回一个 ICMP echo reply 报文,这样就验证了两个节点间 IP 层的可达性。

(2) 功能：命令 ping 用于检查 IP 网络连接及主机是否可达。

(3) COMWARE 平台的 ping 命令。

在 H3C 系列产品上,ping 命令的格式如下。

```
ping [ ip ] [ -c count ] [ -t timeout ] [ -s packetsize ] ip-address
```

-c　ping 报文的个数,默认值为 5。

-t　设置 ping 报文的超时时间,单位为 ms,默认值为 2000。

-s　设置 ping 报文的大小,以 B 为单位,默认值为 56。

例如,向主机 10.15.50.1 发出 2 个 8100B 的 ping 报文,命令如下。

```
<H3C> ping -c 2 -s 8100 10.15.50.1
  PING 10.15.50.1: 8100 data bytes, press CTRL_C to break
    Reply from 10.15.50.1: bytes=8100 Sequence=0 ttl=123 time = 538 ms
    Reply from 10.15.50.1: bytes=8100 Sequence=1 ttl=123 time = 730 ms

  --- 10.15.50.1 ping statistics ---
    2 packets transmitted
    2 packets received
    0.00% packet loss
round-trip min/avg/max = 538/634/730 ms
```

(4) Windows 操作系统的 ping 命令。

在基于 Windows 操作系统平台的 PC 机或服务器上,ping 命令的格式如下。

```
ping [ -n count ] [ -t ] [ -l size ] ip-address
```

其中,-n 为 ping 报文的个数;

-t 为持续地发送 ping 报文;

-l 为设置 ping 报文携带的数据部分的字节数,设置范围为 0～65 500。

例如,向主机 10.15.50.1 发出 2 个数据部分大小为 3000 B 的 ping 报文,命令如下。

```
C:\> ping -l 3000 -n 2 10.15.50.1
Pinging 10.15.50.1 with 3000 bytes of data
Reply from 10.15.50.1: bytes=3000 time=321ms TTL=123
Reply from 10.15.50.1: bytes=3000 time=297ms TTL=123
Ping statistics for 10.15.50.1:
```

```
  Packets: Sent = 2, Received = 2, Lost = 0 (0% loss),
Approximate round trip times in milli-seconds:
  Minimum = 297ms, Maximum = 321ms, Average = 309ms
```

注意：实际上 Windows 操作系统的 ping 命令的参数非常多，这里只介绍其中最重要的3个参数。其他参数介绍请参考 Windows 在线帮助。

2. tracert 命令

(1) 原理：tracert 命令是为了探测源节点到目的节点之间数据报文所经过的路径。IP 报文在经过路由器转发后，报文中的 TTL 值被减去 1，并且当 TTL=0 时则向源节点报告 TTL 超时。使用 tracert 命令后，节点首先发送一个 TTL=1 的 ICMP 报文，到达第一跳路由器后，路由器则会返回一个 ICMP 错误消息以指明此数据报文不能被发送(因为 TTL 超时)；之后节点再发送一个 TTL=2 的报文，同样第二跳路由器返回 TTL 超时；这个过程不断进行，直到到达目的地，目的主机会返回一个 ICMP 目的地不可达消息，之后 tracert 操作结束。tracert 工具可以记录下每一个 ICMP TTL 超时消息的源地址，从而提供给用户报文到达目的地所经过的网关 IP 地址。

(2) 功能：tracert 命令用于测试数据报文从发送主机到目的地所经过的网关，主要用于检查网络连接是否可达，以及分析网络何处发生故障。

(3) COMWARE 平台的 tracert 命令。

在 H3C 系列产品上，tracert 命令的格式如下。

tracert [**-a** *ip-address*] [**-f** *first_TTL*] [**-m** *max_TTL*] [**-p** *port*] [**-q** *nqueries*] [**-w** *timeout*] **host**

其中，-a 为指定一个发送 UDP 报文的源地址；

-f 为指定初始报文的 TTL 大小，默认值为 1；

-m 为指定最大 TTL 大小，默认值为 30；

-p 为目的主机的端口号，默认值为 33434；

-q 为每次发送的探测报文的个数，默认值为 3；

-w 为指明 UDP 报文的超时时间，单位为 ms，默认值为 5000。

例如，查看到目的主机 10.15.50.1 中间所经过的网关，命令如下。

```
[H3C] tracert 10.15.50.1
 traceroute to 10.15.50.1(10.15.50.1) 30 hops max,40 bytes packet
 1 10.110.40.1          14 ms   5 ms   5 ms
 2 10.110.0.64          10 ms   5 ms   5 ms
 3 10.110.7.254         10 ms   5 ms   5 ms
 4 10.3.0.177           175 ms  160 ms  145 ms
 5 129.9.181.254        185 ms  210 ms  260 ms
 6 10.15.50.1           230 ms  185 ms  220 ms
```

(4) Windows 操作系统的 tracert 命令。

在基于 Windwos 操作系统的 PC 机或服务器上，tracert 命令的格式如下。

tracert [**-d**] [**-h** *maximum_hops*] [**-j** *host-list*] [**-w** *timeout*] **host**

其中，-d 为不解析主机名；

-h 为指定最大 TTL 大小；

-j 为设定松散源地址路由列表；

-w 为用于设置 UDP 报文的超时时间，单位 ms。

例如，查看到目的节点 10.15.50.1 路径所经过的前两个网关，命令如下。

```
C:\> tracert -h 2 10.15.50.1
Tracing route to 10.15.50.1 over a maximum of 2 hops:
  1      3 ms      2 ms      2 ms   10.110.40.1
  2      5 ms      3 ms      2 ms   10.110.0.64
Trace complete.
```

3. display 命令

display 命令是用于了解设备的当前状况、检测相邻设备、从总体上监控网络、隔离 Internet 中故障的最重要的工具之一。几乎在任何故障排除和监控场合，display 命令都是必不可少的。

下面介绍最常用的、全局性的 display 命令。

(1) display version 命令。display version 命令是最基本的命令之一，它用于显示设备硬件和软件的基本信息。因为不同的版本有不同的特征，实现的功能也不完全相同，所以查看硬件和软件的信息是解决问题的重要一步。在进行故障排除时，通常从此命令开始收集数据。该命令将帮助用户收集下列信息：①COMWARE 软件版本；②设备系列名称；③处理器的信息；④RAM 的容量；⑤配置寄存器的设置；⑥硬件的版本；⑦引导程序的版本。

(2) display wlan ap all verbose 命令。display wlan ap all verbose 命令用于查看所有 AP 的详细信息，在排查 AP 注册、AP 反复上下线及 AC 相关情况的时候，这个命令帮助用户了解 AP 整体注册情况及每个 AP 的详细统计信息，该命令帮助用户了解以下主要信息：①AP 在线状态；②AP 在线时长；③AP 软/硬件版本；④AP 上一次获取的 IP 地址；⑤AP 上一次隧道断开的原因；⑥射频模式、信道、功率等信息。

如果想要查看特定 AP 的详细信息，可以指定具体 AP 名称查看，例如，使用 display wlan ap name test verbose 命令查看 AP 名称为 test 的详细信息。

(3) display wlan client verbose 命令。display wlan client verbose 命令用于查看关联终端的详细信息，在排查终端关联、终端网速慢等问题时，可以帮助用户了解终端的详细信息。这个命令可以查看所有关联终端的详细信息，增加查看终端 MAC 地址命令可以查看具体终端的详细信息，例如，display wlan client mac-address XXXX-XXXX-XXXX verbose；增加 AP 名称可以基于 AP 查看关联终端的详细统计信息，例如，display wlan client ap test verbose 命令查看 AP test 下关联终端的详细数据。通过该命令可以帮助用户了解以下主要信息：①关联终端的 MAC 地址；②关联终端的 IP 地址；③终端关联的 AP 名称；④关联终端是否休眠；⑤关联终端的信号强度；⑥关联终端的收发协商速率；⑦终端关联 AP 的时长。

(4) display interface 命令。display interface 命令可以显示所有接口的当前状态，如果只是想查看特定接口的状态，请在该命令后输入接口类型和接口号，例如，display interface gigabitethernet1/0/1 命令将查看以太接口 GE1/0/1 的运行状态和相关信息。

(5) display diagnostic-information 命令。display diagnostic-information 命令用于采集设备的诊断信息，诊断信息记录设备的当前运行配置、保存配置信息、日志信息、ARP 表项、路由表项等信息，帮助维护人员查看设备的运行情况，便于问题分析。

4. debugging 命令

(1) debugging 命令概述。

H3C 系列设备提供大量的 debugging 命令，可以帮助用户在网络发生故障时获得设备中相关的细节信息，这些信息对网络故障的定位是至关重要的。

在COMWARE中，debugging信息及其他提示信息的输出由信息中心(info-center)统一管理。因此，用户想要查看调试信息，需要先开启信息中心并设定调试信息的输出方向，然后再打开相应的调试命令并将信息在终端上打印出来。

① 开启info-center功能，命令如下。

```
[H3C]info-center enable
```

② 打开相应的调试开关。例如，打开IP packet调试开关的命令如下。

```
<H3C> debugging ip packet
```

③ 开启本地终端对系统信息的监视功能，命令如下。

```
<H3C> terminal debugging
```

如果是远程登录(telnet)到设备，则需要开启远程控制台对调试信息的显示功能，命令如下。

```
<H3C> terminal monitor
```

(2) debugging命令使用注意事项。

由于调试信息的输出在CPU处理中赋予了很高的优先级，debugging命令会占用大量的CPU运行时间，在负荷高的设备上运行可能引起严重的网络故障(如网络性能迅速下降)。但debugging命令的输出信息对于定位网络故障又如此重要，是维护人员必须使用的工具。因此，新华三技术有限公司总结了一些使用debugging命令的注意要点，内容如下。

① 应当使用debugging命令来查找故障，而不是用来监控正常的网络运行。

② 尽量在网络使用的低峰期或网络用户较少时使用，以降低debugging命令对系统的影响性。

③ 在没有完全掌握某debugging命令的工作过程及它提供的信息前，不要轻易使用该debugging命令。

④ 由于debugging命令在各个输出方向对系统资源的占用情况不同，因此需视网络负荷状况，在使用方便性(info-center console debugging命令)和资源耗费小(info-center logbuffer debugging命令)之间做出权衡。

⑤ 仅当寻找某些类型的流量或故障并且已将故障原因缩小到一个可能的范围时，才使用某些特定的debugging命令。这样一方面可以减少debugging命令对设备性能的影响，另一方面减少了许多无用信息的输出，有利于更加迅速地定位故障。

在使用debugging命令获得足够多的信息后，应立即以undo debugging命令终止debugging命令的执行。

可以使用display debugging命令查看当前已打开哪些调试开关，使用相应命令关闭；使用undo debugging all命令可以关闭所有调试开关。

(3) display命令和debugging命令的配合使用。

display命令能够提供某个时间点的设备运行状况，而debugging命令能够展示一段时间内设备运行的变化情况(动态)。因此，要在故障排除时了解系统运行的总体情况，必须同时使用这两个命令。一般说来，display命令不会影响系统的运行性能，而debugging命令则会对系统性能造成影响。因此，在故障排除时，首先使用相关的display命令查看设备当前的运行状况，分析可能原因，缩减故障到适当范围，然后打开某个特定的debugging命令观察变化情况，以定位和排除问题。

14.4 WLAN 网络故障排除

14.4.1 WLAN 产品维护内容及注意事项

WLAN 产品日常维护的工作内容包含以下几个方面。

首先，维护人员应自觉遵守维护工作规范，并且要对相关人员的维护工作、操作规范起到监管作用，使维护工作可以有条不紊地进行，以便及时准确地了解网络的运行状态与信息。同时维护人员还要负责网络工程实施与安装规范性的检查，对于影响网络正常稳定运行的规范性问题要及时提出，并责令相关人员进行整改。

其次，对于客户反馈的常见故障，如终端无法搜索到无线信号、终端无法获取 IP 地址、portal 认证无法通过等问题要进行整理分类等，应总结归纳，有针对性地输出相关故障处理文档，以指导客户进行排查。例如，终端无法搜索到无线信号，可能是因为没有启用无线网卡、没有使用无线服务、网卡与设备的射频模式不兼容等原因。

再次，关注无线及有线网络的运行状况，防止有线网络的不稳定而影响无线网络的使用效果，保证无线及相关有线网络的健康稳定。按照设备维护需求，定期进行设备运行巡检，保证问题及时发现和排查。针对异常现象，要进行有效排差和定位。必要时，可寻求专业人员协助以及时发现并解决网络隐患。

最后，针对突发性问题，要积极响应，收集相关信息以便问题的及时定位与处理。当问题超出个人能力范围时，需要及时协调资源集中解决或通过相关渠道寻求协助解决。在非常情况下，以及时恢复业务为首要任务，不能因为信息收集而影响网络业务的恢复。

由于 WLAN 产品的特殊性，在使用维护过程中需要维护人员关注许多方面，其中以下几个方面的内容在日常维护中需要特别关注。

(1) 保证设备按照要求可靠接地。

良好地接地是无线设备稳定运行的基础，也是设备防雷击、抗干扰、防静电的重要保障。因此，用户必须为整个无线网络提供良好的接地系统，在设备可靠接地后，方可上电。

(2) 维护人员做好防静电措施。

在网络设备运行的环境中，静电可以说是无处不在，尤其在气候干燥时，静电尤为严重。静电会危害设备电路，且容易造成静电吸附，不但影响设备寿命，而且容易造成通信故障。

为了避免静电对无线设备的电子器件造成损坏，除了对安装设备的场所要采取防静电措施外，还要注意在安装、操作无线控制器的各种部件，特别是板卡及电路板时，必须佩戴防静电手腕。拿放电路板时，建议接触电路板的边缘，避免接触元器件和印制电路部分。

(3) 尽量避免无线网络运行环境中的其他干扰源。

无线网络可以使用的信道很有限，如果工作信道存在干扰，会降低无线网络的稳定性，影响无线网络使用效果。所以在无线使用环境中，尽量不要引入其他干扰源，如私加的无线接入点、随意放置的微波炉等。

另外，对于电子设备的电磁干扰需要特别关注，并应采取相关的措施予以避免。无线设备使用中可能的电磁干扰，无论是来自设备外部还是内部，都经常以电容耦合、电感耦合、电磁波辐射、公共阻抗(包括接地系统)耦合、导线(包括电源线、信号线和输出馈线等)等多种传导方式对设备产生影响。因此，应注意：①对供电系统要采取有效的防电网干扰措施；②无线控制器接地装置尽量不要与电力设备的接地装置或防雷接地装置共用，并尽可能相距远一些；③远离强功率无线电发射台、雷达发射台、高频的大功率设备；④必要时需采取电磁屏蔽的措施。

（4）保证有线网络的稳定，以免影响无线网络的使用效果。

WLAN 作为网络的接入层部分，数据业务的承载还要依靠上层的有线网络设备（如路由器、交换机等）。因此，有线网络的稳定与否势必会影响到无线网络的运行。在规划和维护过程中，需要特别关注有线网络的健康状况，保证有线网络的稳定，以尽量避免有线侧问题造成对无线网络使用效果的影响。例如，在组网规划时，应考虑将无线网络和有线网络的业务流量进行隔离，防止有线网络的病毒、恶意攻击等非法流量进入无线网络，影响无线网络的稳定性。另外，在设备维护和管理工作中，需要将有线网设备和无线网设备统一监控。同时，处理无线问题时，不要忽略有线网络的存在，应全盘规划，统一考虑。

（5）注意室外环境下的工程规范性与安全性要求。

无线设备安装在室外时，需要特别注意其规范性和安全性的要求。一般在施工和验收时对规范性和安全性的要求比较严格，而在维护过程中则容易忽视对其的监管。

针对室外安装的设备，在定期检查中，注意其安装是否规范，设备环境是否存在安全隐患。在发现问题时，需要及时知会相关方进行整改，以避免设备故障而影响网络使用。同时室外环境通常比较恶劣，对设备长期运行有更高的可靠性要求，因此，不能仅靠工程前期的规范性要求来保证，也需要在使用过程中进行积极有效地检查和维护。

14.4.2 WLAN 产品常见问题处理

安装不规范问题属于构建网络硬件体系不合要求的问题，可依据规范要求检查工程实施的各个环节，保证无线网络部署的规范性。

例如，进行 AP 外接天线架设时，两个 AP 所接天线之间的距离需要按照规范相隔一定间距，否则会造成信号接收饱和、干扰严重，影响使用。图 14-4 中的两个天线的安装应拉开一定距离。

安装不规范问题一般是造成无线网络使用效果较差的潜在问题，例如，图 14-4 中显示的两个 AP 所接天线之间的距离明显太小，没有按照安装工程实施规范隔开一定的间隔，这样势必会使两个 AP 之间的信号产生干扰，影响客户使用的效果。

而这种隐患可以通过网络部署完成前的规范性操作来避免。因此，在工程实施过程中，一定要严格按照安装规范性要求来实施。同时，对于无线网络在使用过程暴露出的问题，也应考虑是否因为工程安装不规范造成的，及时地进行规范性检查并整改。一般检查的内容有：PoE 供电线规格和长度是否符合要求、天线安装是否符合工程要求、接地是否可靠等；依照设备安装指导书，按照其中要求进行相关设备制作和安装（如馈线制作、天线角度调整、天馈防雷等）的规范性检查等。

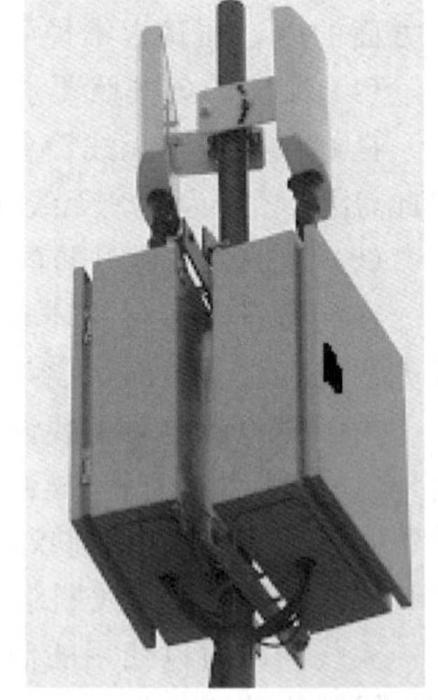

图 14-4 安装不规范问题

信号干扰问题通常会造成无线网络使用不稳定，可通过调整 AP 部署位置及工作信道予以避免。

例如，无线环境中存在同频段的其他无线设备，如图 14-5 中的微波炉（microwave oven）造成信号干扰，影响无线终端（station）使用网络的效果。

信号干扰问题通常会造成无线网络使用不稳定、链路带宽下降等问题，而造成信号干扰的原因一般都是信道规划不够合理或覆盖区域的无线环境比较复杂，例如，在无线环境中有同频段的其他干扰源（如无绳电话、微波炉等）造成无线信号的同频干扰，从而影响无线终端的使用

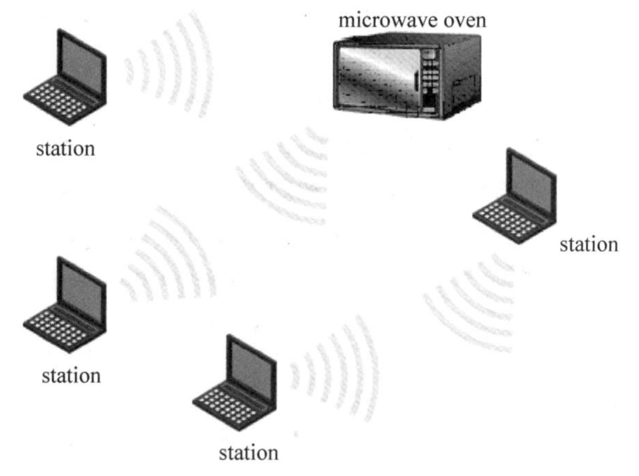

图 14-5 信号干扰问题

效果。通过调整 AP 部署位置及工作信道可以有效避免干扰。

对于信号干扰问题，一般可按照以下方法进行排查：①检查 AP 信道设置，结合 AP 安装位置，根据蜂窝式覆盖原则统一进行信道规划；②通过信号检测终端或软件，查看无线环境状况，根据信号分布情况，有针对性地调整设备功率，将无线系统内部干扰降到最低程度；③如果发现区域内有其他干扰源(如微波炉)，则需要调整 AP 工作信道、工作频段，改变部署位置或周围环境以避免干扰。

信号弱问题属于信号覆盖不全面性质的问题，可调整网络部署予以解决。

例如，使用 Network Stumbler 软件测试发现某 AP 的信号强度(signal)为－84 dBm，明显太弱，连接状态显示为断开状态的黄色，这时需要想方设法提高信号强度。

信号弱问题一般是在无线网络勘测与设计时所造成的，由于部署覆盖方案不够全面，使局部区域没有信号或信号强度不满足要求，无法保证网络的正常使用。对于信号强度的检测可借助相关软件(如 Network Stumbler)。为保证无线网络的使用效果，目标区域信号强度至少应保证在－75 dBm 以上，如图 14-6 所示的某 AP 在目标区域的信号强度为－84 dBm，信号明显太弱，无法满足业务需求。

Network Stumbler - [20070808191525]

File Edit View Device Window Help

Channels
SSIDs
Filters

MAC	SSID	Name	Chan	Speed	Vendor	Type	Enc...	SNR	Signal+	Noise-	SNR+
000FE25046AC	wa1208e		13*	54 Mbps		AP		15	-84	-100	16
000FE25046E4	wa1208e		1	54 Mbps		AP		13	-87	-100	13

图 14-6 信号弱问题

对于信号强度较弱问题，一般可按照以下方法进行排查和处理：①检查线路和设备是否工作正常，排除因设备、线路等因素而造成的信号弱问题；②在现有条件允许的情况下，增加 AP 或天线来解决局部信号弱或无信号的问题；③在充分了解客户需求及现场环境的基础上，并在现场条件允许的情况下，改变原有的 AP 部署方案，重新规划 AP 的安装位置及安装方式。

对于无线终端无法搜索到信号的问题，原因可能有很多，一般可以从以下几个主要方面来查找问题的原因。

(1) 对照配置手册，确定设备的配置是否正确，例如，设备的无线服务模板(service-template)、射频模块(radio)是否还处于 disable 状态，从而导致 AP 其实没有进入工作状态。

(2) 检查设备的硬件连接是否正确、可靠，排除因为设备硬件连接错误(如射频接口连接不紧、天线与 AP 接口对应关系不正确等)而导致信号太弱，使终端无法搜索到信号的情况。

(3) 检查无线终端的硬件开关是否打开,无线网卡是否启用,保证无线客户处于正常工作状态。

(4) 确定设备工作模式与无线终端的工作模式是否兼容,例如,如果 AP 工作在 802.11 a 模式下,无线终端设备是否能够支持 802.11 a 模式,还是仅支持 802.11 b/g 模式。

(5) 在确定设备配置正确的情况下,可以通过相关调试命令确定 AP 是否正常工作,例如,在设备隐含模式下,通过 display ar5drv [1|2] statistics 命令可查看 AP 是否发送 beacon 帧,具体信息如下。如果通过此命令连续查看,发现 beaconIntcnt 值有增长,则说明 AP 设备在正常发送 beacon 帧。

```
[H3C-probe]display ar5drv 1 statistics
...
Beacon statistics
 BeaconIntCnt     : 6309
 BeaconBusyCnt    : 0
 BeaconErrCnt     : 0
...
```

同时,在定位无线终端无法搜索到信号的问题时,也不排除是由于个别终端自身的原因造成的,此时可用替换法,使用其他终端进行测试以快速有效地排除此类问题。

对于无线终端上网速度慢或丢包严重之类的相关性能问题,首先要定位是有线侧还是无线侧的问题,再进一步进行无线侧问题的相关定位。

如图 14-7 所示,无线终端上网速度慢或丢包严重之类的相关性能问题,是无线网络使用过程中的常见问题,对于此类问题可以按照以下步骤进行排查。

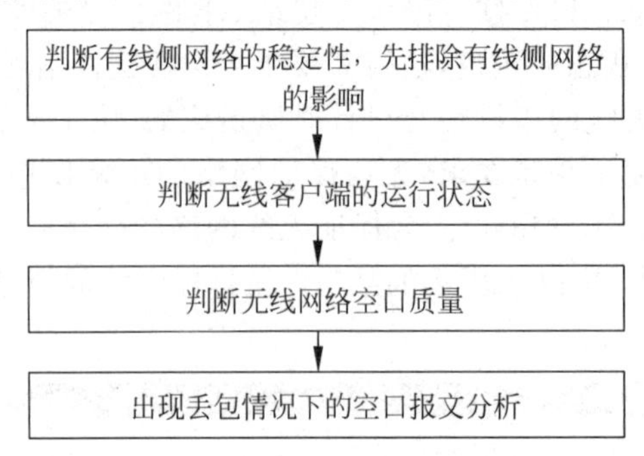

图 14-7 无线终端网速慢或丢包严重

步骤 1:判断有线侧网络的稳定性,以确定是否是有线侧网络的问题,排除有线侧网络的影响。例如,可以通过 fit AP 与 AC 之间互 ping、fat AP 与上层设备之间互 ping、AC 与上层设备之间互 ping 初步判断有线网络侧是否正常。

步骤 2:判断无线终端的运行状态。

可以通过 display wlan client verbose 命令分析终端信息,通过 display wlan client roam-track 命令判断终端的漫游情况。根据以上信息可以初步判断。

(1) 如无线用户的信号强度 RSSI 偏低(低于 20),需要分析一下该用户状态及对整个网络的影响,尽量提高无线用户的信号。

(2) 如无线用户的协商速率 Rx 和 Tx 偏低,说明空口环境较差甚至丢包比较多,需要进行空口环境质量的分析。

(3) 如无线用户漫游比较频繁(在各个 AP 上持续的时间都比较短),可以适当地调整这台终端连接的 AP 的发射功率,减少用户的漫游次数,或者将网卡的漫游主动性降低。

说明：该处理并非关键，因为无线网卡自身的快速漫游对实际应用影响并不大。

步骤3：判断无线网络空口质量。

可以使用Network Stumbler和AirMagnet对空口周围的环境进行相应的分析。特别是使用AirMagnet对空口进行的扫描，可以统计信道的占用率和吞吐量，查看信道中AP和station的数量，以及空口报文的速率组成和占用比例，能够直观清晰地判断无线空口质量。如无线空口质量差，可进一步分析具体原因（例如，信道占用情况、网络流量），采取相应措施，如适当进行流量控制或对无线用户进行限速。

步骤4：通过以上方法还不能定位的情况下，则需要进行空口报文分析。需要借助相关抓包软件获取报文的交互过程。获取信息后再进一步进行分析定位。

在无线控制器+fit AP的应用中，fit AP不能成功注册是常见问题之一。针对此类问题，首先应按照fit AP在不同组网方式下的注册流程逐步进行排查，以判断问题是否出现在与其他设备的配合上，如DHCP不能正确下发地址、fit AP与AC之间的路由不可达等。在确定组网与配置无误的情况下，可使用相关debugging命令收集信息协助定位。常用的相关debugging命令如下。

```
<H3C>debugging wlan capwap event
<H3C>debugging wlan capwap error
<H3C>debugging wlan capwap packet control receive
<H3C>debugging wlan capwap packet control send
```

在进行无线桥接问题定位时，可以从以下几个方面进行问题排查。

(1) 必要的工程规范性检查，确保工程实施正确规范。例如：

① 当前采用的天线类型是否与radio模式相匹配；

② 天线连接是否正确可靠；

③ 各个连接部件之间是否紧密；

④ 天线的极化方式是否一致；

⑤ 桥接两端天线是否对准（特别是在使用定向天线的情况下）。

(2) 桥接相关配置检查，保证配置信息准确无误，避免出现错误。例如：

① 确定桥接的两个radio接口配置为相同的模式（如11 a）、设置为相同的信道、发射功率设置恰当（通常使用最大发射功率）；

② 检查radio接口下的peer-mac是否正确；

③ radio接口上绑定的mesh-profile，保证mesh-profile已经使能、配置的mesh ID相同；

④ 保证mesh-profile对应接口的认证算法及密钥相同；

⑤ 对于需要建立多条链路的设备，需要确认最大支持链接数是否设置正确，默认情况下link-maximum-number为2。

(3) 桥接建立过程相关信息调试收集，协助问题定位，命令如下。

```
<H3C>debugging wlan mesh all
```

14.5 无线智能运维分析

无线运维贯穿整个项目，如图14-8所示。

云工勘：平面图导入或绘制；遮挡物材料选择；AP点位、天线方向部署分析；信号仿真模拟、覆盖分析；AP计算器。

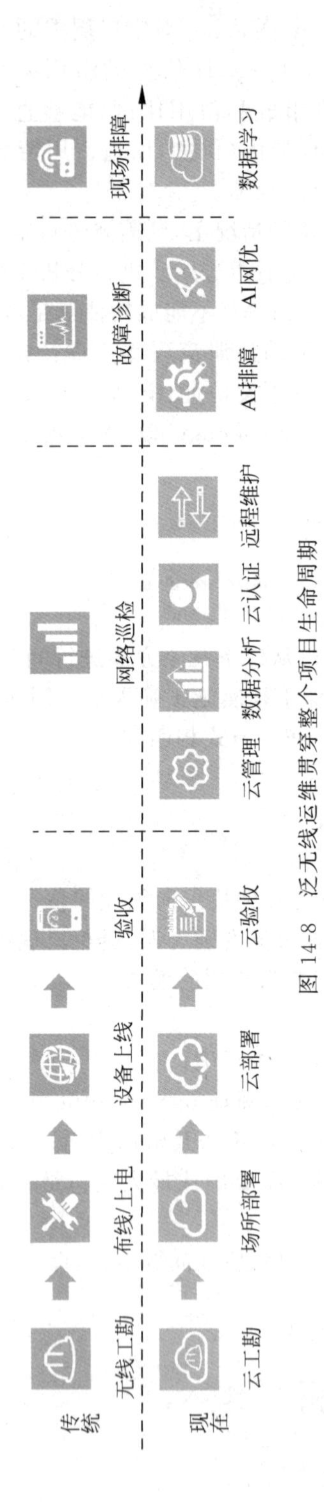

图 14-8 泛无线运维贯穿整个项目生命周期

云验收：10＋年专业无线部署；内置验收标准；信号覆盖验收；网络带宽验收；漫游验收。

丰富的云端业务：批量集中部署/管理；远程管理维护；设备终端信息报表；VIP保障；终端仿冒检查。

AI运维：基线自主学习；网络故障主动感知；AI故障分析；AI渐进优化。

如图14-9所示，云简网络智能运维是依托云简平台、无线网络设备、具备运维能力的终端或专业检测设备，进行全方位诊断的网络保障体系。

云/大数据　　网　　端

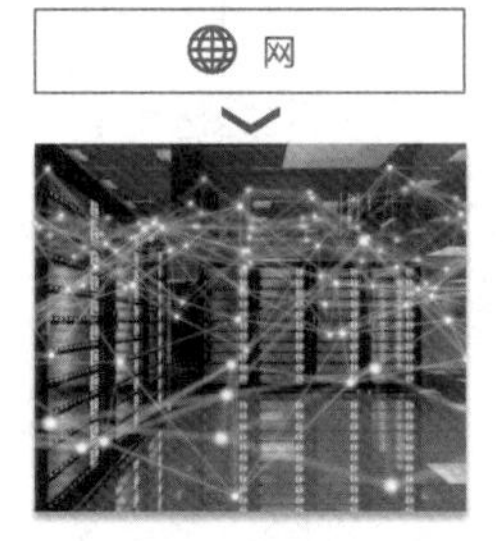

图14-9　云简网络智能运维

如图14-10所示，无线智能运维系统建立了完善的终端体验、设备健康度、网络健康度评估体系，用以实时计算并展示终端体验、设备、整网的运行情况。同时本系统除了将海量数据可视化，还具有自动识别问题、自动分析问题、自动解决问题的能力。

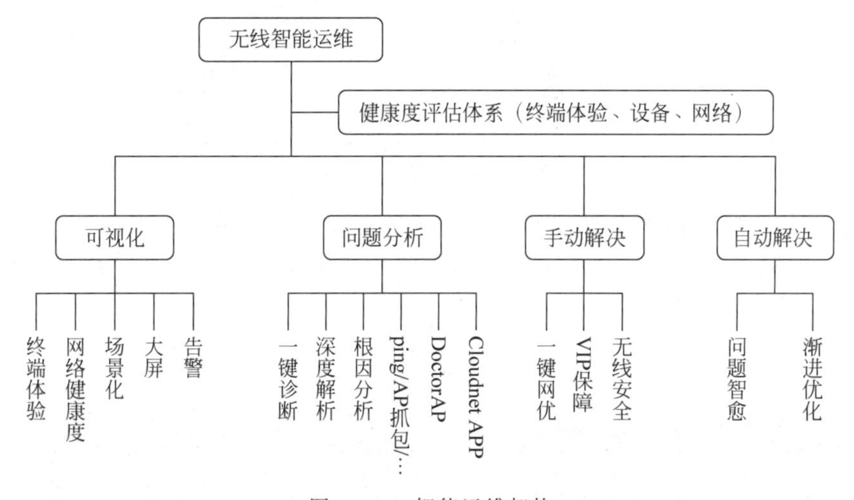

图14-10　智能运维架构

网络由一个个网元设备组成，运维的最终目的是要调整网元设备的运行参数，以保障网络时刻处于最佳状态。因此，H3C无线智能运维的网络健康度评估体系首先会评估终端体验和各个网元设备的健康度，然后再以加权方式得出整网的网络健康度。这种呈现方式可以让管理员快速看出哪些网元设备出现了问题，需要立即处理。

如图14-11所示，数据采集后经过AC处理并上报云：底部是具备检测或运维能力的终端及AP，采集数据然后上报AC，AC对AP上报的原始数据预处理，通过公网将数据上报到云平台。

传统的网络监控手段(如SNMP、CLI、日志)已无法满足网络需求。

(1) SNMP和CLI主要采用“拉模式”获取数据，即发送请求来获取设备上的数据，限制了可以监控的网络设备数量，且无法快速获取数据。

(2) SNMP Trap和日志虽然采用“推模式”获取数据，即设备主动将数据上报给监控设备，但仅上报事件和告警，监控的数据内容极其有限，无法准确地反映网络状况。

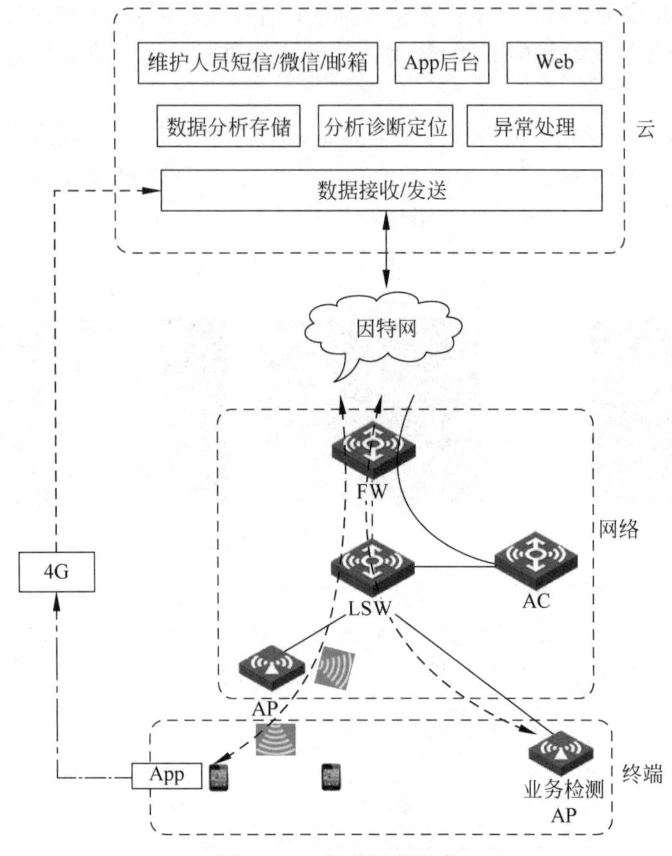

图 14-11 智能运维架构

telemetry 是一项监控设备性能和故障的远程数据采集技术，如图 14-12 所示。它采用“推模式”及时获取丰富的监控数据，可以实现网络故障的快速定位，从而解决上述网络运维问题如图 14-13 和图 14-14 所示。

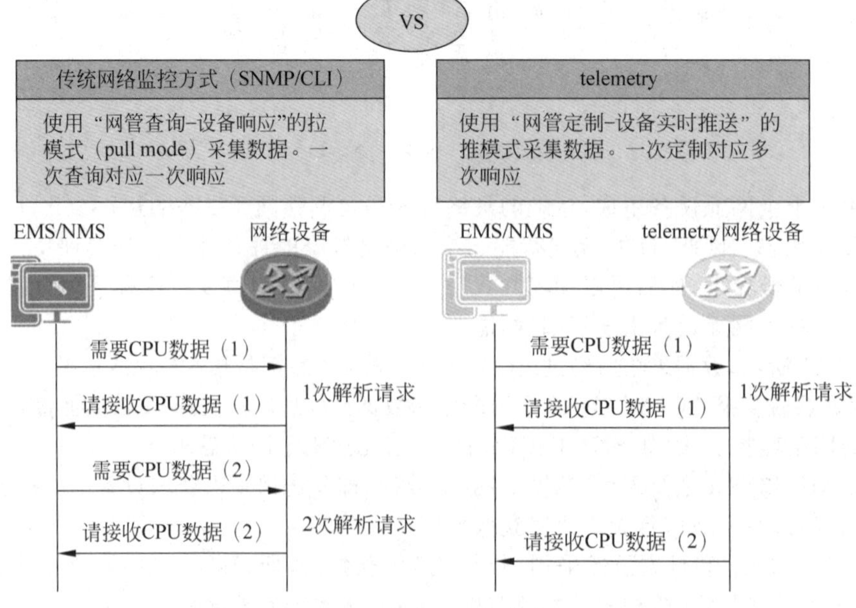

图 14-12 智能运维数据采集技术 telemetry

图 14-13 智能运维功能一览

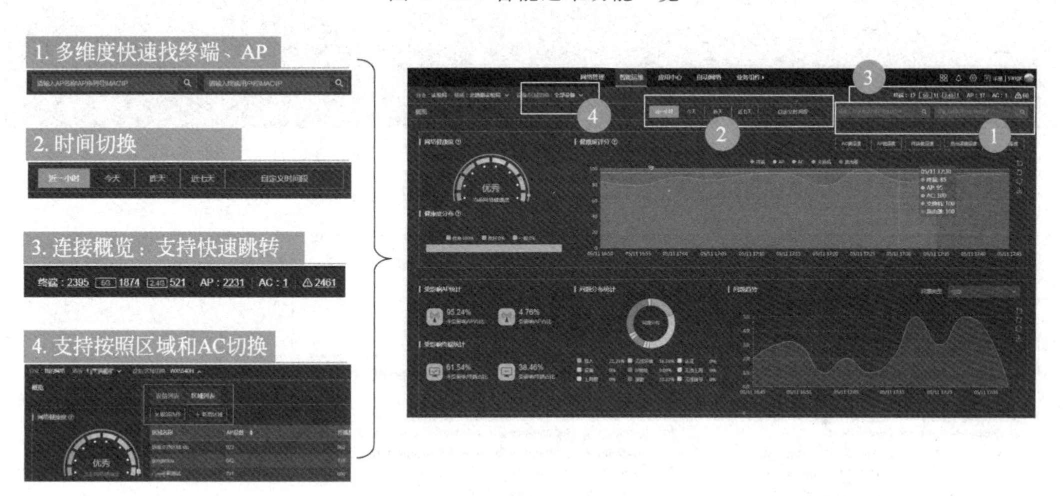

图 14-14 智能运维通用功能

telemetry 具有如下优势。

(1) 支持多种实现方式，满足用户的不同需求。

(2) 采集数据的精度高，且类型十分丰富，可以充分反映网络状况。

(3) 一次订阅，持续上报。相比传统网络监控技术的查询一次上报一次，telemetry 仅需要配置一次，设备就可以持续上报数据，减轻了设备处理查询请求的压力。

(4) 故障定位更快速、精准。

(5) 支持秒级数据采集上报。

(6) 支持逐包数据采集。

如图 14-15，数据可监控：网络体验、AP 健康度评分趋势、终端健康度评分趋势、设备 CPU、内存趋势，端口单播组播流量、AP 射频信息，AP 负载统计，AP 日志、AP 信道分析、AP 离线原因、离线次数统计、终端详情，终端日志、终端认证耗时、终端上下线统计。

如图 14-16 所示，连接快照可通过“仪表盘”菜单访问。帮助用户看见网络体验，汇聚全网终端/AP/信道运行情况，有 30 多项，单击图表中的区域可快速查看数据详情，支持进一步筛选。

图 14-15 数据监控

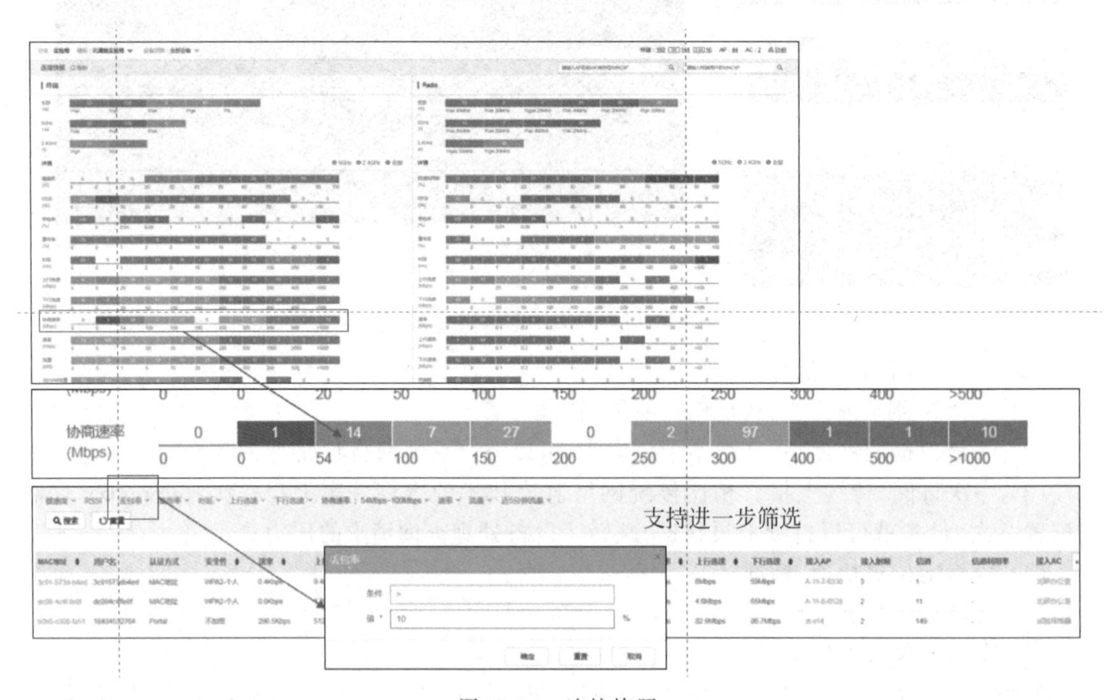

图 14-16 连接快照

连接快照显示的是当前场所选定的设备对应的在线终端、在线 AP、运行 radio 的实时汇总信息。

连接快照页面通过分类色块方式呈现统计数据，并在详情中通过色块颜色表示统计数据指标的优良，其中红色色块 1 表示数据指标最不理想，橙色色块 86 表示数据指标较不理想，蓝色色块 19 57 24 13 6 9 从浅至深，表示数据指标指向良好方向，绿色色块 3 表示统计数据指标最为理想，灰色色块 1 表示该统计数据指标无意义。

连接快照页面中的所有色块均支持单击，可以进入详情页面，查看具体信息，如图 14-17 所示。

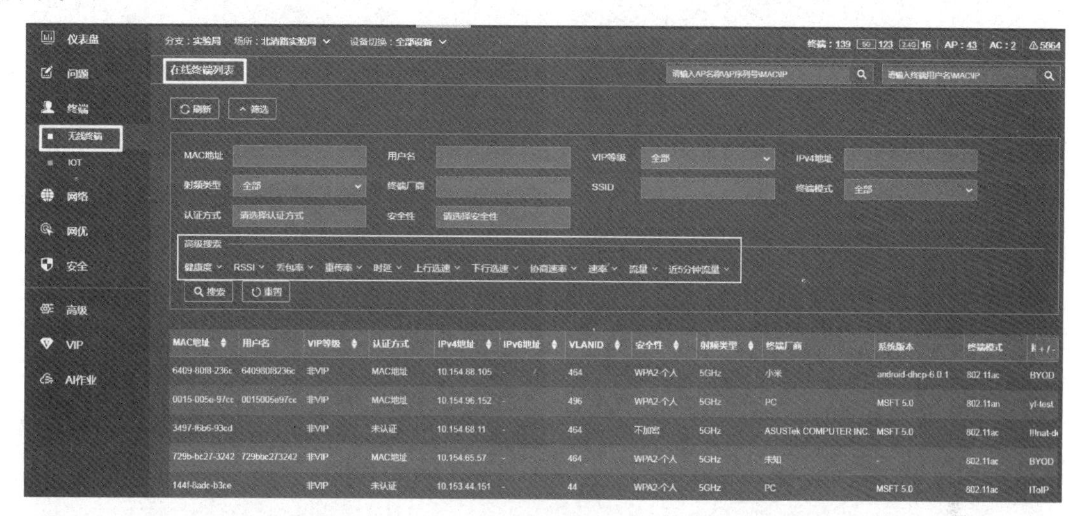

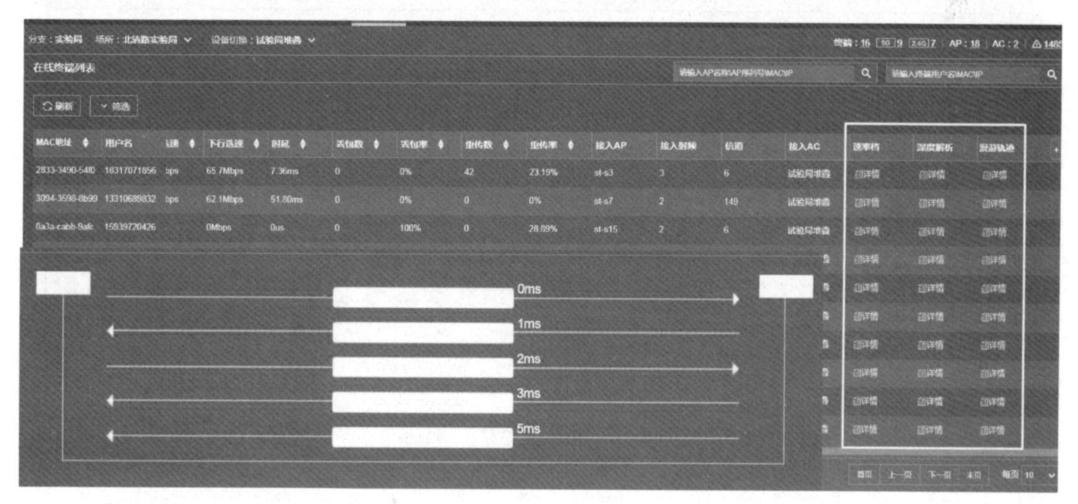

图 14-17　终端数据

如图 14-18 所示，支持多维信息筛选的在线表，除了常规的用户名、MAC 地址等信息，还支持按照终端的体验筛选，如筛选出健康度低、高丢包、高时延的终端。

深度解析，记录终端事件历史：接入过程（已完成）、1x 认证过程（已完成）、MAC 认证过程（已完成）、DHCP 过程（已完成）、ARP 过程（规划中）、DNS 过程（规划中）、网关首包通信过程（规划中）。

云简网络可以自定义标签规则，为每个 AP 打上标签，如地点、使用人群等，弥补 AP 名不能表达的信息，如图 14-19 所示。

按标签筛选和查找 AP，根据查找结果进行批量管理。

支持为标签设置不同的颜色。

同步已有分组到标签规则中，如同步酒店管理、区域管理的分组。

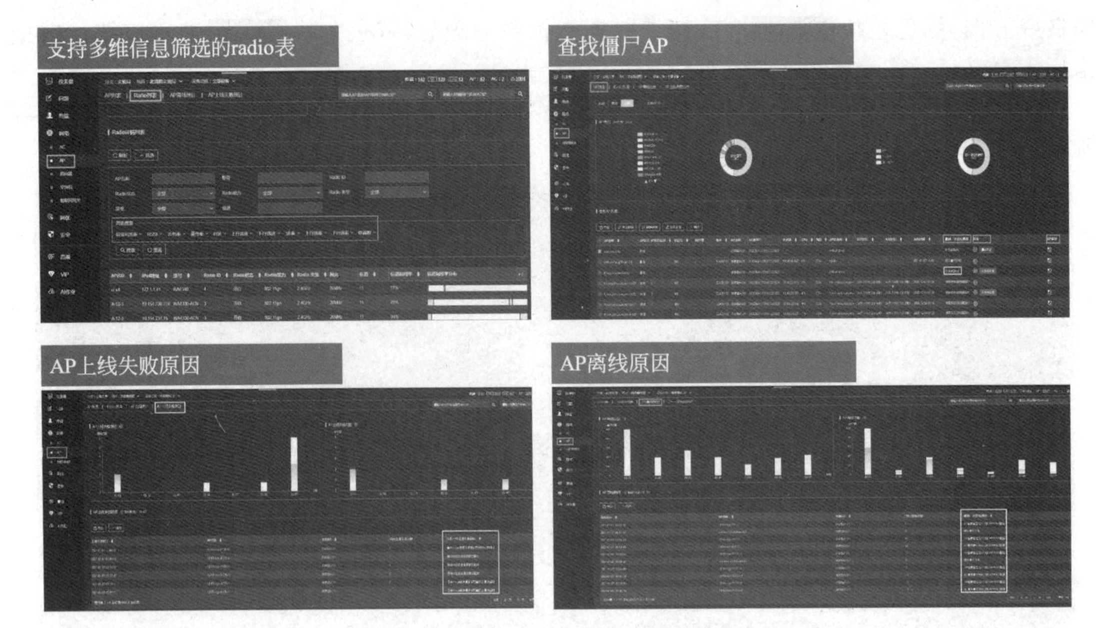

图 14-18 AP 数据-多维信息筛选

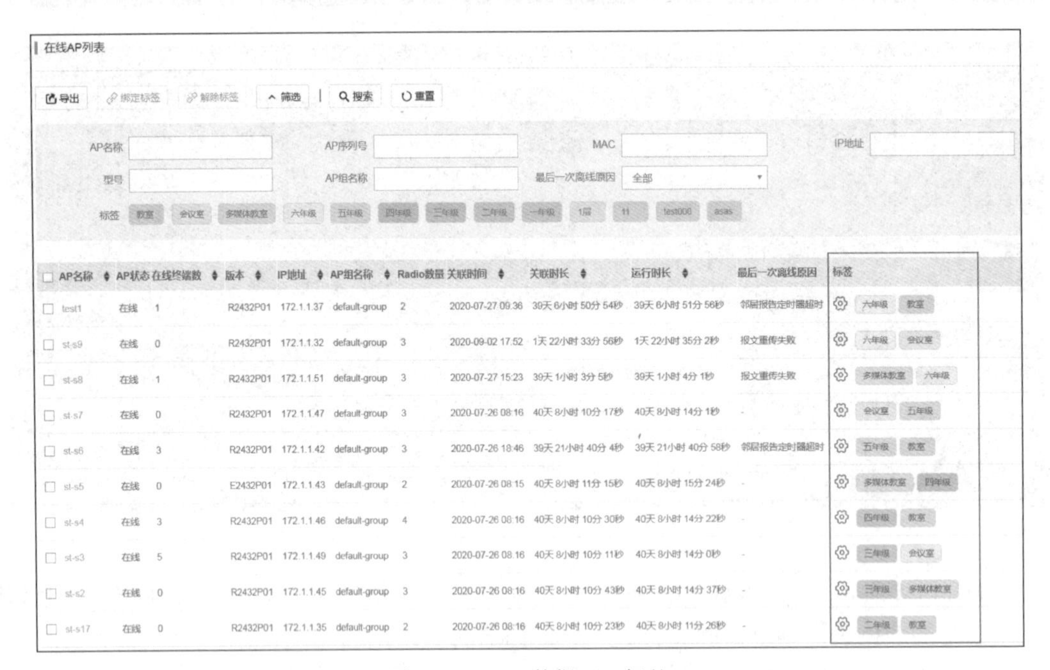

AP名称	AP状态	在线终端数	版本	IP地址	AP组名称	Radio数量	关联时间	关联时长	运行时长	最后一次离线原因	标签
test1	在线	1	R2432P01	172.1.1.37	default-group	2	2020-07-27 09:36	39天6小时50分54秒	39天6小时51分56秒	邻居报告定时器超时	六年级 教室
st-s9	在线	0	R2432P01	172.1.1.32	default-group	3	2020-09-02 17:52	1天22小时33分56秒	1天22小时35分2秒	报文重传失败	六年级 会议室
st-s8	在线	1	R2432P01	172.1.1.51	default-group	3	2020-07-27 15:23	39天1小时3分5秒	39天1小时4分1秒	报文重传失败	多媒体教室 六年级
st-s7	在线	0	R2432P01	172.1.1.47	default-group	3	2020-07-26 08:16	40天8小时10分17秒	40天8小时14分1秒	-	会议室 五年级
st-s6	在线	3	R2432P01	172.1.1.42	default-group	3	2020-07-26 18:46	39天21小时40分4秒	39天21小时40分58秒	邻居报告定时器超时	五年级 教室
st-s5	在线	0	E2432P01	172.1.1.43	default-group	2	2020-07-26 08:15	40天8小时11分15秒	40天8小时15分24秒	-	多媒体教室 四年级
st-s4	在线	3	R2432P01	172.1.1.46	default-group	4	2020-07-26 08:16	40天8小时10分30秒	40天8小时14分22秒	-	四年级 教室
st-s3	在线	5	R2432P01	172.1.1.49	default-group	3	2020-07-26 08:16	40天8小时10分11秒	40天8小时14分0秒	-	三年级 会议室
st-s2	在线	0	R2432P01	172.1.1.45	default-group	3	2020-07-26 08:16	40天8小时10分43秒	40天8小时14分37秒	-	三年级 多媒体教室
st-s17	在线	0	R2432P01	172.1.1.35	default-group	2	2020-07-26 08:16	40天8小时10分23秒	40天8小时11分26秒	-	二年级 教室

图 14-19 AP 数据-AP 标签

云简网络可以批量/单个重启 AP，灵活选择重启范围，支持按标签筛选的范围批量定时重启。

支持定时重启，可根据设置的定时任务重启 AP。

（1）易用性强。一键网优，不需要复杂的操作和技术，如图 14-20 所示。

（2）精细化调优。提供多种场景类型，可基于 AP 组、区域和 AP 进行调优，如图 14-21 所示。

（3）网优可视化。优化进度、优化结果一目了然，可查看优化历史、优化前后的指标对比，如图 14-22 所示。

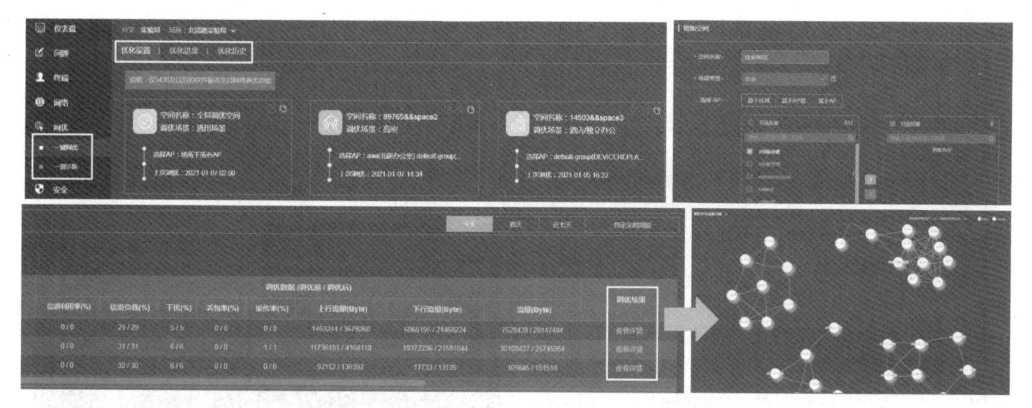

图 14-20 一键网优

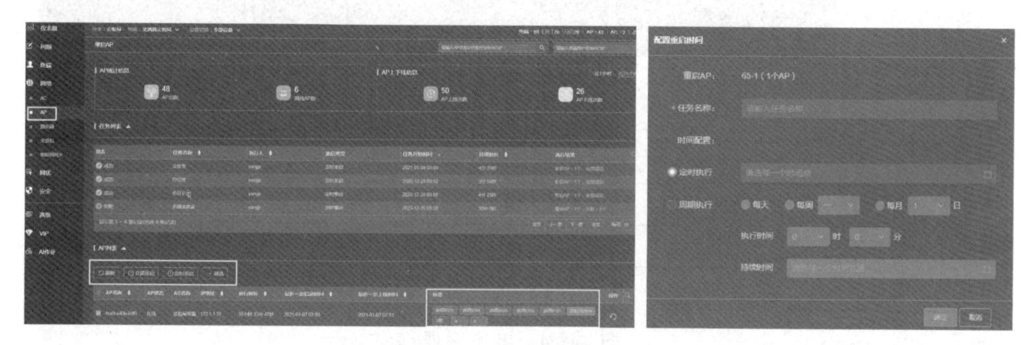

图 14-21 AP精细化管理

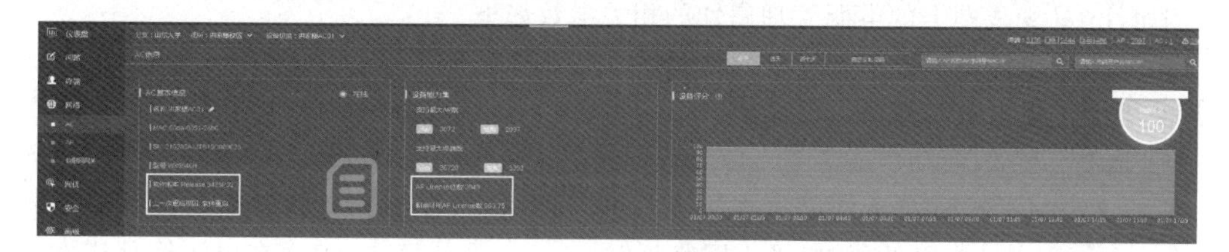

图 14-22 设备运行数据

14.6 无线终端常用属性介绍

如图 14-23 所示，无线终端的种类丰富。根据应用场景不同，具有 Wi-Fi 功能的终端相应有许多类别，有 Wi-Fi 功能的独立产品，也有兼容 Wi-Fi 功能的复合产品。常见的无线终端有带 Wi-Fi 功能的 PC、手机、照相机、PDA 等。

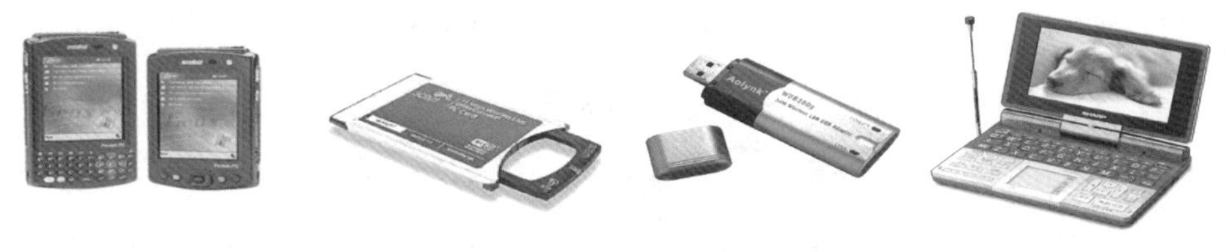

图 14-23 无线终端

这些产品在功能上丰富多样，而在性能上则是良莠不齐。在定位无线问题时，也需要考虑无线终端的相关因素的影响。因此，熟悉并掌握无线终端的常见属性及使用方式则显得尤为重要。

如图14-24所示，电源管理是无线终端的一个重要属性，它会在耗电量与适配器性能之间选择一个平衡，从而影响到用户的网络体验效果。

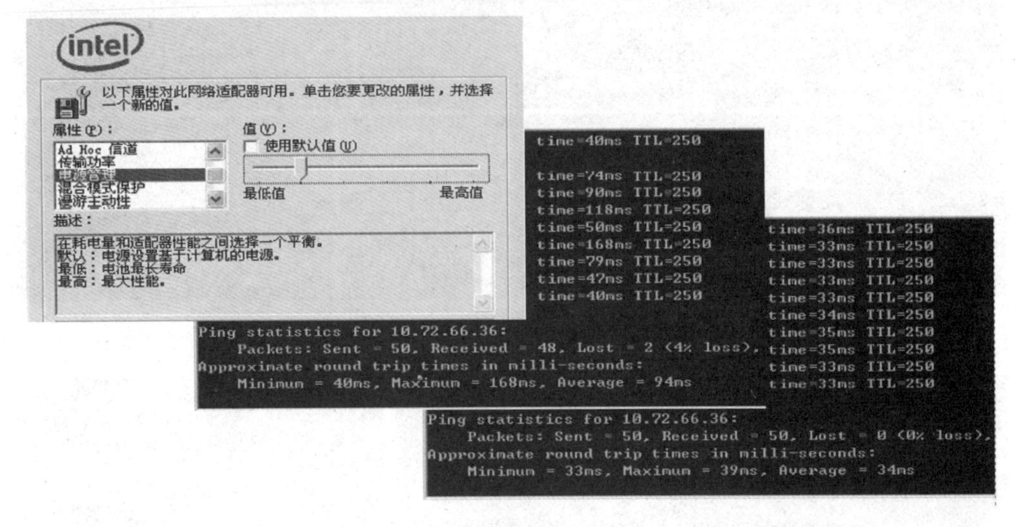

电源管理	最小延时	最大延时	平均延时	丢包率
最高值	33 ms	39 ms	34 ms	0%
最低值	40 ms	168 ms	94 ms	4%

图14-24 电源管理

例如，Intel无线网卡的电源管理属性的相关参数如下。

(1) 默认：电源设置基于计算机的电源。

(2) 最低：电池最长寿命。

(3) 最高：最大性能。

图14-24显示了，Intel无线网卡在某无线办公网络中，在不同电源管理属性下的不同表现。在电源管理属性为最低值时，平均网络延时94 ms，丢包率4%；而在电源管理属性为最高值时，平均网络延时降低到34 ms，丢包率0%，明显好于之前的情况。

漫游主动性定义了无线终端为改善与接入点连接的漫游主动程度。

常见的Intel无线网卡定义了“漫游主动性”的概念。

此设置允许用户定义无线客户端(即终端)为改善与接入点连接的漫游主动程度，如图14-25所示。

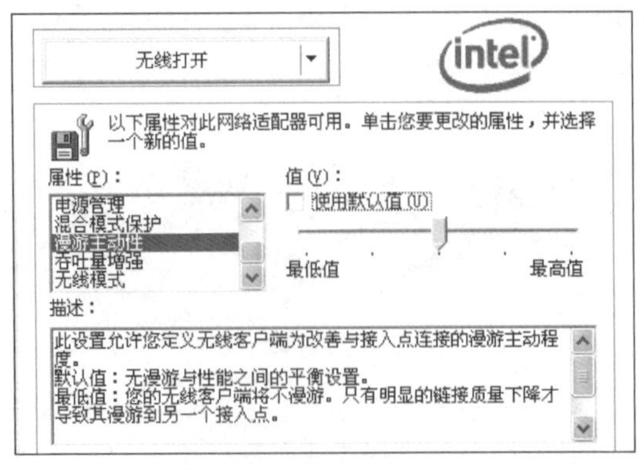

图14-25 漫游主动性

（1）默认值：无漫游和性能之间的平衡设置。

（2）最低值：无线终端将不漫游。只有明显的链接质量下降才导致其漫游到另一个接入点。

（3）最高值：无线终端持续追踪链接质量。一旦发生质量下降，则其会寻找并漫游到一个较好的接入点。

可见，当无线网卡的漫游主动性越高，终端对漫游越敏感。

如图 14-26 所示，2.4 GHz 频段干扰较多，支持 5.8 GHz 频段的终端接入 802.11 a/b/g 使用体验更好。

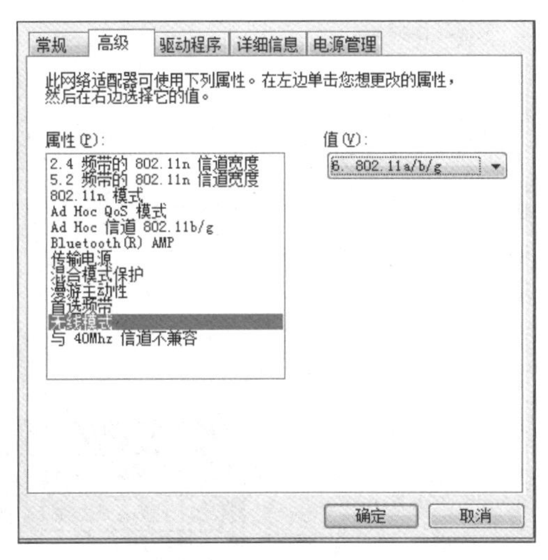

图 14-26　无线模式

WLAN 网络通常工作在 ISM 频段，此频段（2.4～2.4835 GHz）主要是开放给工业、科学和医学 3 个主要机构使用，该频段是依据美国联邦通信委员会（FCC）定义出来的，属于免授权（free license），并没有所谓使用授权的限制。

2.4 GHz 频段是免费公用的频段，在公共环境下该频段存在大量的干扰，终端使用 2.4 GHz 接入上网将受影响。相对于 2.4 GHz 频段，5 GHz 频段干扰小，如果终端网卡支持 5 GHz 频段，可以将网卡接入模式调整为 802.11 a/b/g，结合 AC 频谱导航功能，终端可以通过 5G 接入 WLAN 网络，提高终端无线上网质量及使用体验。

支持 11 n 的终端开启 802.11 n 模式，可以提高通信速率，有助于提高终端使用体验。

如图 14-27 所示，IEEE 802.11 n 通过对 802.11 PHY 层和 MAC 层的技术改进，实现了无线传输速率的显著提高，可达到 300 Mbps，可以同时为多个标准的移动设备提供与百兆以太网相媲美的性能。高性能使无线通信的应用更加广泛，对于一些性能要求较高的应用，如高分辨率视频传输和家庭剧院系统等，802.11 n 技术能够给予更加有效的支持。

通过 802.11 n 协议接入的终端协商速率高于 802.11 a/g，终端上网体验将更好，同时上网速度也会有相应的提高。因此，终端如果支持 802.11 n，请选择“802.11 n 模式”。

Windows 操作系统管理其无线终端的服务名称为 Wireless Zero Configuration。如果要使用 Windows 操作系统的无线终端管理和配置无线服务，需要启动此服务，而且需要保证在无线网络连接的属性中，勾选“用 Windows 配置我的无线网络设置”复选框，如图 14-28 所示。

当发现 Windows 7 操作系统的无线终端无法使用或无法搜索到无线信号时，首先应按照以上描述查看 Wireless Zero Configuration 是否启用，是否勾选“用 Windows 配置我的无线网络设置”复选框。

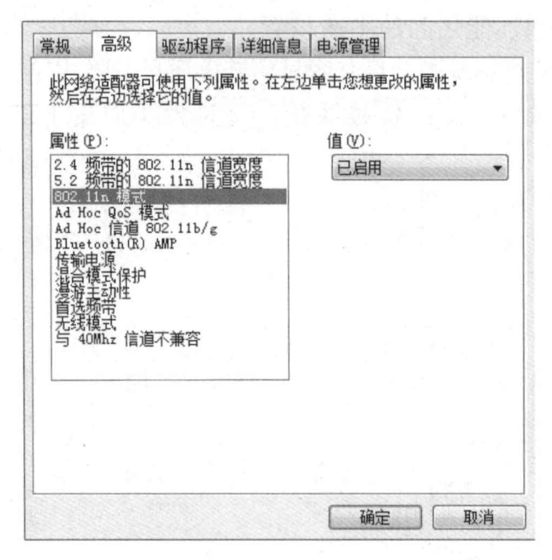

图 14-27 802.11 n 模式

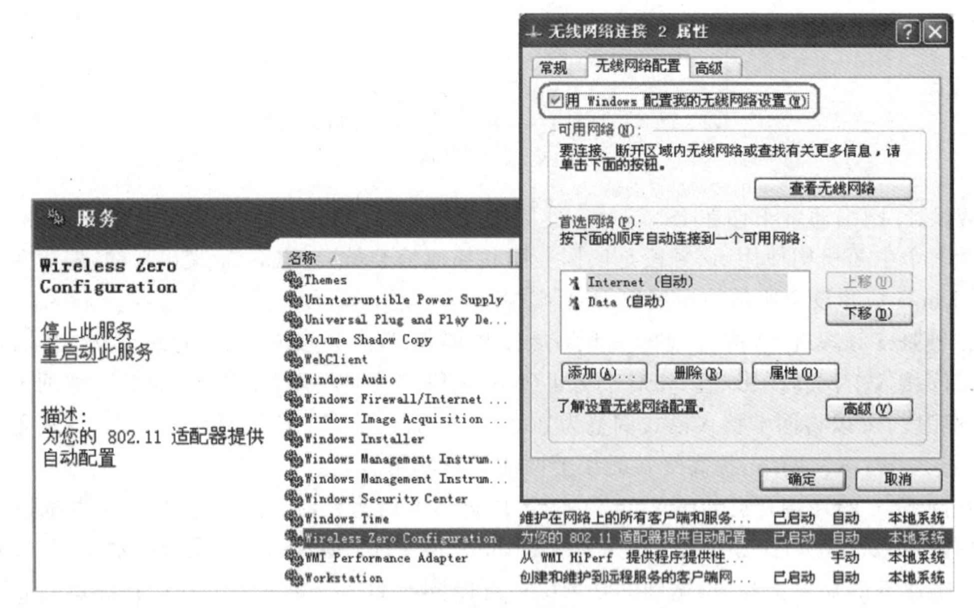

图 14-28 Windows 操作系统对无线终端的管理

当 Wireless Zero Configuration 未启用时，终端会出现如图 14-29 所示的提示。

当 Wireless Zero Configuration 已启用，但未勾选“用 Windows 配置我的无线网络设置”复选框，终端会出现如图 14-30 所示的提示。

Windows 操作系统管理其无线终端的服务名称为 Wireless AutoConfig。如果要使用 Windows 操作系统的无线终端管理和配置无线服务，需要启动此服务。

当发现 Windows 操作系统的无线终端无法使用或无法搜索到无线信号时，首先应按照以上描述查看 Wireless AutoConfig 是否启用，是否勾选“用 Windows 配置我的无线网络设置”复选框。

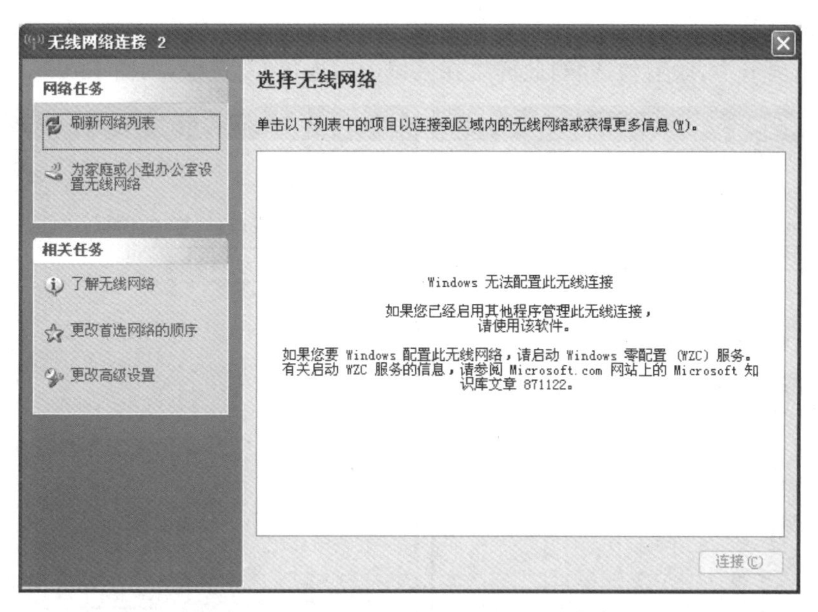

图 14-29　Wireless Zero Configuration 未启用

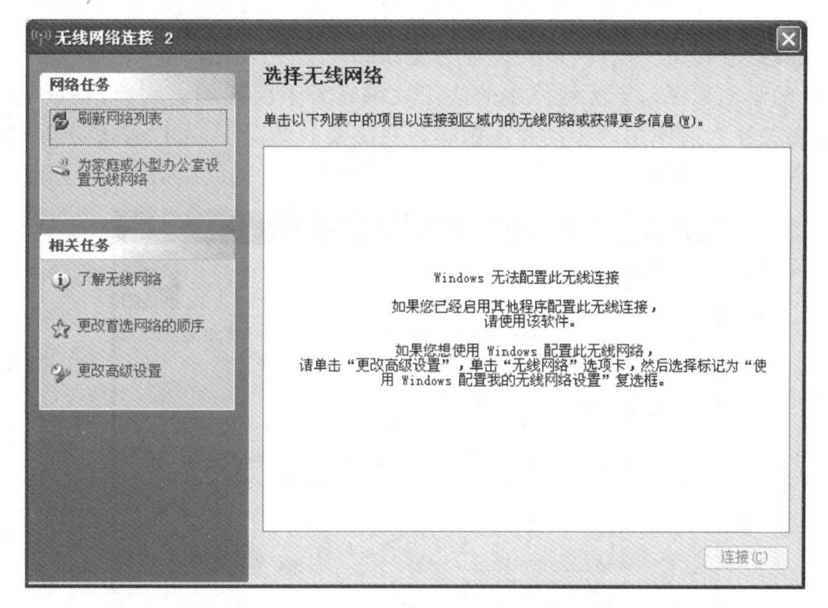

图 14-30　Wireless Zero Configuration 已启用

当 Wireless AutoConfig 未启用时，终端会出现如图 14-31 所示的提示。

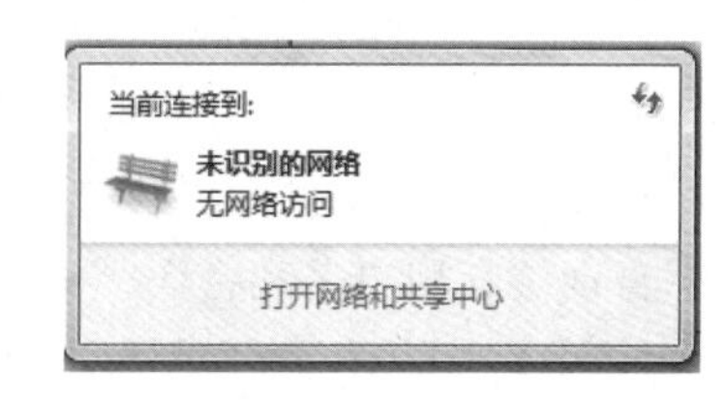

图 14-31　Windows 7 操作系统的 Wireless AutoConfig 未启用

Windows 操作系统的无线终端在连接无线网络时有 2 种方式，分别是 Internet(自动)和 Data(按需要)。其中在自动方式下，Windows 操作系统的无线客户端一旦检测到此 SSID，则会自动发起连接请求(probe request)。而按需要方式只有在客户选择要连接此 SSID 后，终端才会发起连接请求(probe request)。

默认情况下，所有之前所连接过的 SSID，Windows 操作系统都会记录在“首选网络”中，并按顺序采用自动连接的方式。如果要修改某 SSID 的连接方式为“按需要”，则需要在其属性的“连接”选项卡中，取消勾选“当此网络在区域内时连接”复选框，如图 14-32 所示。

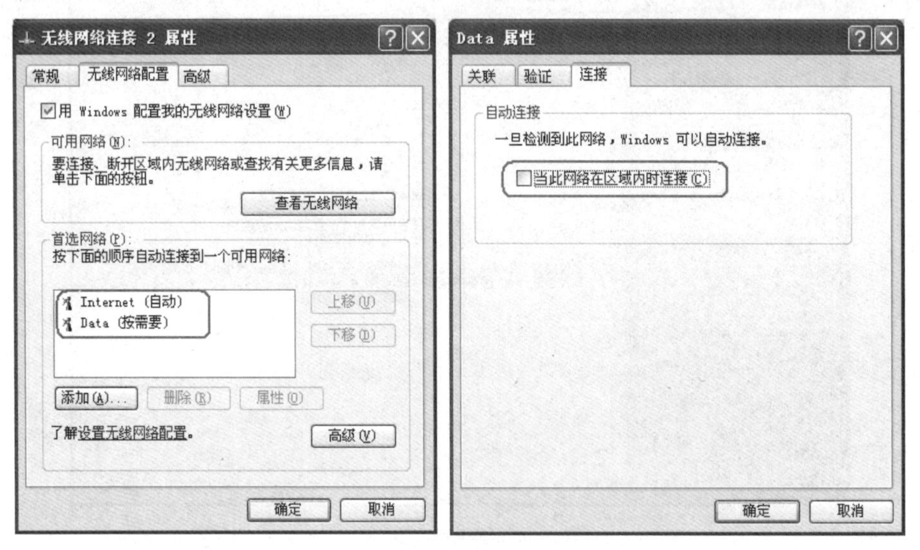

图 14-32 Windows 操作系统的无线终端连接方式

在处理无线终端相关问题时，需要关注并更新终端的驱动版本。

无线终端的驱动程序对于无线终端的使用效果有着重要影响。因此，在处理无线终端相关问题时，需要关注当前使用的驱动程序版本。在必要的情况下，可以考虑更新驱动程序的版本，以提高终端与系统的兼容性，排除由于驱动原因而引起的问题，如图 14-33 所示。

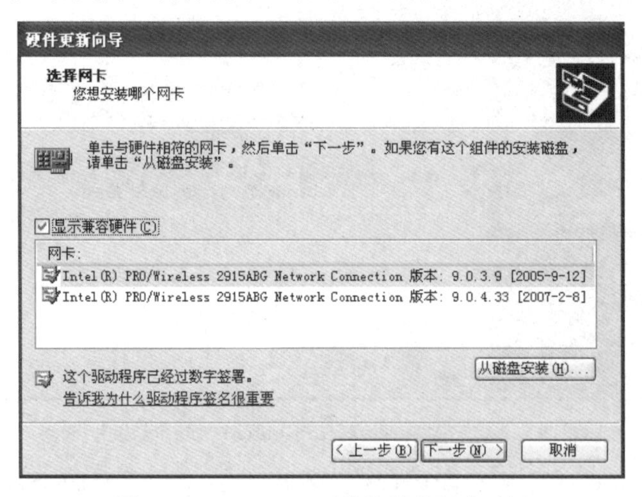

图 14-33 Windows 无线终端的驱动更新

(1) 自动使用 Windows 操作系统的登录名和密码。

(2) 自动缓存用户名和密码。

(3) HKEY_CURRENT_USER\Software\Microsoft\EAPOL\UserEapInfo。

Windows 操作系统的无线终端在使用 PEAP 方式的 802.1 x 认证时，有以下几个属性需要注意。

(1) 默认情况下，Windows 操作系统的无线终端会采用 Windows 操作系统的登录名和密码(以及域，如果有的话)作为 802.1 x 认证的用户名/密码进行认证。只有在“选择验证方式”

对话框的“配置”选项卡中去掉此属性，客户才能输入自己用于 802.1 x 认证的用户名/密码，如图 14-34 所示。

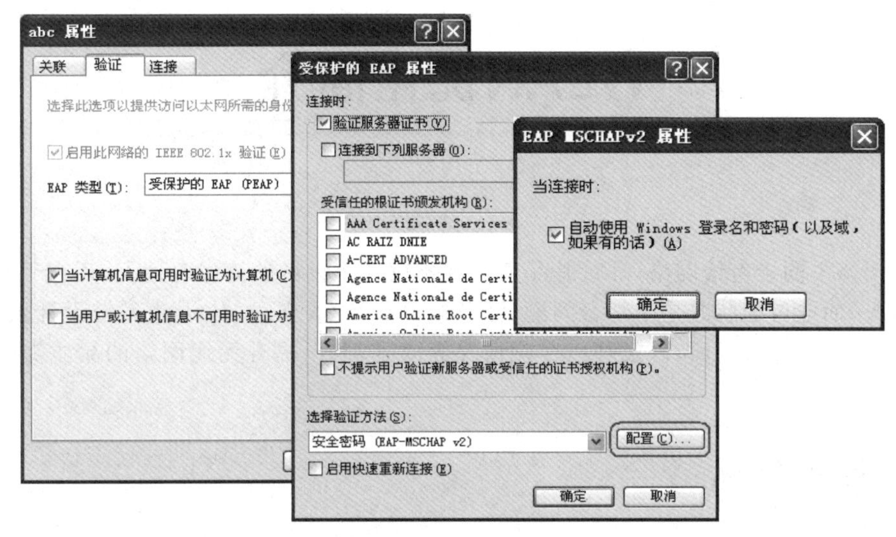

图 14-34 Windows 无线终端 802.1 x 认证属性

(2) 对于认证成功的用户名和密码，Windows 操作系统将会缓存该用户名和密码，在下次连接时会以此用户名/密码发起认证，无须用户再次输入。但这给想切换用户名和密码的用户带来一定的困难。Windows 操作系统缓存的用户名/密码在系统注册表中。如果要删除缓存的用户名/密码，需在重新输入时，删除注册表键值 HKEY_CURRENT_USER\Software\Microsoft\Eapol\UserEapInfo 中的内容。

14.7 小结

(1) 故障排除的一般方法。

(2) 常用的问题诊断命令。

(3) WLAN 网络常见故障的处理方法。

(4) H3C 无线智能运维分析。

(5) 无线终端的常用属性。

第15章

WLAN优化简介

无线网络不同于有线网络，评价其品质优劣不仅在于设备的优劣对比上，还在于空口的整体品质状况，而空口的状况是个综合问题，涉及组网设计、设备选择、天线系统设计及部署、工程施工质量、软件部署品质，以及环境变化情况等因素，所以提升无线网络的品质需要系统性优化工作。

15.1 课程目标

(1) 了解 WLAN 优化的理念。
(2) 了解 WLAN 优化项目运作流程。
(3) 了解 WLAN 优化交付整体操作。

15.2 WLAN 优化理念

“网络优化”渗透于 WLAN 的各个环节。

WLAN 的高品质发展方向需要在网络生命周期的各个环节以优化理念为指导，并落地优化措施，实现优化目标。

无线环境的动态多变和应用场景的多样化，决定了 WLAN 的部署模式和业务体验并不是一成不变的，甚至可以说是永远处于随时变化和更新的状态中。所以需要“网络优化”为高品质无线网络的建设保驾护航。从方案设计到工程实施再到业务上线和后期运维，WLAN 全生命周期的各个阶段都需要网络优化理念的渗透和优化指导。优化是 WLAN 高品质化的必经之路，如图 15-1 所示。

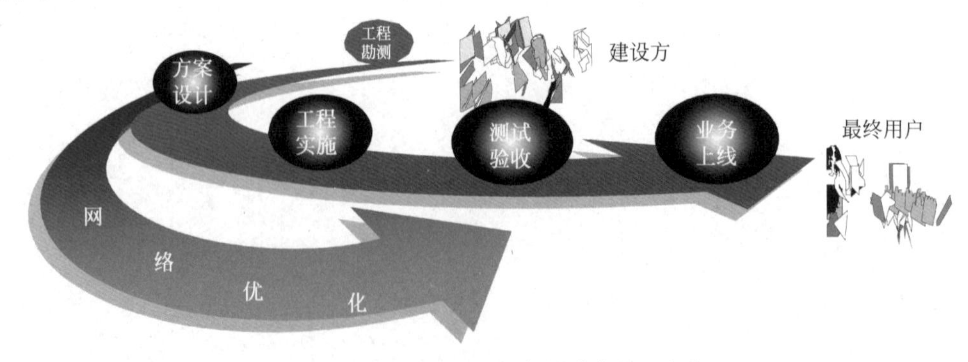

图 15-1　优化是 WLAN 高品质化必经之路

在不同的应用场景中，客户对无线网络的业务匹配需求和服务质量要求各不相同。如无线医疗场景下主要应用无线网络承载无线查房、随时访问电子病历库等需求。这类业务需求对 WLAN 带宽要求不高，但对查房终端（PDA）的兼容性和漫游体验要求很高，因此，医疗行业 WLAN 部署会有与之业务匹配的针对性的部署方案，甚至有专门的产品形态如 X 分、零漫游等方案推出。

而不同场景均对无线网络有着与自己业务匹配的独立需求。因此，要求 WLAN 的网络建设和方案落地要有与场景和应用匹配的灵活性。而 WLAN 优化理论体系和行业解决方案的结合有利于 WLAN 在医疗、教育、金融和商贸连锁等各种各样场景的完美落地，如图 15-2 所示。

无线解决方案落地	客户需求	对应解决方案	如何落地
无线医院	• 医务人员、病人家属等无线宽带需求 • 医院信息化需求，无线查房、电子病案系统、检验检查等	无线医疗行业解决方案	WLAN优化理论体系指导与行业解决方案相结合
无线校园	• 大量学生等无线宽带需求 • 校园信息化需求 • 电子书包正在试点	无线校园解决方案	
无线金融	• 无线办公、无线生产 • 储户营业厅等候上网	无线金融解决方案	
无线连锁店	• 酒店提供专用SSID • 酒店内部应用服务 • 无线增值业务（如WLAN语音、视频、无线支付等）	无线商场及连锁店解决方案	

图 15-2 WLAN 优化有助于落地解决方案

WLAN 优化对客户高品质网络的建设和维护提供了很多益处，具体如下。

(1) 提供高品质的无线网络接入体验。

(2) 降低整网维护成本。

(3) 发现和排除网络隐患，提升网络可用性。

(4) 发现网络现状和业界最佳实践间的差距。

(5) 延长网络服务周期，提升投资回报率。

(6) 保证网络能够持续支撑未来变化的上层业务。

(7) 实现网络与业务良性发展的长期目标。

(8) 提高业务价值和保持客户持续满意。

15.3 WLAN 优化项目运作流程介绍

交付产品化有助于提升服务专业程度，提高服务交付价值性。

IPMT 流程是产品开发质量的有力保证，同样，服务交付产品化后有助于保障服务交付质量，提高服务交付满意度。

H3C 提供产品化、标准化的优化服务解决方案。通过集成产品开发（IPMT）的流程保障了产品开发的质量。同样，服务交付产品化后也有助于保障服务交付质量，提高服务交付的满意度。目前已经推向市场的 WLAN 优化产品有 Wi-Fi 网络优化评估服务、Wi-Fi 网络业务质量元素测试服务、Wi-Fi 网络优化实施服务、AC 日志分析系统、Wi-Fi 网络 AC 专项优化服务、Wi-Fi 网络优化管理系统，如图 15-3 所示。

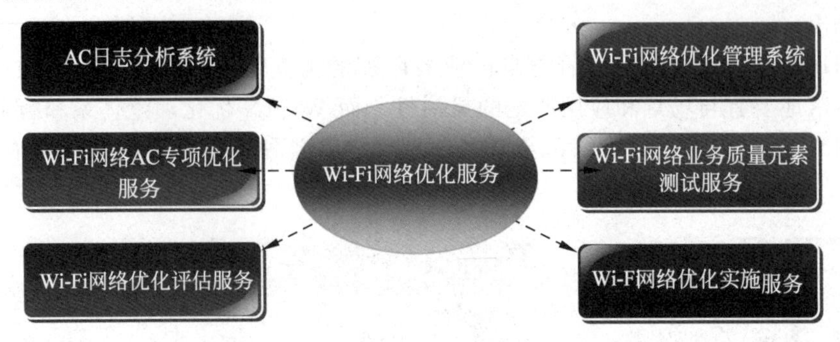

图 15-3 WLAN 优化服务交付产品化

WLAN 优化服务产品主要有以下 3 种交付模式。

（1）人员投入项目类：人员投入项目类是常规类无线网络优化交付模式，即通过人力投入进行无线网络信息采集、评估分析和优化实施，以服务项目立项的方式落地。

（2）软件实体销售类：该方式为销售无线网络优化及维护类系统软件实体、通过软件进行无线网络预防性维护指导和优化评估指导，以软件销售方式落地。

（3）课题研究合作类：该方式以课题研究的方式进行合作交付，通过相关专题的合作研究即涉及内容设计、信息采集分析和报告输出等模块内容，实现需求方价值性目标的一种合作服务，以服务立项方式落地。

WLAN 优化最主要的交付模式为人员投入项目类，其宏观流程主要分 4 个阶段：项目准备、信息采集分析、出具优化方案、实施交付，如图 15-4 所示。

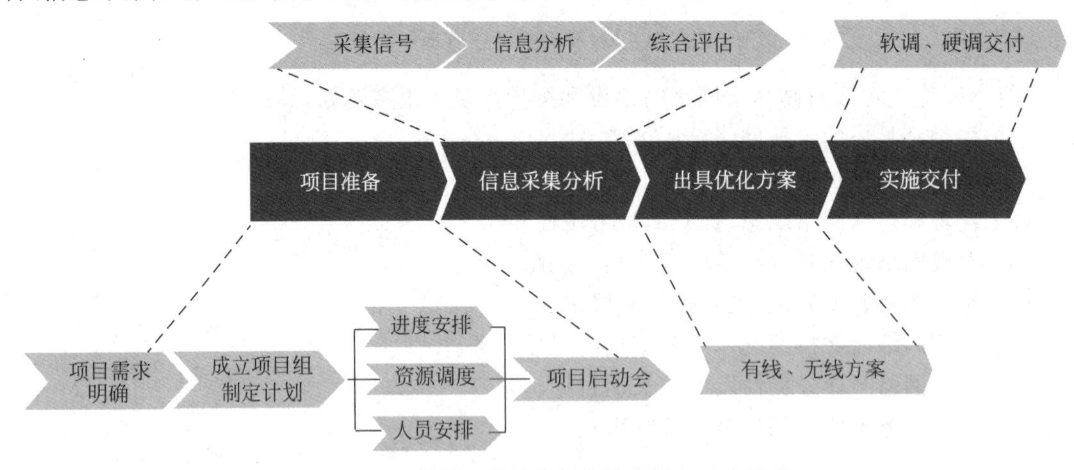

图 15-4 人员投入类综合网络优化服务运作流程

阶段 1：项目准备。

与客户共同成立项目组，双方就项目涉及的各种问题进行协商。包括项目进度安排、双方资源投入方式和保障机制、人员安排及接口沟通问题等。签订相关商务合同，约定双方责任，共提供制定网络优化指标规格和考核方法，全面启动项目。

阶段 2：信息采集分析。

此阶段在项目启动后，由网优人员根据热点数量或区域分布进行针对性信号采集，包括对无线空口环境、有线侧链路和组网情况、无线设备运行记录及无线用户的状况等。信息采集之后进行分析，找到问题表象下的深刻原因。并就网络现状和客户业务需求进行评估分析，客观而全面地对所优化网络进行评价。

阶段3：出具优化方案。

该阶段是成果初期阶段，可作为独立网优服务模块进行交付。在此阶段根据前面的信息分析和对网络现状的客观准确判断，在网络现状满足既定指标和网络未来满足进一步业务支撑发展的目标指引下，出具针对性 Wi-Fi 网络优化实施性指导方案。

阶段4：实施交付。

该阶段是项目终期成果阶段，也可作为地理网优服务模块进行交付。在此阶段根据已有的网络优化实施指导方案进行实际操作改造和调整，以使网络各项考核参数达标，网络效果显著提升。实施主要着眼于软硬件两方面的交付，完成后进行闭环式验收。在验收阶段，项目双方应共同协作完成。

15.4 WLAN 优化交付操作总体指导

本节主要以人员投入类优化服务类型为介绍对象。

此类人员投入类多以项目组织形式进行交付，内部精确分工，技术操作步骤主要涉及标准确定、问题分析、信号侧优化、数据侧优化和效果测试几个部分。

以人员投入类优化服务类型介绍，WLAN 优化的操作步骤主要分以下几步。

(1) 标准确定：确定用户业务指标与优化指标的转换模型；确定无线网络验收标准。

(2) 问题分析：深入分析现有问题的内在原因。

(3) 信号侧优化：工程安装规范；设备功率优化；信道设置优化；覆盖方式调整。

(4) 数据侧优化：深入分析用户数据类型及应用特点，并做出有针对性的参数、配置调整。

(5) 效果测试：以转换模型为验收基准，优化后的测试注重用户体验，以验收标准测试优化后的网络效果。

WLAN 优化项目实施人员的知识和技能需要提前准备。相关技能的获取可以通过图 15-5 所示的 H3CSE-WLAN、H3CIE-WLAN 的认证培训来获取。掌握知识和技能的专业技术人员需要提前培养或协调到位。

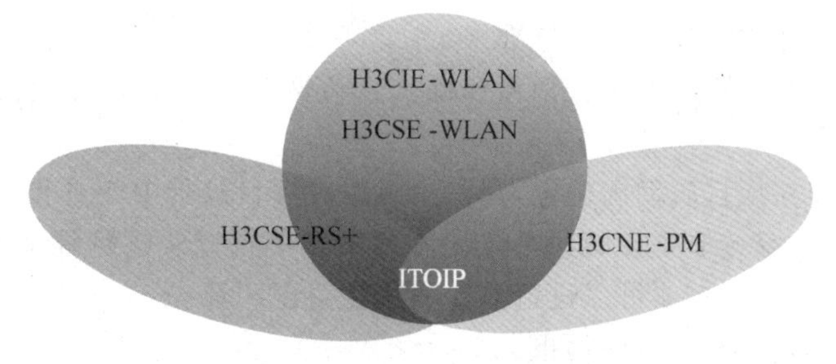

图 15-5 知识和技能准备

工具包括软件和硬件工具，根据项目所需评估需要的测试验收工具，一般涉及信号采集、测试和项目验收3个方面。

需要提前熟悉工具操作使用，提高交付效率，如图 15-6 所示。

WLAN 优化工具主要包括软件和硬件测试工具。根据项目所需评估需要的测试验收工具，一般涉及信号采集、测试和项目验收3个方面。如信号测试可以使用 WirelessMon、

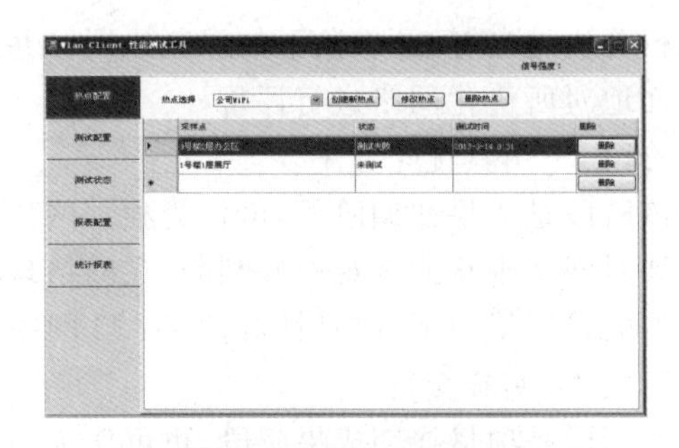

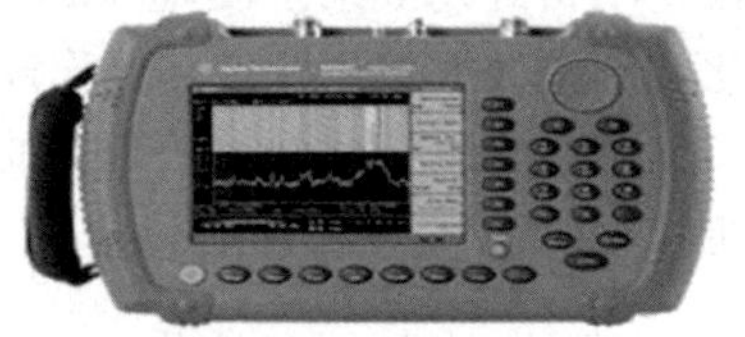

图 15-6 工具准备及操作使用

Airmagnet 或基于安卓平台的 Wi-Fi 分析仪等。

需要项目实施人员提前熟悉工具的操作使用,保证交付效率和交付质量。

WLAN 优化项目的顺利实施也需要交付流程和资源保障。

成立优化项目组后,双方尽快就相关局点信息、关注焦点、沟通机制、人员安排和时间进度规划等主观和客观交付性问题进行充分确认,建立交付规程,并分配任务,着手各项准备。

交付组织是交付能否顺利进行的人力资源保障,包括项目经理、技术负责人、后台技术支持人员、前线优化技术人员、司机等各类人员。涉及合作交付的需要提前进行服务商流程工作,按照公司 inside 模式进行操作。

根据项目需求确定优化整体方案。

本阶段是无线网络优化的动作阶段,包括进行信息采集分析和优化方案输出,是项目的最关键环节,也是投入最多的环节。

优化整体方案的输出既可以是一个阶段项目的结果输出,也可以是下一阶段即优化方案实施阶段的开始,这个要依据项目初期的需求谈判而定。

优化方案的输出要着眼于能够有效地指导后续的优化实施操作,既要有宏观的评估分析,又要有细节的操作指导。

双方确定项目最终的验收方法和标准。

验收的方法和标准需要双方进行沟通和确认。必要时,双方可以提出修改或替换的建议,以符合项目实际能力。

验收标准一般会在项目启动前确定,当然也可以在项目进行中变更和增减。

项目验收时,一般双方都要参与,抽样进行,并结合考核方法进行评估判定。和一般的工程项目一样,对于不满足要求项可以进行多次再优化直至闭环。

及时整理信息,撰写报告,定期汇报。

无线网络优化服务的呈现之一就是优化报告,这项工作需要将优化工程的投入形成可读性和可参考性较高的报告形式,既是项目总结必须,又可作为汇报使用。

撰写报告的工作需要项目经理和技术负责人总体把握,既要有汇总的、比较全面的信息,也要有提炼的、升华的论点部分,整体体现专业性,过程有表述,结果有呈现。

15.5 小结

(1) WLAN 优化的理念。

(2) WLAN 优化项目运作流程。

(3) WLAN 优化交付整体操作。